위스키 인포그래픽

Dominic Roskrow 저 | 한혜연 역

YoungJin.com Y.
영진닷컴

위스키 인포그래픽

ISBN 978-89-314-5960-9

독자님의 의견을 받습니다.
이 책을 구입한 독자님은 영진닷컴의 가장 중요한 비평가이자 조언가입니다.
저희 책의 장점과 문제점이 무엇인지, 어떤 책이 출판되기를 바라는지,
책을 더욱 알차게 꾸밀 수 있는 아이디어가 있으면 이메일, 또는 우편으로 연락주시기 바랍니다.
의견을 주실 때에는 책 제목 및 독자님의 성함과 연락처(전화번호나 이메일)를
꼭 남겨 주시기 바랍니다. 독자님의 의견에 대해 바로 답변을 드리고,
또 독자님의 의견을 다음 책에 충분히 반영하도록 늘 노력하겠습니다.

주소 : (우) 08507 서울특별시 금천구 가산디지털1로 128 STX-V타워 4층 401호
대표팩스 : (02) 867-2207
등록 : 2007. 4. 27. 제16-4189호

저자 Dominic Roskrow | **역자** 한혜연 | **책임** 김태경 | **진행** 정소현 | **편집** 지화경
영업 박준용, 임용수 | **마케팅** 이승희, 김다혜, 김근주, 조민영 | **제작** 황장협 | **인쇄** 예림인쇄

CONTENTS

위스키의 주기율표 … 4

저자의 말 … 7

이 책을 활용하는 법 … 8

위스키는 어떻게 마셔야 하는가? … 9

싱글몰트 위스키 … 12

블렌디드 위스키 … 86

블렌디드 몰트 위스키 … 114

버번, 옥수수 그리고 테네시 위스키 … 128

라이 위스키 … 148

그레인 위스키 … 166

위스키계의 반항아 … 186

역자의 말 … 220

Index … 222

위스키의 주기율표

위스키들은 그들의 출생지에 따라 그룹별로 지정되어 있다. 여기서는 이 책의 챕터 순서를 반영하여 세로로 배열되었다.

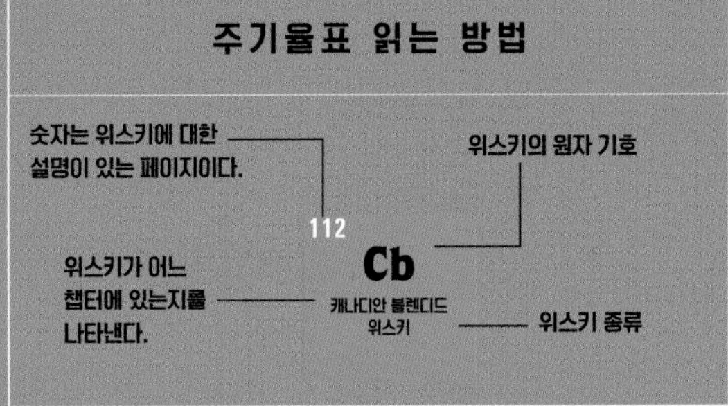

16 **Sl** 스카치 싱글몰트 위스키: 로우랜드						
18 **Sc** 스카치 싱글몰트 위스키: 캠벨튼	34 **Sbc** 스카치 싱글몰트 위스키: 버번 캐스크					108 **Sab** 남아프리카공화국 블렌디드 위스키
20 **She** 스카치 싱글몰트 위스키: 이스트 하이랜드	36 **Sni** 스카치 싱글몰트 위스키: 아일라산이 아닌, 피트 향 있는	50 **Isp** 아이리쉬 싱글몰트 위스키: 피트향 있는	64 **Sa** 남아프리카공화국 싱글몰트 위스키		94 **Rsb** 희귀하고, 특별한 스코티쉬 블렌디드 위스키	110 **Spb** 스페인 블렌디드 위스키
22 **Sh** 스카치 싱글몰트 위스키: 사우스 하이랜드	38 **Shc** 스카치 싱글몰트 위스키: 셰리 캐스크	52 **As** 아메리칸 싱글몰트 위스키	66 **Ts** 대만 싱글몰트 위스키	78 **Fs** 프랑스 싱글몰트 위스키	96 **Sib** 스탠다드 아이리쉬 블렌디드 위스키	112 **Cb** 캐나디안 블렌디드 위스키
24 **Snh** 스카치 싱글몰트 위스키: 노스이스트 하이랜드	40 **Sfp** 스카치 싱글몰트 위스키: 스페셜 피니쉬, 포트와인	54 **Js** 일본 싱글몰트 위스키	68 **Bs** 벨기에 싱글몰트 위스키	80 **Gs** 독일 싱글몰트 위스키	98 **Pbi** 프리미엄 블렌디드 아이리쉬 위스키	118 **Fbm** 과일향이 강한 블렌디드 몰트 위스키
26 **Ssb** 스카치 싱글몰트 위스키: 스페이사이드-버번 캐스크	42 **Sfr** 스카치 싱글몰트 위스키: 스페셜 피니쉬, 럼	56 **Jsp** 일본 싱글몰트 위스키: 피트향 있는	70 **Ds** 덴마크 싱글몰트 위스키	82 **Ms** 지중해국가들의 싱글몰트 위스키	100 **Sjb** 일본 스탠다드 블렌디 드 위스키	120 **Sb** 매운맛이 강한 블렌디드 몰트 위스키
28 **Ssc** 스카치 싱글몰트 위스키: 스페이사이드- 셰리캐스크	44 **Sfm** 스카치 싱글몰트 위스키: 스페셜 피니쉬, 마데이라	58 **Asm** 호주 싱글몰트 위스키	72 **Dus** 네덜란드 싱글몰트 위스키	84 **Sws** 스웨덴 싱글몰트 위스키	102 **Pjb** 일본 프리미엄 블렌디드 위스키	122 **Smp** 스모키하고 피트향이 강한 블렌디드 몰트 위스키
30 **Si** 스카치 싱글몰트 위스키: 섬들	46 **Sfw** 스카치 싱글몰트 위스키: 스페셜 피니쉬, 와인	60 **Ism** 인도 싱글몰트 위스키	74 **Es** 잉글랜드 싱글몰트 위스키	90 **Stb** 스탠다드 스코티쉬 블렌디드 위스키	104 **Fb** 프랑스 블렌디드 위스키	124 **Jb** 일본 블렌디드 몰트 위스키
32 **Sy** 스카치 싱글몰트 위스키: 아일라	48 **Is** 아이리쉬 싱글몰트 위스키	62 **Nz** 뉴질랜드 싱글몰트 위스키	76 **Ws** 웨일스 싱글몰트 위스키	92 **Psb** 프리미엄 스코티쉬 블렌 디드 위스키	106 **Ibw** 인도 블렌디드 위스키	126 **Eh** 유럽 혼합 블렌디드 몰트 위스키

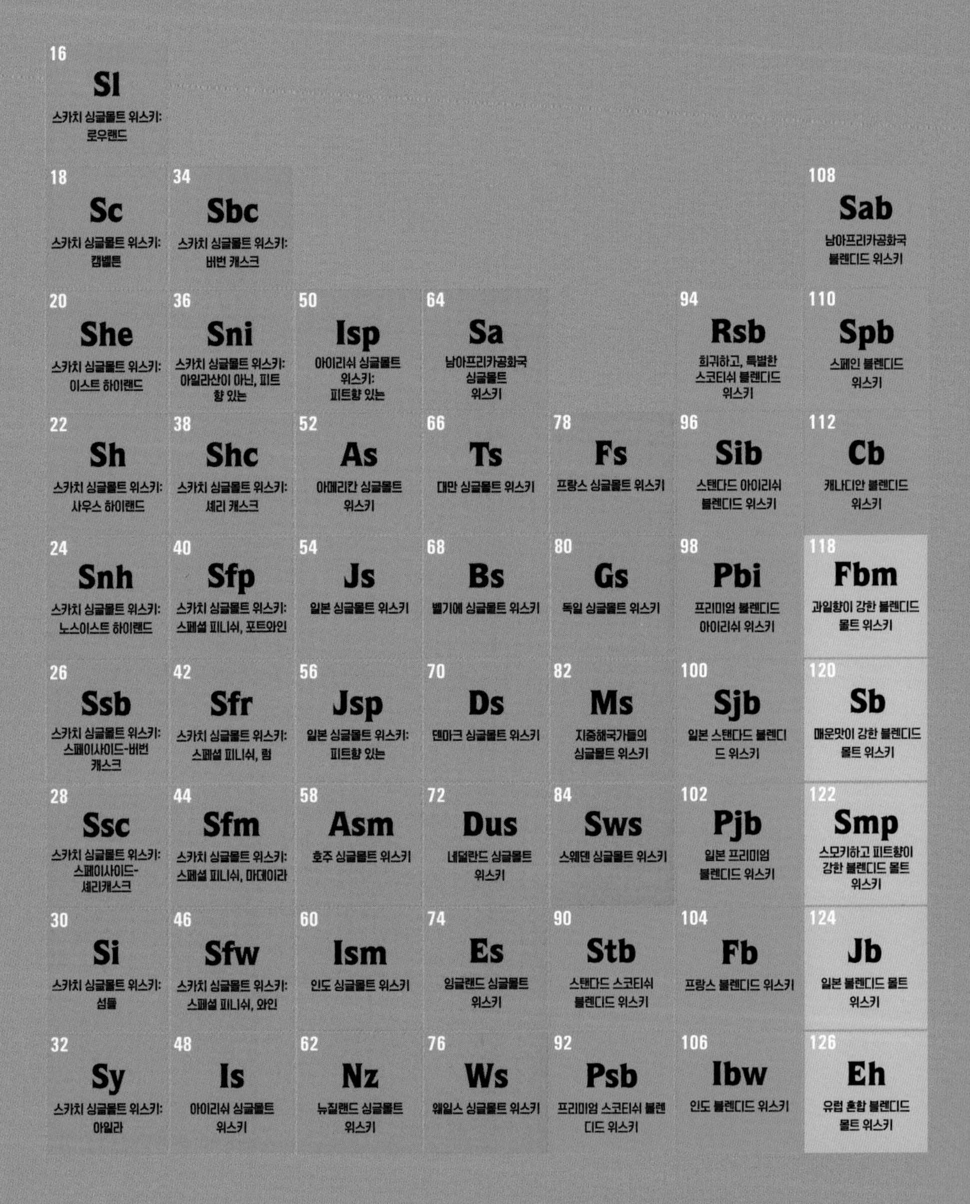

색 도표의 핵심

각 챕터의 페이지들도 이 색을 따른다.

- 6 저자의 말
- 8 이 책을 활용하는 법
- 9 위스키는 어떻게 마셔야 하는가?
- 12 싱글몰트 위스키 Chapter 1
- 86 블렌디드 위스키 Chapter 2
- 114 블렌디드 몰트 위스키 Chapter 3
- 128 버번, 옥수수, 그리고 테네시 위스키 Chapter 4
- 148 라이 위스키 Chapter 5
- 166 그레인 위스키 Chapter 6
- 186 위스키계의 반항아 Chapter 7
- 220 역자의 말
- 222 Index

- 132 Skb 스탠다드 켄터키 버번
- 134 Pkb 프리미엄 켄터키 버번
- 136 Nkb 켄터키산이 아닌 버번
- 138 Nwb 뉴웨이브/수제 버번
- 140 Bb 베이비 버번
- 142 Tb 테네시 위스키
- 144 Kc 켄터키 옥수수 위스키
- 146 Oc 기타 옥수수 위스키/밀주
- 152 Sar 스탠다드 아메리칸 라이 위스키
- 154 Par 프리미엄 아메리칸 라이 위스키
- 156 Cr 캐나디안 블렌디드 라이 위스키
- 158 Sr 싱글몰트 라이 위스키
- 160 Ar 오스트리아 라이 위스키
- 162 Dr 네덜란드 라이 위스키
- 164 Or 다른 유럽의 라이 위스키
- 170 Aw 아메리칸 밀 위스키
- 172 Sg 스코틀랜드 그레인 위스키
- 174 Ipt 아이리쉬 싱글포트스틸 위스키
- 176 Ig 아이리쉬 그레인 위스키
- 178 Ips 아이리쉬 포트스틸과 몰트 위스키
- 180 Jg 일본 그레인 위스키
- 182 Sag 남아프리카공화국 그레인 위스키
- 184 Eo 유럽의 귀리와 다른 곡물 위스키
- 190 Etg 잉글랜드의 세 가지 곡물 위스키
- 192 Itg 이탈리아의 세 가지 곡물 위스키
- 194 Afg 미국의 네 가지 곡물 위스키
- 196 Dfg 네덜란드의 다섯 가지 곡물 위스키
- 198 Ow 귀리 위스키
- 200 Qw 퀴노아 위스키
- 202 Sm 훈연 위스키
- 204 Fwu 맛이 가미된 위스키 - 미국
- 206 Fsi 맛이 가미된 위스키 - 스코틀랜드와 아일랜드
- 208 Fiw 과일맛을 우린 위스키
- 210 Ipn 아이리쉬 포틴
- 212 Tw 라이밀 위스키
- 214 Frw 프랑스의 약등 위스키
- 216 Sow 솔레라 위스키
- 218 Ym 어린 몰트 증류주

저자의 말

위스키. 이 세상에 존재하는 증류주와 음료 중에 위스키 같은 것은 없다. 이것은 열정을 쏟게 하고, 일생을 함께 할 긴 우정을 고취시킨다. 이제는 전 세계의 모든 위스키를 쉽게 구할 수 있기 때문에, 우리는 이것으로 세계 곳곳을 경험하는 여행에 초대받는 셈이다.

양보다는 질로 승부하는, 글래스에 담긴 하나의 예술작품으로써 그것을 음미하는 문화적 기원과 유산이야말로 위스키의 본질이다. 나는 작가로서 25년간 주류문화에 대해 써왔지만, Whisky Magazine의 편집자가 되기 전까지 하나의 술이 나의 인생을 바꿔놓을 수 있다고는 상상하지 못했다. 그러나 결국 그렇게 되었다. 거기에 더하여 나는 Discovery Road라고 불리는 위스키 세트와 TRIBE라고 불리는 단일 위스키, 그리고 위스키 페스티벌까지 런칭하게 되었다. 새로운 세계를 탐험하고, 새로운 가족을 찾는 것. 그것이 바로 위스키가 아닐까?

신문기자로 일했기 때문인지 나는 본능적으로 모든 것에 의문을 갖는 편이다. 그래서 위스키를 공부하면 할수록 더 많은 질문이 생기고 그것의 해답을 찾게 된다. 위스키가 난해한 술로 여겨질지도 모르겠지만 사실 꼭 그렇지만은 않다. 그리고 바로 그 부분에서 이 책의 역할이 시작된다. 이 책에서는 색상표나 연대표, 그리고 위스키 "원자 구조 도표" 등을 통해 가장 복잡한 지역의 위스키들을 이해할 가장 쉽고 단순한 경로를 소개한다. 접근 방식은 간단하지만 다른 어떤 책에서도 이 책에서만큼 라이 위스키나 이탈리아의 세 곡물 위스키, 혹은 남아프리카공화국의 솔레라 방식 위스키를 경험할 수 없을 것이다. 게다가 이 책에서는 그 모든 것이 재밌게 이루어진다.

내가 이 책을 쓰면서 즐거웠던 만큼, 여러분도 이 책에 푹 빠지고 즐겼으면 좋겠다. 이제 설레는 마음으로 한 모금 마셔볼까? 스코틀랜드에서는 이렇게 외친다. "슬레인트!(slainte, 건배!)"

Dominic Roskrow

이 책을 활용하는 법

위스키는 지금 현재 가장 트렌디한 술이다. 무수히 많은 책들이 위스키를 만드는 과정을 상세히 설명하고, 전 세계의 증류소들에 집중한다.

그러나 이 책은 다르다. 모든 위스키의 각기 다른 스타일을 담았으며, 그것을 카테고리로 묶어서 마지막 챕터인 "위스키계의 반항아"까지 7개의 독립된 챕터와 7개의 다른 색으로 분류했다. 어디에도 끼기 힘든, 괴상한 위스키들까지 포함하면서 말이다.

모든 챕터에는 그 카테고리 전반에 관한 짧은 소개가 들어있다. 싱글몰트 위스키를 예로 들면, 장르를 포함한 각 몰트의 스타일이 두 면에서 연이어 다뤄진다.

서로 다르게 사용된 색상과 쉽게 이해할 수 있는 원자 구조 도표를 통해 어렵지 않게 위스키의 세계를 탐험할 수 있다.

가운데 원
이 원은 각 카테고리를 대표하는 증류소와 위스키의 이름들이 나열되어있다.

왼쪽 페이지 상단에서는 각 위스키 스타일의 생산국과 미니멈부터 맥시멈까지 알콜 함량의 정도(ABV), 생산과정에서 사용된 곡물의 종류를 알려주는 가이드가 있다.

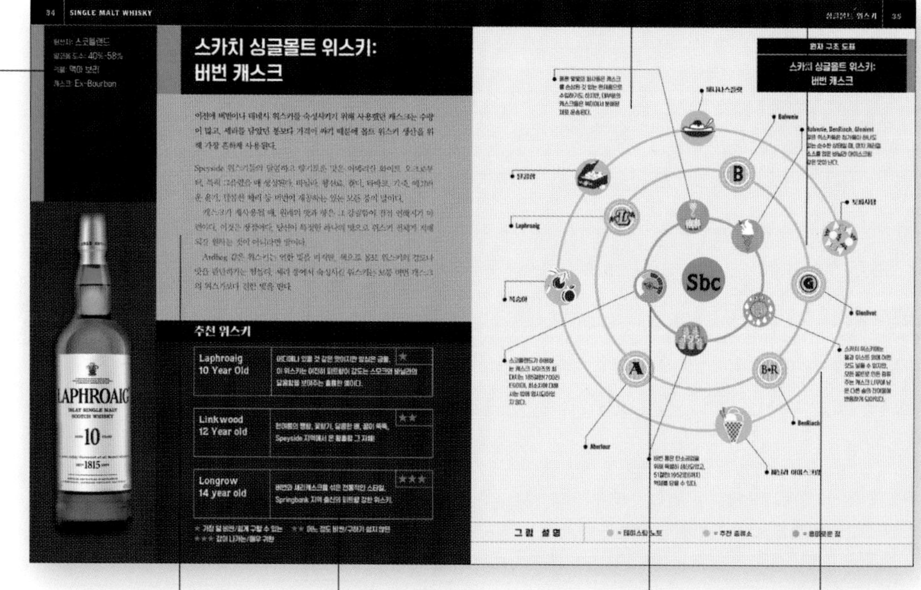

해당 위스키 카테고리의 배경에 대해 어느 정도 설명되어있는 본문 부분이다. 그 위스키가 어떻게 발전해왔는지, 그리고 위스키의 세계에서 어떤 위치에 있는지를 일화를 통해 설명한다.

특정 장르의 위스키 중 우리가 시음해보기를 추천하는 위스키가 있는 곳. 대부분의 경우 다양한 가격대와 각기 다른 특성을 갖고 있다.

안쪽 원
여기에는 보통 그 카테고리에 해당하는 위스키의 특이하거나 놀랄만한 사실들이 적혀있다.

바깥쪽 원
각 위스키에서 맛볼 수 있는 풍미들이 이 원에 설명되어있다.

위스키는 어떻게 마셔야 하는가?

단언컨대 여러분은 소위 "전문가들"로부터 어떻게 위스키를 마셔야 되는지, 혹은 어떻게 마시면 안 되는지에 대한 이야기를 들어봤을 테고, 그 과정에서 한두 번씩 부담을 느꼈을 것이다. 그러므로 시작하기에 앞서 몇 가지 확실하게 짚고 넘어가고 싶다.

1. 위스키는 즐거움을 위해 생산, 소비되는 알코올 음료이다. 우리는 과학실험실에 있는 것이 아니다.

2. 사람들이 여러분에게 어떻게 말했는지는 모르겠지만, 위스키를 마실 때 룰은 하나이다. 그것은 바로 어떤 방식이든 여러분이 원하는 대로 마셔야 한다는 것.

물론 만약 여러분이 잘 따른다면 위스키 한 모금을 머금거나, 향기를 맡을 때 그 황홀함이 커지는데 도움을 주는 가이드라인이 있다. 어떤 가이드라인을 따를지 혹은 무시할지는 여러분이 선택할 수 있지만, 귀한 위스키에 콜라를 타서 마시거나, 치킨카레나 칠리핫도그를 먹으면서 멋진 버번의 미묘함에 대해 음미하는 것은 만용이라는 것을 알게 될 것이다.

자, 그럼 여기 몇 가지 가이드라인을 소개한다.

위스키 잔

위스키를 테이스팅 할 때 어떤 잔을 사용해야 되는지 잔뜩 설명해놓고, 결국 텀블러 사진 한 장을 표지에 붙여놓는 수많은 책과 출판사들을 생각하면 웃음이 난다. 테이스팅 만을 위해서라면 여러분이 선호하는 잔을 사용하면 된다. 얼음을 넣어 마시거나, 손 안에서 흔들어 마실 거라면 텀블러 잔도 괜찮다. 업계의 이름있는 위스키 회사들은 모든 형태와 사이즈별로 잔을 생산한다.

그러나 향을 맡기 위해서라면 코피타 글래스같이 작은 잔을 사용하는 것이 더 낫다. 코피타 글래스는 둥글납작한 아랫부분과 가늘게 쭉 뻗은 목이 있는 형태의 잔으로, 스템이 있는 것과 없는 것 모두 괜찮다. 이 형태로 인해 위스키의 향기가 잔 안에 머물면서 보다 쉽게 그 아로마를 맡을 수 있게 해준다.

위스키 업계 역시 점점 더 밑이 단단하고 뭉뚝한, 특별하게 디자인된 위스키 잔을 사용하고 있다. 좋은 위스키 샵이라면 Glencairn 잔을 볼 수 있을 것이다. 그 외에는 작은 레드와인 잔도 충분하다.

시작하기

위스키를 잔의 1/4에서 1/3 정도까지 따른다. 혹시 필요할 수도 있으니, 시원하지만 아주 차갑지는 않은 미네랄워터를 한 컵 준비한다. 그게 전부다. 이제 마실 준비가 됐다.

향 맡기

잔의 가장자리에 천천히 코를 갖다 댄다. 먼저 짧게 가벼운 숨을 들이마신 후, 잔을 치운다. 조심해야 한다. 위스키는 센 술이다. 다시 잔을 가져와서 다가간다. 양 쪽 콧구멍으로 따로 향을 맡아보고, 혹시 감지되는 아로마가 있는지 살펴본다. 이제 마신다.

맛 보기

아주 적은 양의 위스키를 입안에 넣는다. 매우 도수가 높은 위스키일지도 모르므로 조심해야 한다. 편안해지면 조금 더 맛을 본다. 위스키를 입안 전체로 돌리며 풍미를 감지한다. 그런 다음, 삼키거나 뱉는다. 만약 여러분이 그저 재미로 테이스팅을 하는 것이라면 삼켜라. 하지만 여러분의 미각이 곧 피곤해진다는 사실을 기억하라. 그때까지 마음껏 즐기길.

물을 넣는 것과 안 넣는 것

그동안 여러분이 어떻게 들었는지는 모르겠지만, 적은 양의 물을 넣는 것은 위스키 테이스팅에 좋다. 물이 향을 풀어주기 때문이다. 그러므로 위스키를 물 없이 테이스팅 했다면, 개인취향에 맞게 물을 조금 넣어보자. 몇 방울만으로도 충분하므로 피펫(주사기같이 생긴 실험실 도구-역)을 사용하는 것도 좋은 생각이다. 맞고, 틀린 것은 없다. 전문 블렌더들은 보통 물과 위스키를 반반으로 섞어서 알코올 도수 20% ABV일 때 향을 맡는다.

테이스팅 노트

좋은 테이스팅 감각은 연습을 통해 이루어진다. 대부분의 사람들에게 그런 감각이 태어날 때부터 타고나기란 쉽지 않을 것이다. 그래서 많이 시음해볼수록 더 나아질 것이다. 그리고 기억해라. 테이스팅 노트는 여러분 외에 어느 누구를 위한 것도 아니다. 원하는 만큼 개인적으로 느끼고, 여러분이 무엇을 좋아하고 또 좋아하지 않는지를 떠올리기 위해 그것들을 기억하라.

다름의 세계

나에게 있어서 누군가가 위스키의 맛을 좋아하지 않는다고 하는 것은 마치 누군가가 카레를 좋아하지 않는다고 말하는 것과 같다. 두 경우 모두 너무 포괄적이며, 같은 카테고리라도 전혀 스타일이 다른 수많은 위스키가 존재한다.

이것은 매우 중요한데, 그 이유는 사람들이 위스키의 맛을 좋아하지 않는다고 할 때 그들은 일반적으로 블렌디드 스카치 위스키를 의미하며, 그것은 보통 예외 없이 그들이 어렸을 때 맥주를 많이 마신 후 곁들이기 위해 블렌디드 스카치를 마시고, 그것이 숙취로 이어졌던 경험이 있었기 때문이다.

여러분이 이미 깔끔하게 그 장애를 극복했다하더라도, 스코틀랜드가 아닌 다른 나라에서 만든 위스키들이 당연히 싱글몰트 스카치의 맛과는 차이가 난다라는 사실을 꼭 기억해야 한다. 버번의 맛은 대부분의 싱글몰트의 그것과 매우 다르다. 마치 올리브의 맛이 포도와 다른 것처럼.

우리는 스코틀랜드가 지역적 스타일을 확고하게 가지고 있는 것처럼, 다른 나라의 위스키 역시 국가별 정체성이 점점 더 발전하는 것을 목격한다. 이 책의 큰 핵심은 그런 미지의 물속으로 여러분을 안내하는 것이다. 어쩌면 여러분에게 완벽한 위스키란, 살면서 한 번도 느껴보지 못한 새로운 맛의 호주라이 위스키 일지도 모른다. 이제라도 찾았으면 다행이지 않은가?

여러분은 이제 막 전 세계의 가장 사랑스러운 지역의 아름다운 증류소들로 이끌어줄 엄청난 모험을 떠나려고 한다. 그곳에서 새로운 친구들을 사귈 것이며, 새로운 글로벌 가족들이 생길 것이다. 그리고 지구상에서 가장 훌륭한 증류주를 맛볼 것이다. 솔직히 말해서 어떤 것도 이것보다 멋지긴 어렵다. 맘껏 즐기길.

SINGLE MALT WHISKY

싱글몰트 위스키

CHAPTER ONE

싱글몰트 위스키는 오직 맥아, 효모, 물,
이 세 가지의 재료로만 구성된
심플한 술이다.
하지만 그것만으로도 매우 정교하고,
세련되고, 풍미가 가득한 맛을 제공한다.
그 경험은 숭고하기까지 하다.

대부분의 위스키 팬들에게 싱글몰트 위스키는 이 모든 여정의 시작이자 끝이다. 그냥 보통의 싱글몰트가 아니라, 오직 맥아만을 사용한 스코틀랜드의 싱글몰트가 그렇다. 이론상으로는 몰트과정을 거친 다른 곡물도 싱글몰트라고 부를 수 있겠지만, 처음부터 끝까지 풍미와 맛을 다룬 이 책만의 일관성을 위해, 보리 외의 곡물은 다른 곳에서 다루도록 한다.

거의 대부분의 싱글몰트는 스코틀랜드산이며, 스코틀랜드가 세계적으로 위스키 산업을 리드하고 있는 나라라는 것은 반박할 여지가 없는 사실이다. 물론 다른 많은 나라들에서도 훌륭한 싱글몰트를 생산하고 있다는 것 또한 잊지 말아야 한다.

자, 그럼 싱글몰트 위스키는 무엇을 의미할까? 여기서 '싱글'이란 위스키가 하나의 증류소에서 제조되었다는 것을 의미한다. 위스키의 라벨에 이 위스키는 하나의 통에서 나왔다고 쓰여 있지 않은 이상, 보통의 병은 나이도 다르고 스타일도 다른 다양한 나무통에서 숙성된 위스키가 섞여져 나왔다고 보면 된다.

우리가 위스키의 제조 과정에 대해 얼마나 공부했든 간에 숙성 과정에서 그 담갈색의 액체에게 어떤 일들이 일어나는지 우리가 완전하게 통제할 수 없다는 것, 그것이 위스키의 마법이다. 위스키를 담은 각각의 통은 그 속의 위스키를 다르게 숙성시킨다. 모든 위스키는 회기로 생산되기 때문에, 만약 제조자가 하나의 통에서 어떤 예상치 않은, 불편한 맛을 느꼈다면 전 과정은 맨 처음부터 다시 시작되어야 한다.

싱글몰트 위스키는 맥주를 증류한 후에 오크통에서 최소 3년을 숙성시킨 술이다. 보리를 구하고, 맥아 과정(싹을 틔우는 과정)을 거친 후, 그것을 건조시켜서 진행되는 것을 멈추는 과정을 통해 만들어진다. 맥아 과정에서는 보리 알맹이가 터지면서 알코올이 만들어지기 위해 필요한 모든 요소들이 결합할 준비를 한다. 건조 과정에서는 이탄(泥炭)불을 사용하기도 하는데, 이 연기를 통해 스모키한 위스키들이 그 고유한 향을 얻는다. 사람들은 그 과정에서 사용된 물 때문이라고 종종 오해하지만.

맥아가 건조되면 고운 가루 형태로 분쇄하고, 거기에 뜨거운 물이 보통 두세 번 첨가된다. 그 후 보리껍질을 제거하는데, 제거 후 남겨진 달콤하고 진한 액체에는 효모가 첨가된다. 효모는 당이 있으면 활발히 배양되고, 그 과정에서 이산화탄소와 알코올을 생성한다. 여기서 발효 맥아즙(Distiller's beer)이 탄생되는 것이다.

증류는 물에서 알코올을 분리하는 과정으로, 거대한 주전자 모양의 단식증류기(포트스틸, pot still)에서 이뤄진다. 첫 번째 증류를 거치면서 알코올 액체는 다시 농축되고, 모아진다.

두 번째 증류에서 처음에 나오는 센 알코올은 매우 악취가 나며, 독성이 있다. 이 알코올은 생산자가 본격적으로 술의 바디(body) 부분을 채수하기 시작할 때까지 탱크에 모아진다. 바디 부분은 그 후에 다른 용기에 따로 채수된다.

이 과정은 알코올이 약해지고 옅어질 때까지 반복되는데, 과정의 후반부에 모아진 약한 알코올 성분의 "꼬리" 부분과 과정의 첫머리에 모아진 진한 알코올 성분인 "머리" 부분은 다시 섞여서 다음 증류 과정을 준비하게 된다. 그리고 중간에 따로 채수되었던 "바디" 부분에는 나무통에서 숙성되는 가장 이상적인 농도를 맞추기 위해 물이 첨가된다. 그 후 이것은 전에 쉐리나 버번을 담았던 오크통에 넣어진다. 몰트 음료는 맵고, 타닌이 풍부한 새 오크통에서 숙성되기엔 너무 섬세하기 때문이다. 그렇게 담은 오크통들이 저장고에 들어가면, 그때부터 마법이 시작된다.

원산지: 스코틀랜드
알코올 도수: 40%-60%
곡물: 맥아 보리
캐스크: 주로 Ex-Bourbon, 일부 Ex-Sherry

스카치 싱글몰트 위스키: 로우랜드

전통적으로 로우랜드 증류소들은 무겁고 기름진 하이랜드 증류소의 위스키와는 달리, 가볍고 꽃향이 감도는 위스키를 제조한다. 이 차이에는 역사적인 이유가 있다.

로우랜드의 증류기들은 하이랜드의 증류기들보다 크다. 에딘버러, 글라스고와 가까운 지리적 특성 때문에 접근성이 좋고, 그러므로 가장 인기가 많은 위스키들이 생산되었기 때문이다. 증류기가 커지면 위스키는 가벼워진다. 왜냐하면 증류주가 동판을 지나갈 때 불순물과 함께 향 혼합물이 함께 날아가기 때문이다. 즉, 증류주가 더 오래 이동할수록 더 많은 무거운 요소들이 증류기 밑으로 떨어지게 된다.

이 역류과정을 통해 가장 가볍고, 가장 향기로운 증류주만이 응결 단계에 이르게 된다. 그 결과로 로우랜드의 위스키들은 가벼운 풍미를 지니게 되었고, 하이랜드의 위스키처럼 캐스크 안에서의 숙성기간이 길지 않다.

추천 위스키

Bladnoch 10 Year Old	기분좋게 산뜻하고 자극적인 위스키. 폭발적인 레몬, 라임향과 풍미가득한 향신료들이 톡톡 튀는 맛.	★
Auchentoshan 21 Year Old	오-켄-토시-엔 이라고 발음하며, 증류소에서 제조한 가장 최상의 맥아를 사용한다. 풍부한 허니, 바닐라와 과일향, 밀크 초콜릿의 흔적.	★★
Rosebank 12 year old	지금은 없어진 증류소의 이 위스키는 지역 고유의 꽃향을 정의하는 기준이 될 정도이다.	★★★

★ 가장 덜 비싼/쉽게 구할 수 있는 ★★ 어느 정도 비싼/구하기 쉽지 않은
★★★ 값이 나가는/매우 귀한

원자 구조 도표

스카치 싱글몰트 위스키 : 로우랜드

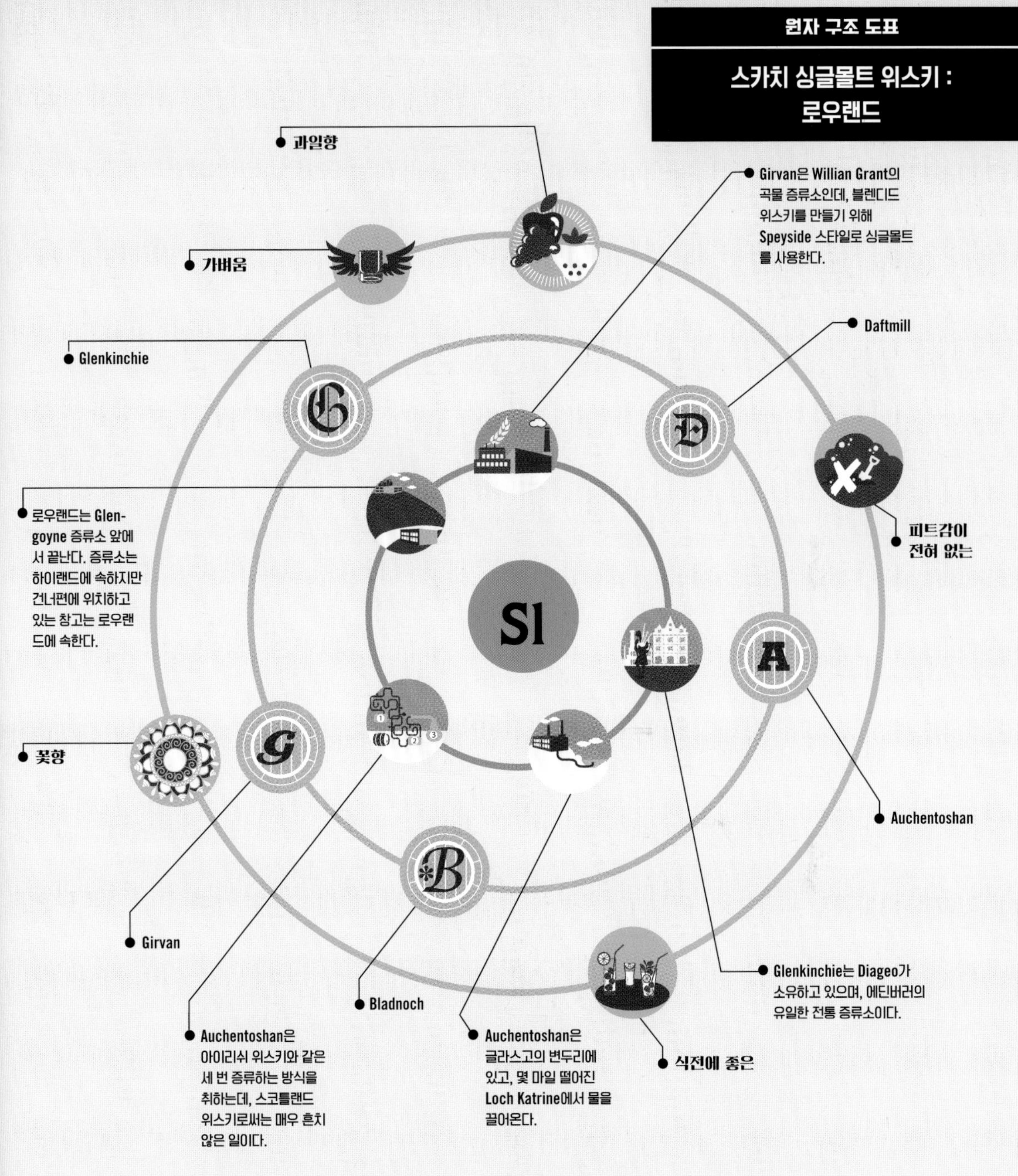

그림 설명 = 테이스팅 노트 = 추천 증류소 = 흥미로운 점

원산지: 스코틀랜드
알코올 도수: 46%-58%
곡물: 맥아 보리
캐스크: Ex-Bourbon, Ex-Sherry

스카치 싱글몰트 위스키: 캠벨튼

캠벨튼(Campbeltown)이 다른 지역과 뚜렷이 구별되는 위스키 산지로 주목받은 건 굉장히 최근의 일이다. 사실 이 현상은 조금 늦은 감이 있는데, 그 이유는 가볍고 플로럴한 로우랜드 위스키에서 이토록 풀바디의 대담한 제품들이 나온다는 건 말이 안되기 때문이다.

스코틀랜드 남부의 긴 끝자락이 위스키를 위한 매우 좋은 환경이라고 말하기는 어렵지만, 여기서 생산되는 제품들은 꽤 눈여겨 볼만하다. Glen Scotia도 한 몫 했지만, 뭐니 뭐니 해도 J&A Mitchell and Company가 이 지역에서 위스키의 전통을 이어오는데 가장 큰 공을 세운 회사이다.

스타일은 조금씩 다를지라도, 캠벨튼 만의 맛과 향, 짭조름함, 왁스 같은 질감은 이 지역 위스키라면 지니고 있는 특성들이다. 제조과정에서 피트(이탄)가 사용되기도 하며, Longrow의 경우에는 그것이 대표적인 특징이다.

추천 위스키

Hazelburn 8 Year Old	이 지역의 전형적인 방식은 아니지만 세 번의 증류를 거친, 깨끗하면서 허니칩의 풍만한 달콤함이 특징이다.	★
Longrow 14 Year Old	진한 피트향, 오크향, 소금과 향신료. 위스키 팬들이 상상했던 맛있는 천국이 현실로.	★★
Springbank 18 Year Old	덜 익은 바나나, 코코아, 리커리쉬와 사탕수수에 섬세한 스모크 향. 이 모든 것을 아우르는 빅 바디.	★★★

★ 가장 덜 비싼/쉽게 구할 수 있는 ★★ 어느 정도 비싼/구하기 쉽지 않은
★★★ 값이 나가는/매우 귀한

원자 구조 도표

스카치 싱글몰트 위스키 : 캠벨튼

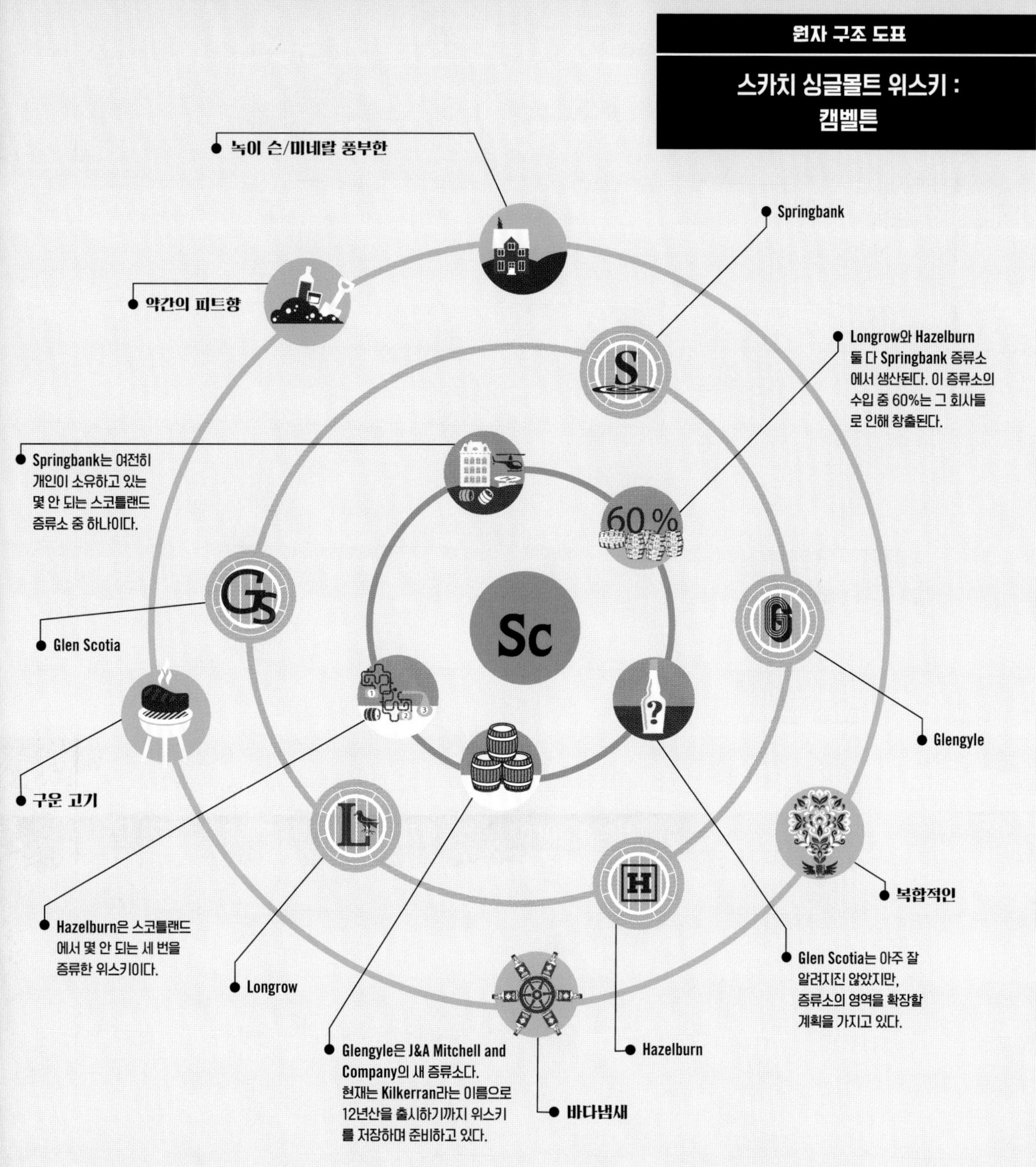

그림 설명 = 테이스팅 노트 = 추천 증류소 = 흥미로운 점

원산지: 스코틀랜드
알코올 도수: 40%-60%
곡물: 맥아 보리
캐스크: Ex-Bourbon, Ex-Sherry

스카치 싱글몰트 위스키: 이스트 하이랜드

Aberdeen 주위로 아치 모양을 띄며 증류소들이 넓게 퍼져서 형성된 이 지역은, 증류소들 간의 거리는 짧지 않지만 그것조차 충분히 가치로운 여행이 된다.

이곳에서 생산된 위스키들은 크게 세 가지 타입으로 구분된다. Aberfeldy와 Dalwhinnie 같이 리치하며, 꿀이 섞인 설탕과 향신료맛의 기분좋은 타입, 스카치 위스키의 반항아 그룹 중 대표주자 격인 Fettercairn, Glencadam 그리고 Glen Garioch로 대표되는 거침없고 도전적인 예술가 타입, 그리고 Royal Lochnagar, Edradour, Blair Athol 같이 평범이라고 써있는 "여행객을 위한" 위스키 타입.

이 위스키들은 각각의 매력을 지니고 있다. Dalwhinnie나 Aberfeldy의 중앙에서 느껴지는 진한 꿀맛은 Glen Garioch의 난해함이나 Fettercairn의 탁하고, 뿌리향에 가까운 풍미와 눈부시게 대비된다. Edradour는 피트향이 강한 위스키들이나 전통적인 하이랜드 스타일처럼 캐스크의 특별한 뒷맛이 강한 위스키 계열에 속한다.

추천 위스키

Glen Garioch Founder's Reserve	초콜릿, 너트, 쫄깃한 보리와 리치한 과일맛. 마법으로 가는 멋진 첫 스텝.	★
Dalwhinnie 25 Year Old	벌집을 베어먹은 듯한 리치한 꿀향이 스모키한 베이스위로 점프를 하고, 황금색 열대과일이 피트의 쓴향을 포근히 감싸는 오리지널 클래식 몰트 위스키.	 ★★
Aberfeldy 21 Year Old	하이랜드 위스키의 모범답안. 꿀, 리커리쉬, 오렌지, 그리고 피트와 오크의 작은 터치.	 ★★★

★ 가장 덜 비싼/쉽게 구할 수 있는 ★★ 어느 정도 비싼/구하기 쉽지 않은
★★★ 값이 나가는/매우 귀한

원자 구조 도표

스카치 싱글몰트 위스키 : 이스트 하이랜드

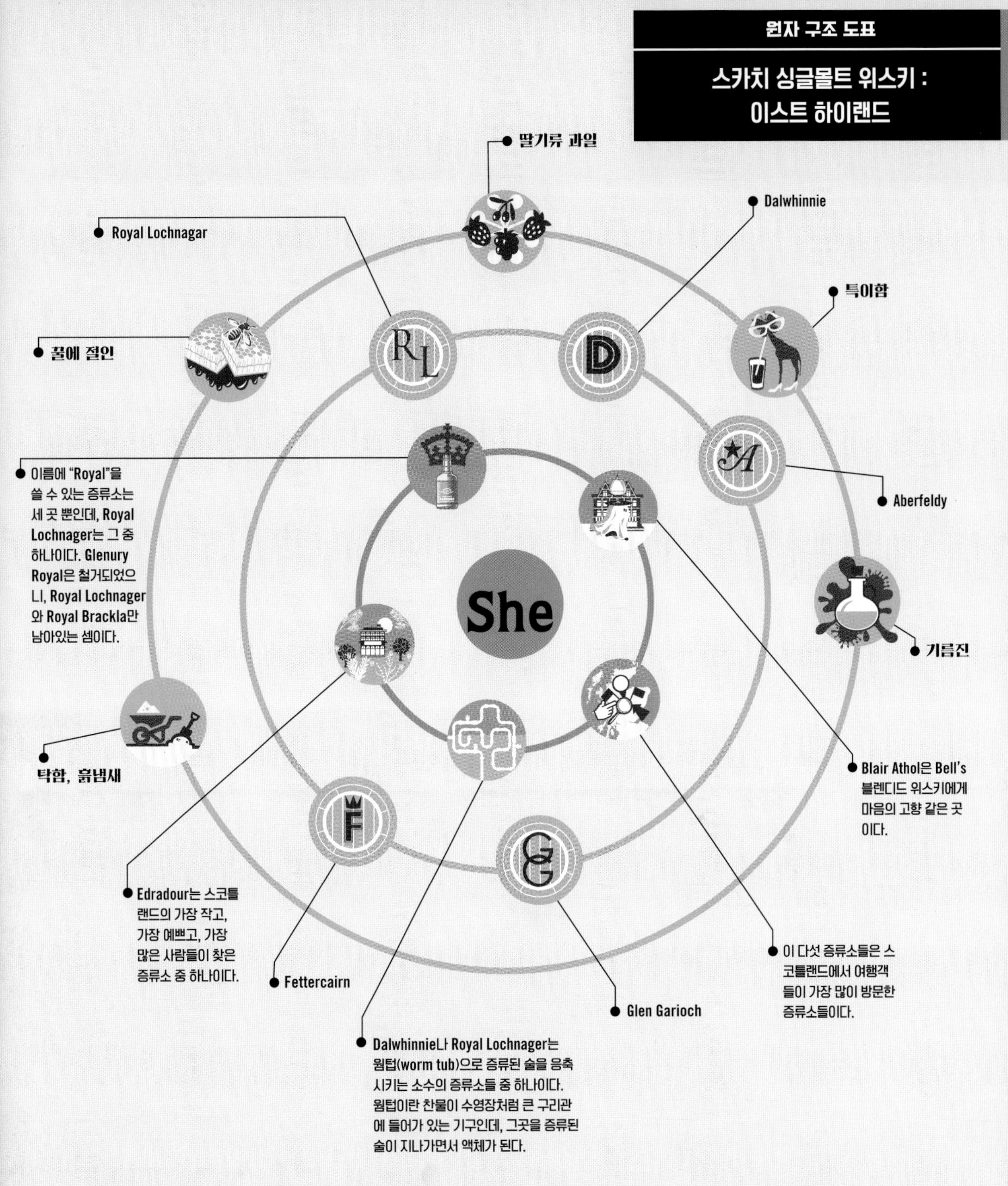

그림 설명 = 테이스팅 노트 = 추천 증류소 = 흥미로운 점

원산지: 스코틀랜드
알코올 도수: 40%-60%
곡물: 맥아 보리
캐스크: Ex-Bourbon, Ex-Sherry

스카치 싱글몰트 위스키: 사우스 하이랜드

이 지역의 다섯 증류소들 중 여러 종류의 복잡한 몰트로 위스키를 생산하는, 거의 위스키 공장급인 Loch Lomond를 제외한다면, 다른 4개의 증류소들은 쉽게 마실 수 있는 위스키를 제조하는 것으로 정평이 나있다.

Glengoyne는 그들의 피트감없는 위스키를 매우 자랑스러워하는데, 미성숙 상태의 이 위스키는 사실 전혀 매력적이지 않다. 그러나 셰리를 담았던 통에서 숙성을 마치고 나면 육향 가득한 굵고 거친 맛이 탄생한다.

Deanston은 물레방아로 전기를 끌어오는 오래된 면직공장이다. 방문객들을 위한 시설은 최근에 업그레이드되었고, 그에 따라 위스키도 개선되었다.

Tullibardine은 다양하고 넓은 영역대의 위스키를 가지고 있고, 스코틀랜드에서 가장 많이 방문객들이 찾는 증류소 중 하나이다.

블렌딩을 기념하는 현장 체험 행사인 Famous Grouse Experience 이벤트 때문에 빛을 잃긴 했지만 Glenturret은 여전히 사랑스럽고 전통적이다. 마치 스코틀랜드 전통격자무늬인 타탄체크처럼.

추천 위스키

Deanston 12 Year Old	까다롭지 않고 깔끔한 스타일의 '오렌지와 생강-보리수(칵테일 이름)' 맛이 가미된, 예전보다 더 잔향이 오래남고, 풀바디의 리치해진 맛	★
Glengoyne 18 year Old	기가 막힌 셰리통, 미묘한 한줄기의 황맛, 그리고 풍부한 버터스카치의 메이플시럽, 바닐라 향	★★
Tullibardine Vintage Release	몇몇의 빈티지는 60년대 초반까지 내려가며, 그 위스키들은 크리스마스 케이크, 초콜릿, 사탕 그리고 오크가 하나로 뭉쳐져 있다고 생각하면 된다.	★★★

★ 가장 덜 비싼/쉽게 구할 수 있는 ★★ 어느 정도 비싼/구하기 쉽지 않은

원자 구조 도표

스카치 싱글몰트 위스키: 사우스 하이랜드

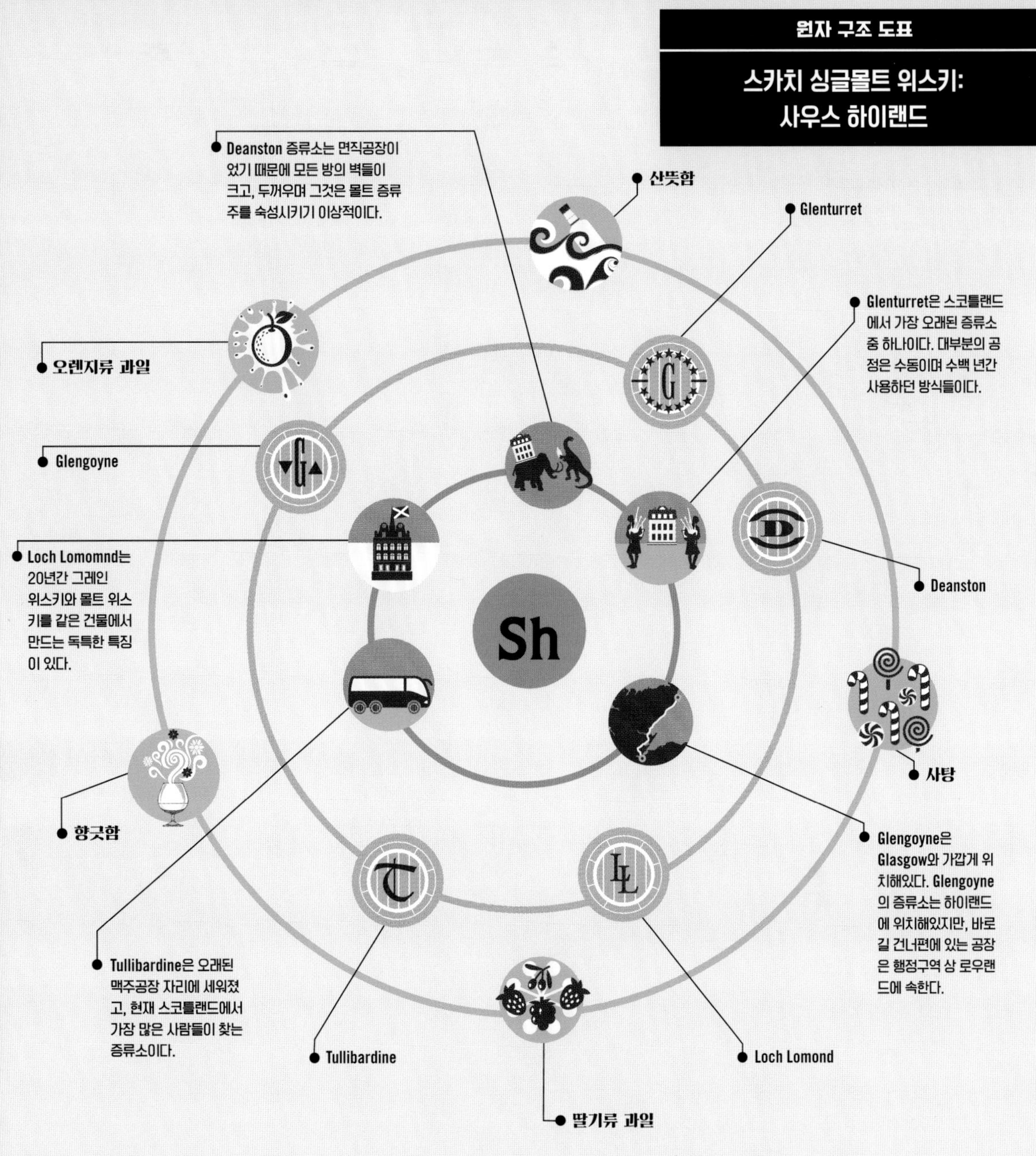

그림 설명 = 테이스팅 노트 = 추천 증류소 = 흥미로운 점

원산지: 스코틀랜드
알코올 도수: 40%-58%
곡물: 맥아 보리
캐스크: Ex-Bourbon, Ex-Sherry, Ex-Port Pipes, French wine casks

스카치 싱글몰트 위스키: 노스이스트 하이랜드

비록 이따금씩 잊혀진 해안지대로 알려져 있긴 하지만 북쪽의 Loch Ness로 이어지는 스코틀랜드의 동쪽 해안에는 국가를 대표하는 가장 상징적인 증류소들이 위치해있다.

하이랜드 북동쪽 증류소들은 각각의 지역에서 한 가지 스타일의 위스키만 생산된다는 통념을 제대로 반박하고 있다. 이 지역의 상품은 풍부한 맛의 전통적이고 리치한 Dalmore부터, 과일맛이 강한 Balblair와 Glenmorangie, 짠맛과 시트러스향이 강한 Old Pulteney까지 매우 화려하고 다양하다. 모두 좋은 하이랜드 몰트 특유의 그윽한 향과 깨끗하고 신선한 맛을 공통적으로 지니고 있지만 말이다. 게다가 거의 모든 위스키들이 피트향을 별로 강조하지 않았음에도 오직 전설적인 Brora(현재는 생산이 중단된) 만이 이 룰에서 예외였다고 할 수 있다. Brora는 Clynelish의 자매 증류소였다.

추천 위스키

Glenmorangie Traditional	"오렌지"와 운율이 맞는다는 점은 부분적으로 그 맛을 설명해주기도 한다. 꿀, 신선하고 깨끗한 몰트 그리고 살짝 느껴지는 너트의 고소함.	★
Dalmore 15 Year Old	크고, 대담하고, 스파이시한 풍미가 역량 이상을 발휘하며, 오크향의 타닌, 영귤향, 바닐라, 계피 위에 꽃향으로 마무리	★★
Brora 30 Year Old	만약 이것이 독점적으로 병입이 되었다면 정말 환상적이었을 것이다. 과일바구니 한가득에 향신료와 피트향까지. 어쩌면 완벽에 가까운 위스키?	★★★

★ 가장 덜 비싼/쉽게 구할 수 있는 ★★ 어느 정도 비싼/구하기 쉽지 않은
★★★ 값이 나가는/매우 귀한

원자 구조 도표

스카치 싱글몰트 위스키: 노스이스트 하이랜드

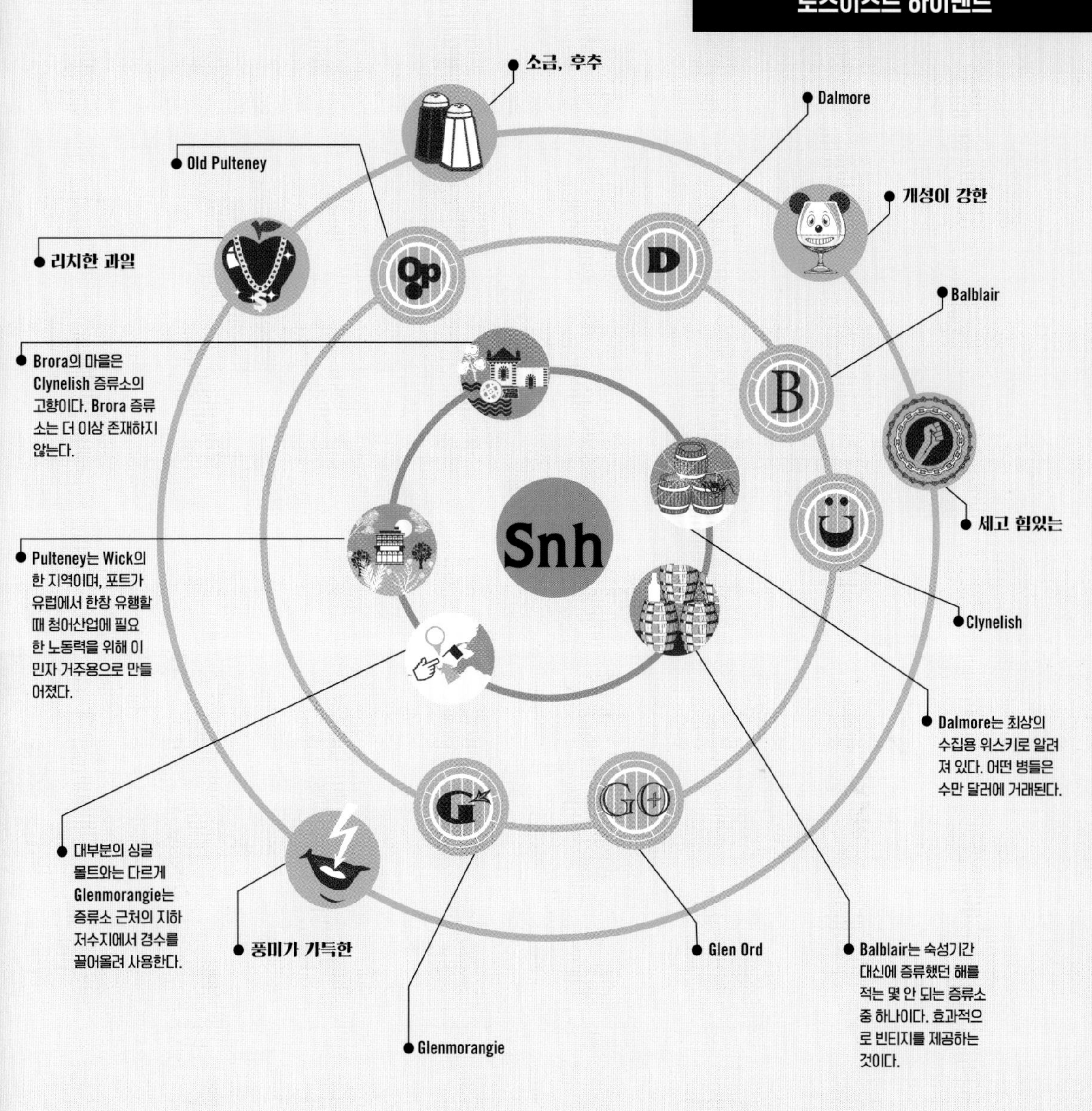

그림 설명 = 테이스팅 노트 = 추천 증류소 = 흥미로운 점

원산지: 스코틀랜드
알코올 도수: 40%-60%
곡물: 맥아 보리
캐스크: Ex-Bourbon

스카치 싱글몰트 위스키: 스페이사이드-버번캐스크

미국법에 의하면 배럴은 위스키를 담기 위해 한번만 사용될 수 있다. 그 후에는 반드시 되팔아야 한다. 자연히 좋은 버번이나 테네시 위스키를 담았던 캐스크들은 스카치 몰트를 풍부하게 해주는 데에 이상적인 원료로 준비되는 것이다.

숙성 과정 동안, 온도의 변화는 캐스크 안에서 증류주의 움직임, 확장과 수축을 야기한다. 이 과정의 결과로 위스키의 컬러가 나온다. 우리가 과일, 너트, 스파이시 등으로 구분하는 대표적인 맛들은 사실 나무와 알코올 사이의 화학반응으로 인하여 생성된다. 증류주의 산화작용 역시 이때 일어난다.

미국인들이 딱 한번 사용한 아메리칸 화이트 오크 배럴에는 그들의 위스키 맛이 배어있는데 그것은 매력적이고, 달콤하고, 마치 디저트같은 캐릭터를 새 작품에 추가시킨다.

추천 위스키

BenRiach 12 Year Old	바닐라, 버터스카치, 황금빛 과일맛은 이 위스키를 가장 완벽한 입문용 위스키로 만든다.	★
Glenlivet Nadurra 16 Year Old	버번통으로 담은 가장 고급 위스키. 열대과일향의 리치하고 크리미한 맛	★★
The Balvenie 14 Year Old Golden Cask	Balvenie의 모든 버번캐스크 위스키들은 다 훌륭하지만 특히 이것은 황금빛 과일, 파인애플, 그리고 크림맛이 일품.	★★★

★ 가장 덜 비싼/쉽게 구할 수 있는 ★★ 어느 정도 비싼/구하기 쉽지 않은

원자 구조 도표

스카치 싱글몰트 위스키: 스페이사이드-버번캐스크

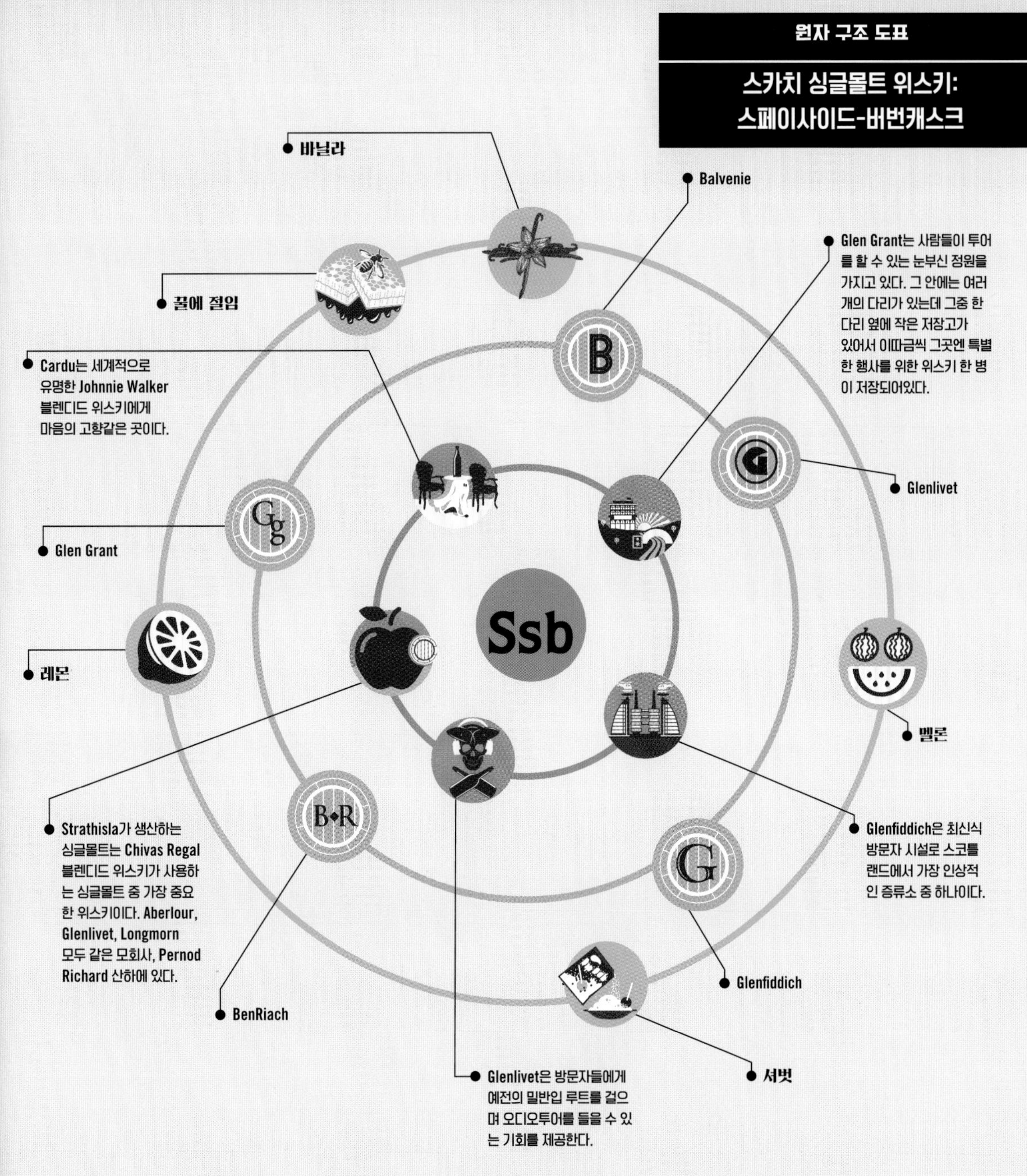

그림 설명

= 테이스팅 노트 = 추천 증류소 = 흥미로운 점

원산지: 스코틀랜드
알코올 도수: 40%-58%
곡물: 맥아 보리
캐스크: Ex-Sherry

스카치 싱글몰트 위스키: 스페이사이드-셰리캐스크

스코틀랜드 증류소들의 1/2에서 2/3은 모두 이곳 스페이사이드 지역에 위치해 있다. 왜냐면 스페이 강과 그 지류의 물이 위스키 증류에 풍부하고 최적화되어있기 때문이다.

스페이사이드는 소비세 법령이 위스키에 대한 국세를 줄이고 합법적인 증류소들의 성장을 격려하던 1824년까지 밀수의 온상이었다. 이 지역에 터를 잡았던 첫 번째 위스키 메이커는 Glenlivet의 George Smith였으며, 그의 성공은 많은 다른 위스키 메이커들을 이 지역에 안착하고 사업을 시작하는데에 좋은 자극이 되었다.

스페이사이드 위스키는 깨끗하고 달콤하며 과일향이 풍부한 성향이 있다. 셰리화된(전에 셰리를 담았던 통에서 숙성된) 위스키들은 빨간 딸기류의 과일과 오렌지의 풍부함을 지녔다. 맛은 크리스마스 케이크를 연상시키면서도 한 톤 밑에는 탁한 흙내음이 은은하게 깔려있다.

추천 위스키

Glenfarclas 105	셰리화된 위스키 특유의 사랑스러움이 총동원된, 이 스타일의 끝판왕이라 불려질만한 클래식한 위스키	★
Glendronach 15 Year Old	누군가는 유황이나 육향이 감도는 노트에 난색을 표할지 모르겠지만, 대부분은 붉은 과일이 감도는 이 맛과 사랑에 빠질 것이다.	★★
Macallan 25 Year Old	올로로소(스페인산 디저트용 셰리)가 주를 이루면서 타닌과 향신료 맛이 조연으로 출연한다. 독보적인 오렌지와 건포도 노트 역시 큰 특징.	★★★

★ 가장 덜 비싼/쉽게 구할 수 있는 ★★ 어느 정도 비싼/구하기 쉽지 않은
★★★ 값이 나가는/매우 귀한

원자 구조 도표

스카치 싱글몰트 위스키: 스페이사이드-셰리캐스크

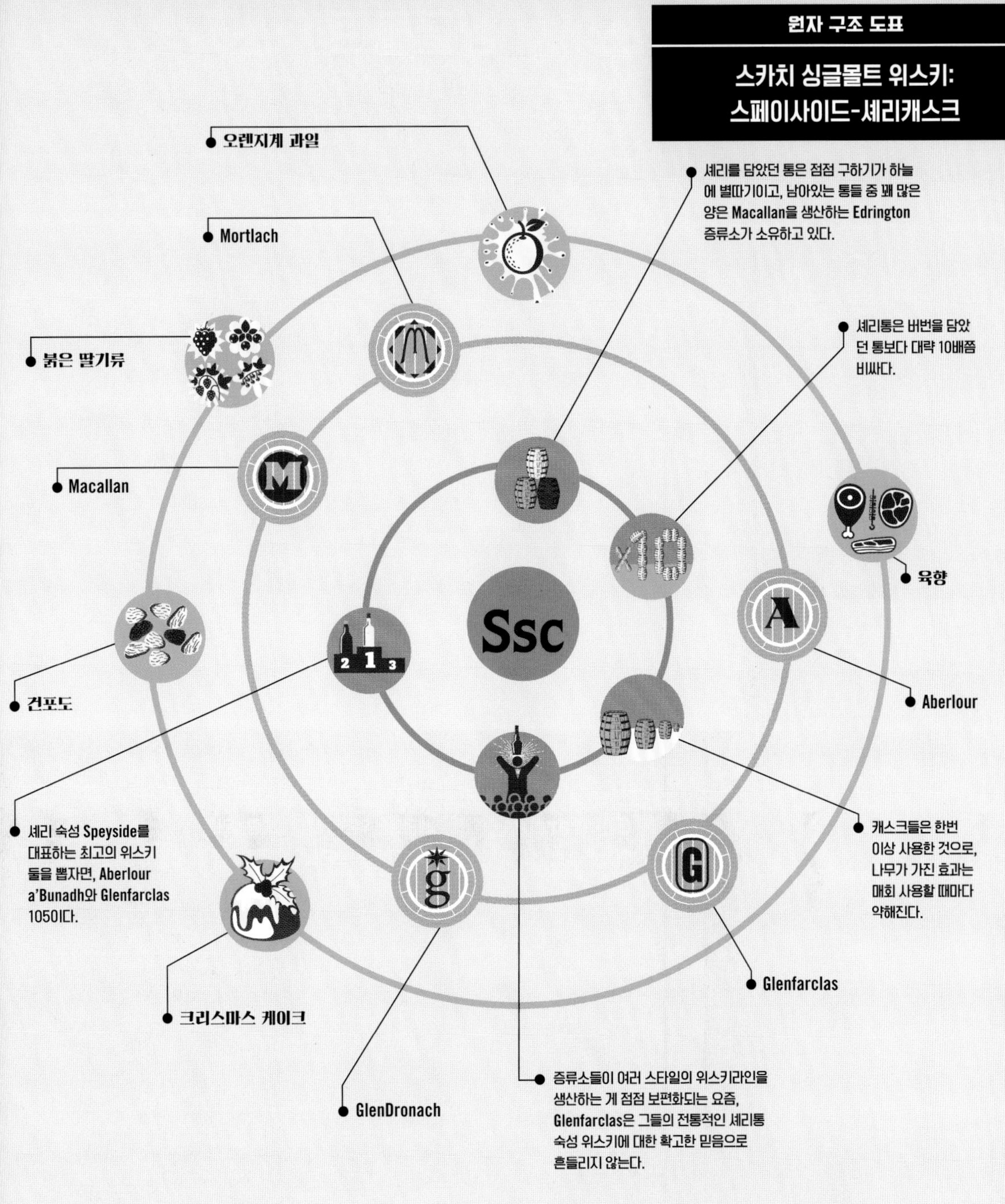

그림 설명

= 테이스팅 노트 = 추천 증류소 = 흥미로운 점

원산지: 스코틀랜드
알코올 도수: 43%-60%
곡물: 맥아 보리
캐스크: Ex-Bourbon, Ex-Sherry, Ex-Wine, Rum, Madeira, Port

스카치 싱글몰트 위스키: 섬들

남서쪽의 Arran부터 북동쪽의 Orkneys까지 스코틀랜드의 섬들은 꽤 넓은 지역으로 퍼져있기 때문에 이들이 짙은 피트향부터 짠맛, 매운맛까지 방대한 영역의 위스키 스타일을 생산하다는 것은 결코 놀라운 일이 아니다.

섬에서는 대부분의 위스키들이 피트(이탄)를 사용한 불에 보리를 건조시키는 전통방식으로 제조된다(산업혁명 동안 육지에서 손쉽게 구할 수 있었던 석탄이 여기에서는 거의 없었다고 한다). 그러나 그렇다고 모든 섬 위스키들이 다 스모키한 맛을 지닌 것은 아니었다. Orkeys의 Scapa는 피트를 사용하지 않았으며 Jura, Arran, Tobermory의 전통적이고 원칙적인 스타일의 위스키들은 모두 피트향이 가벼운 편이다.

많은 육지의 증류소들조차 문을 닫거나 경영권을 박탈당하는 시점에 멀리 떨어진 섬의 증류소들이 여전히 상업적으로 성행하고 있다는 것은 굉장한 업적이 아닐 수 없다. 스카치의 다양성을 묘사하는데 있어서 이보다 더 좋은 지역은 없다.

추천 위스키

Tobermory 10 Year Old	조금의 덜어냄도 없이 풍미를 끌어올릴 뿐. 맛좋고, 너트향으로 고소하고, 과일향이 풍부하며 가벼운 피트향이 특징.	★
Talisker 57 North	불안정한 피트와 후추나무더미에 생피트와 소금물을 끼얹는데, 그것은 이 증류소가 유명해진 방식이기도 하다.	★★
Highland Park 18 Year Old	많은 최고의 위스키들에게서 볼 수 있듯이 훌륭한 몰트에 꿀과 과일, 향신료, 피트와 오크가 완벽한 밸런스로 어우러진 맛.	★★★

★ 가장 덜 비싼/쉽게 구할 수 있는 ★★ 어느 정도 비싼/구하기 쉽지 않은
★★★ 값이 나가는/매우 귀한

원자 구조 도표

스카치 싱글몰트 위스키: 섬들

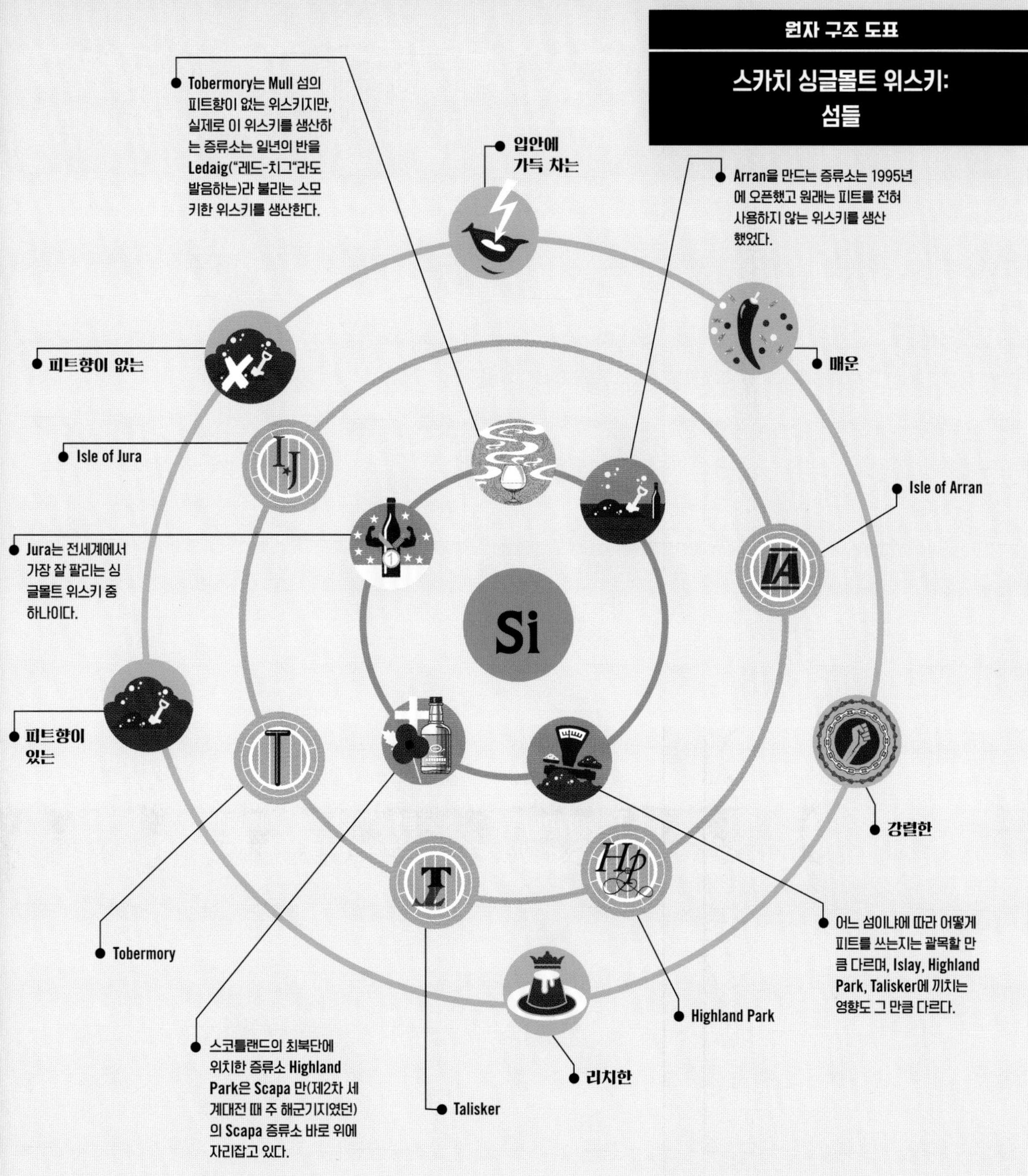

그림 설명

= 테이스팅 노트 = 추천 증류소 = 흥미로운 점

원산지: 스코틀랜드
알코올 도수: 43%-58%
곡물: 맥아 보리
캐스크: Ex-Bourbon, 일부 Ex-Sherry

스카치 싱글몰트 위스키: 아일라

현재 성업중인 8개의 증류소들과 다수의 새 증류소들이 건축중인 Isaly("아일-라"라고 발음한다) 지역은 특히 피트향과 스모키향을 좋아하는 위스키 애호가들에게는 천국이다.

섬의 남쪽에는 피트 계열 위스키의 삼위일체인 Ardbeg, Lagavulin, Laphroig가 있다. 바로 뒤에는 Bowmore와 Kilchoman이 있다. Diageo의 가장 큰 증류소 중 하나인 Caolla는 피트향이 강한 위스키와 피트향을 입히지 않은 몰트를 함께 만든다(후자는 주로 블렌딩의 목적으로). 나머지 두 증류소 Bunnahabhain("부나하벤"이라고 발음한다)과 Bruichladdich("브룩-라디"라고 발음한다)의 주력 위스키들에서는 피트향이 아주 조금 나거나 아예 나지 않는다. 둘 다 꽤 피트향을 입힌 몰트를 사용하는 데도 말이다.

더 많은 증류소를 가졌기 때문에 상대가 될만한 Speyside 지역만 제외한다면, Islay는 현재 전 세계 어떤 곳과도 견줄 수 없는 그만의 확실한 지위를 만끽하고 있다

추천 위스키

Laphroaig 10 Year Old	모닥불 연기와 진한 바비큐 육향이 더해져 다차원적이며 풍미가 좋다.	★
Lagavulin 16 Year Old	크고 대담한 와인의 노트, 입안 전체를 코팅하듯 감싸는 진한 오일맛, 스모키함의 파도가 밀려오고 또 밀려오는 진정한 클래식.	★★
Ardbeg Corryvreckan	망치로 강펀치를 한 대 때린 것 같더니, 한 가닥의 형용할 수 없는 멋진 향과 맛을 흘리고 간다. 칠리 맛부터 다크초콜릿 그리고 과일 퓌레의 향기로운 맛까지.	 ★★★

★ 가장 덜 비싼/쉽게 구할 수 있는 ★★ 어느 정도 비싼/구하기 쉽지 않은
★★★ 값이 나가는/매우 귀한

원자 구조 도표

스카치 싱글몰트 위스키: 아일라

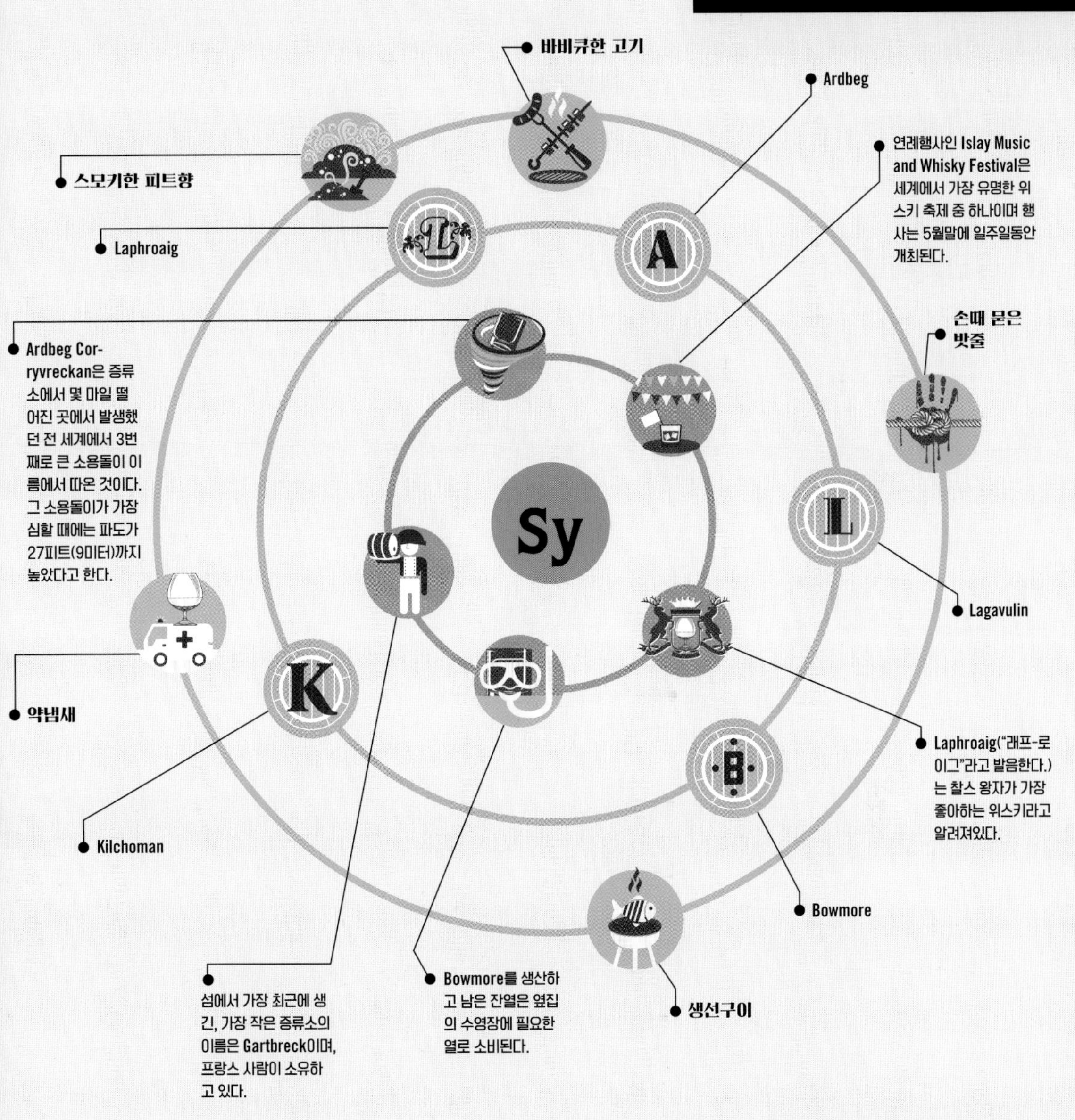

그림 설명 = 테이스팅 노트 = 추천 증류소 = 흥미로운 점

원산지: 스코틀랜드
알코올 도수: 40%-58%
곡물: 맥아 보리
캐스크: Ex-Bourbon

스카치 싱글몰트 위스키: 버번 캐스크

이전에 버번이나 테네시 위스키를 숙성시키기 위해 사용했던 캐스크는 수량이 많고, 셰리를 담았던 통보다 가격이 싸기 때문에 몰트 위스키 생산을 위해 가장 흔하게 사용된다.

Speyside 위스키들의 달콤하고 향기로운 맛은 아메리칸 화이트 오크로부터, 특히 그을렸을 때 생성된다. 바닐라, 향신료, 캔디, 타바코, 가죽, 매끄러운 윤기, 달콤한 체리 등 버번이 제공하는 있는 모든 풍미 말이다.

캐스크가 재사용될 때, 원래의 맛과 향은 그 강렬함이 점점 연해지기 마련이다. 이것은 장점이다. 당신이 특정한 하나의 맛으로 위스키 전체가 지배되길 원하는 것이 아니라면 말이다.

Ardbeg 같은 위스키는 연한 빛을 띠지만, 색으로 몰트 위스키의 강도나 맛을 판단하기는 힘들다. 셰리 통에서 숙성시킨 위스키는 보통 버번 캐스크의 위스키보다 진한 빛을 띤다.

추천 위스키

Laphroaig 10 Year Old	어디에나 있을 것 같은 맛이지만 방심은 금물. 이 위스키는 여전히 피트향이 감도는 스모크와 바닐라의 달콤함을 보여주는 훌륭한 예이다.	★
Linkwood 12 Year old	한여름의 쨍함, 꽃향기, 달콤한 배, 꿀이 뚝뚝, Speyside 지역에서 온 황홀함 그 자체!	★★
Longrow 14 year old	버번와 셰리캐스크를 섞은 전통적인 스타일. Springbank 지역 출신의 피트향 강한 위스키.	★★★

★ 가장 덜 비싼/쉽게 구할 수 있는 ★★ 어느 정도 비싼/구하기 쉽지 않은
★★★ 값이 나가는/매우 귀한

원자 구조 도표

스카치 싱글몰트 위스키: 버번 캐스크

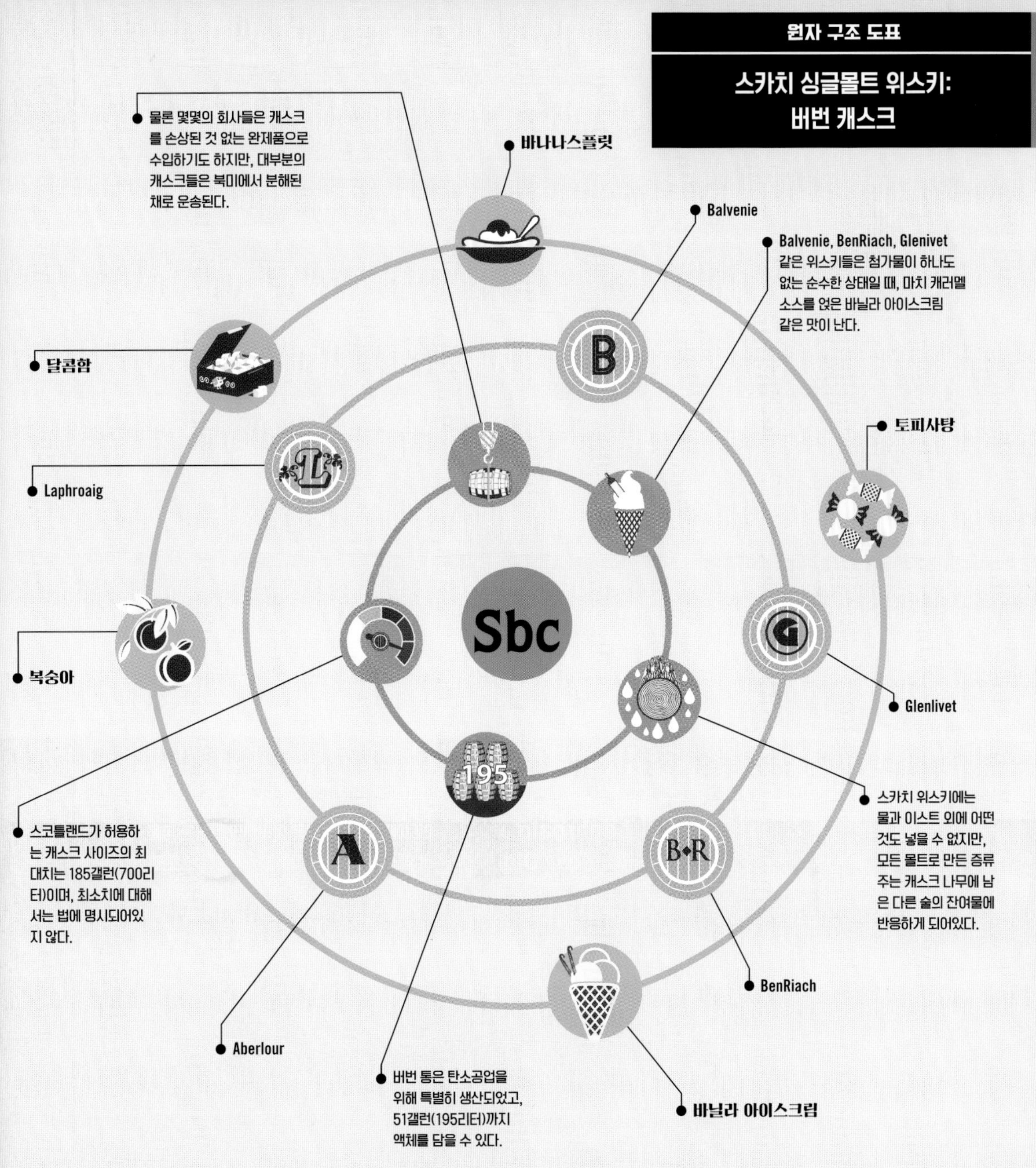

그림 설명 | = 테이스팅 노트 | = 추천 증류소 | = 흥미로운 점

원산지: 스코틀랜드
알코올 도수: 43%-48%
곡물: 맥아 보리
캐스크: Ex-Bourbon, Ex-Sherry

스카치 싱글몰트 위스키: 아일라산이 아닌, 피트향 있는

스코틀랜드의 본토에 있는 증류소들은 현재 대부분 보리를 건조시키는 데 전기나 가스를 쓰지만, 몇몇의 하이랜드 위스키는 보리에 피트향을 입히기 위해 여전히 옛 방식을 고집하고 있다.

비교적 피트향이 약한 보리도 하이랜드 위스키만이 가지는 풍미의 근간을 충분히 형성해왔다. 사실 스모키하거나 짙은 피트향보다는 단맛이 덜한 것이 하이랜드 위스키들의 특징이다. Speyside 위스키들과 비교하면 말이다. 오히려 미네랄 향이 강하고, 투박하며, 바탕에 엷게 깔린, 때로는 퀴퀴하게까지 느껴지는 향과 맛이 하이랜드 피트향이 나는 위스키들의 특징이다.

전에는 피트향이나 스모키함으로 대표되지 않았던 지역 출신의 몇몇 증류소들도 이제 그들만의 확실한 위스키를 생산한다. 그 중 하나가 최근 짙은 피트향의 제품군을 대량 선보인 BenRiach이다. 초창기 소유주들이 증류소를 Islay 지역에 세우지 않았기 때문에 전에는 쉽지 않았다.

추천 위스키

Isle of Arran Machrie Moor	Arran은 처음부터 피트향이 강한 위스키를 만들려는 의도가 없었다. 그러나 우연한 기회에 생긴, 그 결과물로 우리는 이렇게 리치하고 스모키하며 기막힌 맛의 기쁨을 누리게 되었다.	★
Jura Prophecy	이웃인 Islay 지역의 위스키들을 상대하려면 이 정도는 되어야 하지 않을까? 석탄의 탄내, 타르향, 신선한 해조류, 해안가의 바비큐를 연상시키는 진한 풍미의 위스키.	★★
BenRiach Authenticus 21 Year Old	이 21년산은 오크의 성숙함과 스모키한 아름다움의 완벽한 조화이다.	★★★

★ 가장 덜 비싼/쉽게 구할 수 있는 ★★ 어느 정도 비싼/구하기 쉽지 않은
★★★ 값이 나가는/매우 귀한

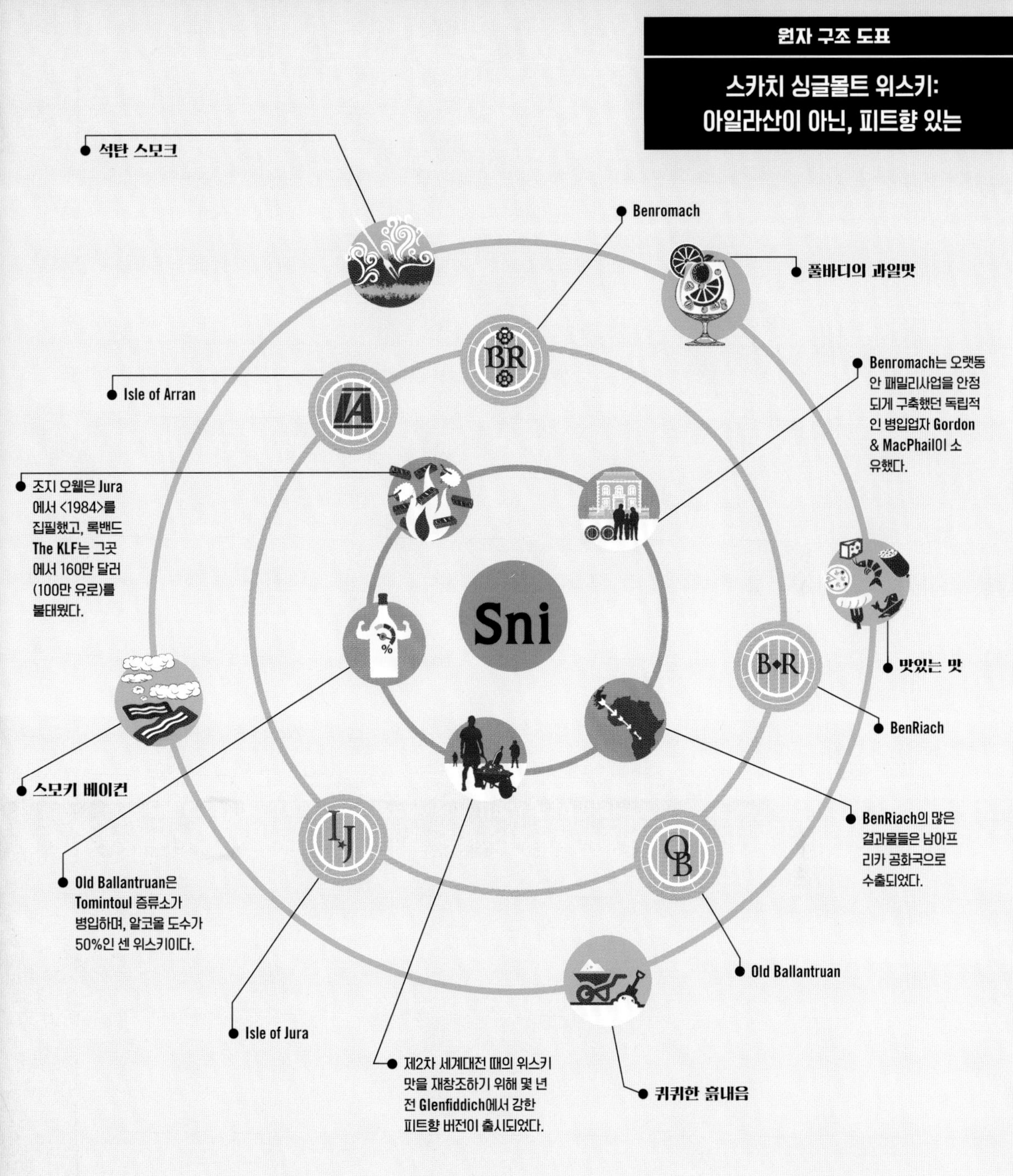

그림 설명	= 테이스팅 노트	= 추천 증류소	= 흥미로운 점

원산지: 스코틀랜드
알코올 도수: 40%-60%
곡물: 맥아 보리
캐스크: Ex-Oloroso, Ex-Pedro Ximenez, Ex-Fino casks

스카치 싱글몰트 위스키: 셰리 캐스크

위스키가 곡물, 이스트, 물로만 만들어지긴 하지만, 위스키의 질을 결정하는 데에는 두 가지 다른 중요한 요소가 있다. 스모키함을 결정짓는 피트와 풍미의 3/4까지 기여하는 캐스크가 바로 그것이다.

몰트 위스키들은 보통 기존에 버번을 담았거나, 테네시 위스키를 담았던 통에서 숙성시키는 것이 일반적이다. 그러나 열 중 하나, 셰리를 담았던 통에서 숙성시키는 경우가 있다. 셰리 캐스크는 버번보다 크기가 더 크다. 크기는 중요한 요소인데, 그 이유는 캐스크가 작을수록 술과 나무 사이의 상호작용이 적어지고, 숙성속도가 느려지기 때문이다. 숙성에 주로 사용하는 캐스크들은 'hogshead'나 'puncheon'이라고 불리는 큰 나무통이다.

물론 스카치 위스키 법에 오크를 사용해야한다고 명시되어 있지만, 그렇지 않더라도 누구도 오크 이외의 나무를 사용하고 싶어 하는 사람은 없을 것이다. 오크는 강하면서도 유연하고, 투과성이 좋지만 방수가 되고, 산소가 통과하면서 술을 산성화시키는 작용을 하기 때문이다.

추천 위스키

Glenfarclas 10 Year Old	그냥 한마디로, 불필요한 맛이 하나도 없다. 건포도와 오렌지 껍질향으로 가득한, 진한 셰리 캐스크 위스키.	★
Aberlour A'Bunadh	매회 소량 제작되는 A'Bunadh는 그 풍미가 과일 케이크 맛의 셰리, 풍부한 미네랄, 금방 태운 성냥의 사랑스러움으로 망치로 한 대 맞은 것 같다고 밖에는 표현할 길이 없다.	★★
Mortlach 18 Year Old	Mortlach의 새로운 라인 중 하나이다. 리치하고, 정교하며, 셰리 캐스크 위스키의 기분좋은 과일향 노트를 유감없이 보여준다.	★★★

★ 가장 덜 비싼/쉽게 구할 수 있는 ★★ 어느 정도 비싼/구하기 쉽지 않은
★★★ 값이 나가는/매우 귀한

원자 구조 도표

스카치 싱글몰트 위스키: 셰리 캐스크

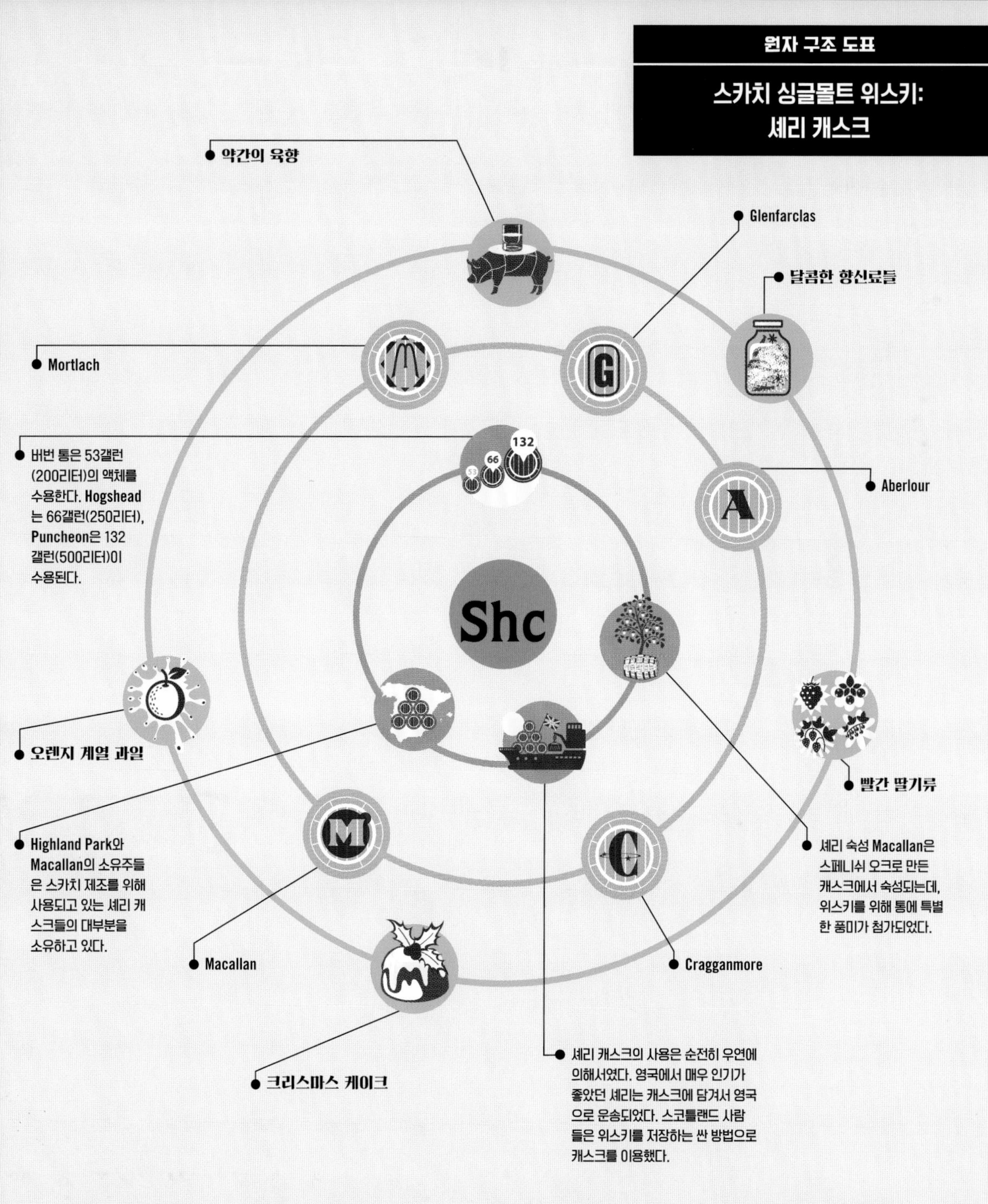

그림 설명 = 테이스팅 노트 = 추천 증류소 = 흥미로운 점

원산지: 스코틀랜드
알코올 도수: 40%-48%
곡물: 맥아 보리
캐스크: Ex-Bourbon, Ex-Port Pipes

스카치 싱글몰트 위스키: 스페셜 피니쉬, 포트와인

스카치 위스키를 규정하는 룰은 매우 명확하다. 위스키 원액에 무향착색제 외에 어떤 것도 첨가할 수 없다는 것. 그래서 몇 년 전 핑크 위스키들이 처음 출시되었을 때, 사람들은 의아했다.

위스키를 마무리하는 단계에서, 럼이나 포트를 담았던 캐스크에 위스키를 넣어 몇 달 동안 숙성시키며 여러 스타일로 색을 냈던 작업은 일종의 유행이었다.

어떤 사람들은 이것을 질 낮은 위스키들이 그들의 단점을 숨기고자 시도했던 어설픈 방식이라고 보았다. 그러나 성공적으로 제조된다면, 이러한 독특한 마무리 작업은 매우 훌륭할 수 있다.

포트는 맛이 강한 술이며, 위스키의 풍미에 멋진 한방을 더해줄 수 있는 술이다. 특히 호주산, 인도산 포트가 그렇다. 웨일스의 Penderyn 증류소 역시 훌륭한 포트 캐스크 숙성 위스키를 생산해왔다. 스코틀랜드에서는 좀 더 미묘한 뉘앙스의 차이를 내기 위한 도구로 포트의 맛과 향을 사용하였다.

추천 위스키

Glenmorangie Quinta Ruban	다크하고 리치한 아름다움. 미각의 중심엔 오렌지, 다크초콜릿, 과일젤로.	★
BenRiach 15 Year Old Tawny Port	기름진, 풀바디의 와인향 위스키. 그윽한 열대과일의 달콤한 긴 여운.	★★
Balvenie 21 Year Old Portwood	좋은 브랜디처럼 과일향이 풍부하지만 건과일, 너트의 고소함, 벨벳 초콜릿 한 조각을 베어먹은듯한 부드러움. 클래식 중의 클래식.	★★★

★ 가장 덜 비싼/쉽게 구할 수 있는 ★★ 어느 정도 비싼/구하기 쉽지 않은
★★★ 값이 나가는/매우 귀한

원자 구조 도표

스카치 싱글몰트 위스키: 스페셜 피니쉬, 포트와인

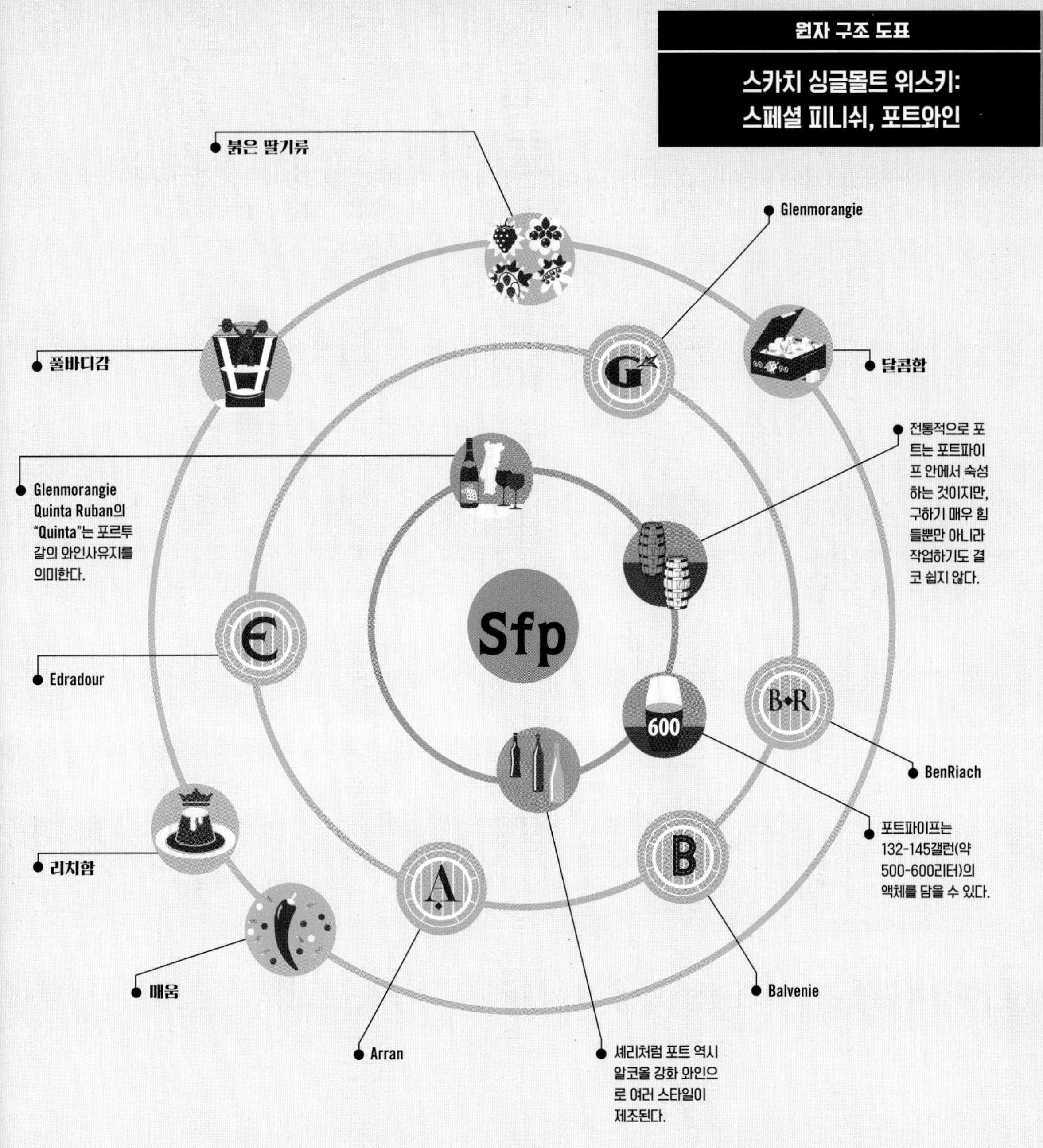

그림 설명 = 테이스팅 노트 = 추천 증류소 = 흥미로운 점

원산지: 스코틀랜드
알코올 도수: 43%-48%
곡물: 맥아 보리
캐스크: Ex-Bourbon, Ex-Rum

스카치 싱글몰트 위스키: 스페셜 피니쉬, 럼

말이 안되는 조합이다. 럼 캐스크 숙성 싱글몰트 위스키라니... 당신은 자연히 럼 때문에 위스키에 단맛이 너무 가미될 것이며, 그것이 역하고 금방 질리는 맛일 거라고 상상할 지 모른다. 그러나 사실은 전혀 그렇지 않다.

Balvenie 같이 질좋은 위스키가 럼 캐스크에서 숙성되면 아주 놀라운 결과가 만들어진다. 어떤 사람은 이것을 디저트 위스키라고 폄하할지 모른다. 하지만 만약 당신이 리치하고, 다크한 과일향, 럼과 건포도가 든 초콜릿 바와의 운명적인 조합을 즐겁게 환영하는 사람이라면 분명히 한눈에 사랑에 빠질 것이다. 게다가 예기치 않게 코와 입을 즐겁게 해주는 온갖 스파이스의 향연이라니.

거의 모든 럼 캐스크들은 자메이카에서 생산된다. 한편, 몇 년 전 Bruichlad-dich에서는 캐러비안의 섬들과 중앙아메리카 내륙에서 생산한 럼 캐스크로 숙성시킨 위스키를 선보이기도 했다.

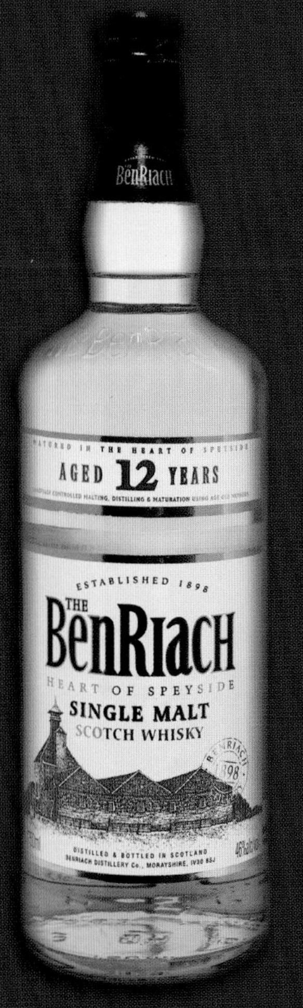

추천 위스키

BenRiach Aromaticus 12 Year	피트향을 입힌 보리에 바닐라, 달콤한 포도, 꿀향이 코 끝을 간지럽히는 위스키. 그리고 거기에 어울리는 멋진 이름!	★
Balvenie 17 Year Old Rum Cask	성숙하고, 드라이하며 단맛이 덜한 형태의 럼 피니쉬. 훌륭한 밸런스에 복잡미묘한 맛과 향으로 가득하다.	★★
Glenfiddich 21 Year Old Gran Reserva	바나나, 망고, 배노피파이(타피, 바나나, 크림으로 만든 파이)의 노트와 산뜻하고 달콤한 향신료 풍미.	★★★

★ 가장 덜 비싼/쉽게 구할 수 있는 ★★ 어느 정도 비싼/구하기 쉽지 않은
★★★ 값이 나가는/매우 귀한

원자 구조 도표

스카치 싱글몰트 위스키: 스페셜 피니쉬, 럼

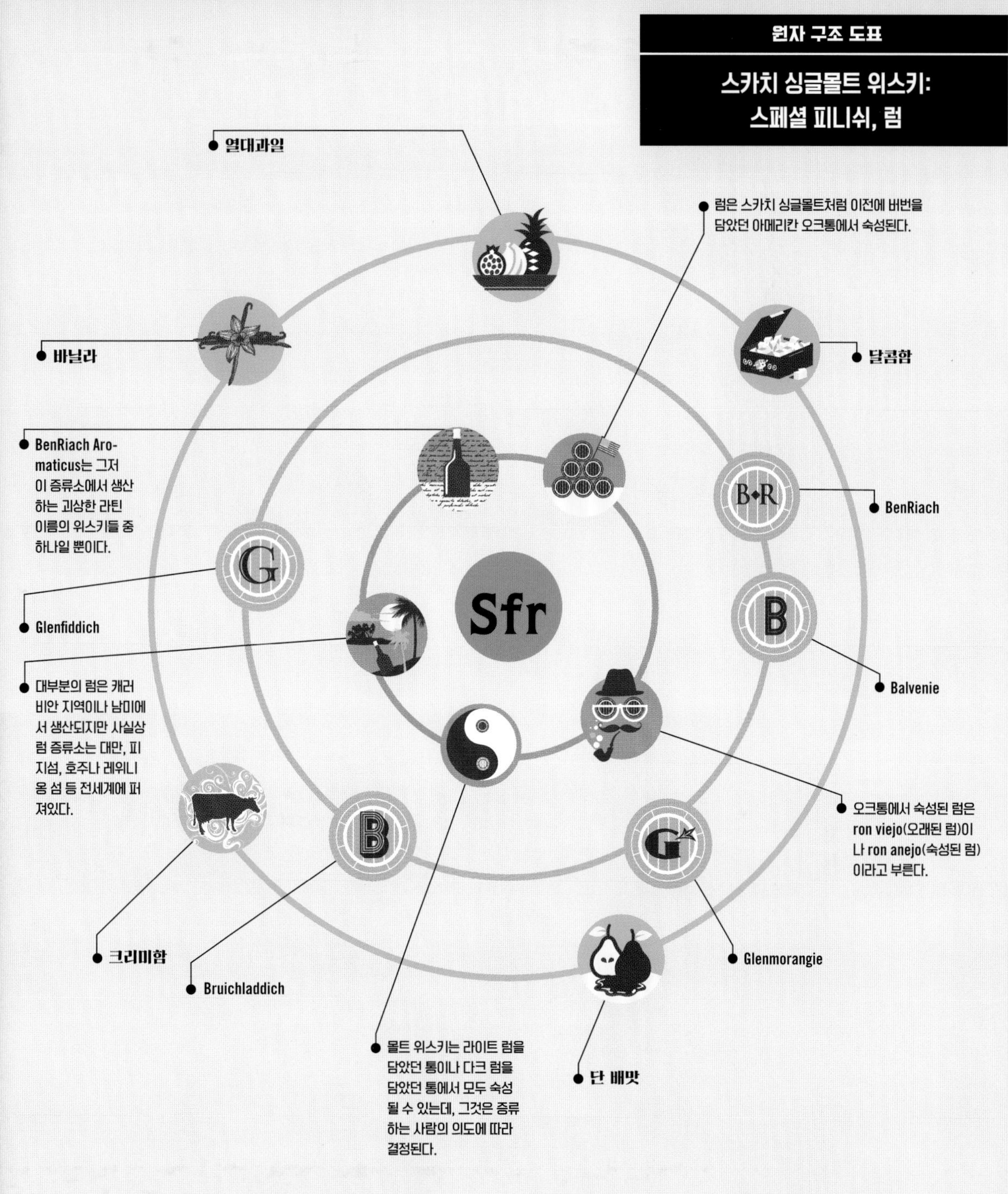

그 림 설 명 = 테이스팅 노트 = 추천 증류소 = 흥미로운 점

원산지: 스코틀랜드
알코올 도수: 43%-48%
곡물: 맥아 보리
캐스크: Ex-Bourbon, Ex-Madeira

스카치 싱글몰트 위스키: 스페셜 피니쉬, 마데이라

대서양에 위치한 포르투갈의 섬인 마데이라는 케이크와 알코올 강화 와인으로 유명하다. 그 와인은 섬에서 재배되는 포도로 생산된다. 이 와인은 대부분 달다고 알려져 있지만, 늘 그렇지만은 않다.

이렇게 알코올이 강화된 형태는 긴 항해를 위해 와인을 끓였던 것에서 시작되었다. 이 섬만의 독특한 스타일은 마치 값싼 공장에서 만드는 것 같은 방식부터 아주 오랜 시간이 걸리는 자연친화적인 방식까지, 세 가지의 포도 조리 방식을 사용하면서 만들어졌다는 데에 있다.

스카치가 마데이라 와인 캐스크에서 숙성되면, 결과적으로 다른 위스키에 비해 단맛이 더 강화될지 모른다. 그러나 가장 중요한 마데이라 효과는 미묘한 풍미가 첨가되면서 위스키를 좀 더 세련되게 만들어 준다는 점이다.

마데이라 피니쉬는 산뜻하고 피트향이 거의 안나는 것이 보통이지만, BenRiach 증류소는 매우 짙은 피트향의 Maderensis Fumosus를 생산하며, 늘 그렇듯 독자적인 행보를 이어갔다.

추천 위스키

Benromach Madeira Finish	마데이라 나무통에서의 꽉 찬 4년. 크고, 쾌활하고, 탄력있는 위스키가 온갖 과일향과 함께 입안에서 터진다.	★
Balvenie 17 Year Old Madeira	설탕과 향신료, 과일과 오크가 완벽한 밸런스를 이룬다. 청량하고 깨끗하며 정말 맛있는 세계적인 수준의 위스키.	★★
Glenfiddich Age of Discovery 19 Year Old	산뜻하고 진한 잼향이 도는 오묘한 몰트의 풍미. 오렌지와 시트러스 계열의 노트.	★★★

★ 가장 덜 비싼/쉽게 구할 수 있는 ★★ 어느 정도 비싼/구하기 쉽지 않은
★★★ 값이 나가는/매우 귀한

원자 구조 도표

스카치 싱글몰트 위스키: 스페셜 피니쉬, 마데이라

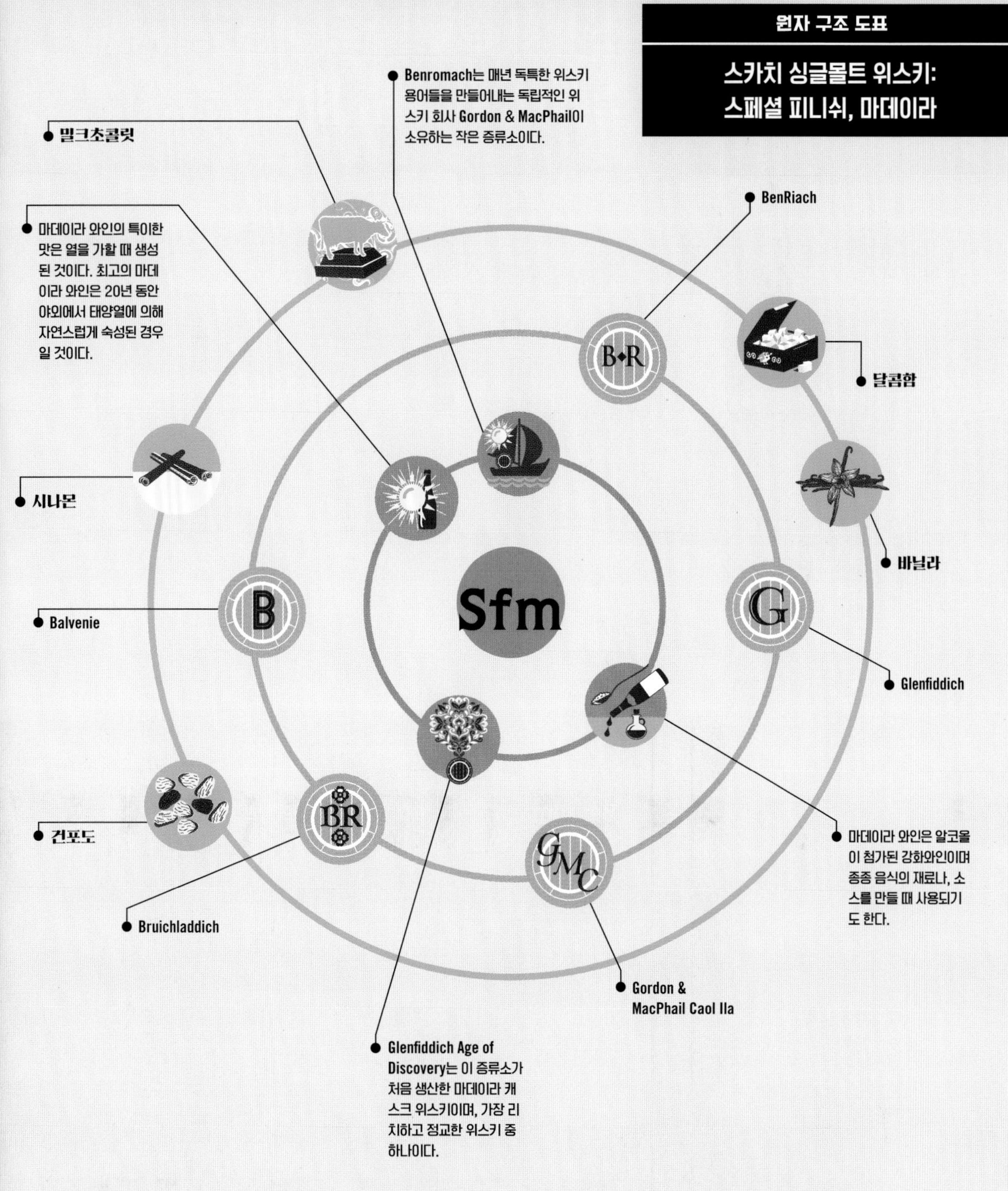

그림 설명

= 테이스팅 노트 = 추천 증류소 = 흥미로운 점

원산지: 스코틀랜드
알코올 도수: 40-48%
곡물: 맥아 보리
캐스크: Ex-Bourbon, Ex-Wine

스카치 싱글몰트 위스키: 스페셜 피니쉬, 와인

"포도와 곡물은 섞는 게 아니다." 라는 표현에는 다 이유가 있다. 와인을 담았던 캐스크에 위스키를 숙성시켰을 때 종종 끔찍한 대참사가 일어났기 때문이다. 그 중 최악은 진한 레드와인이었다.

하지만 그럼에도 불구하고 한 번씩 예기치 않은 신박한 결과가 만들어지기도 했다. 스카치 위스키를 숙성하기 위해서 화이트, 레드와인의 모든 스타일이 시도되어 왔지만, 아마도 가장 일반적인 스타일은 스윗한 화이트와인인 French Sauternes 일 것이다.

Sauternes으로 숙성된 위스키가 스윗한 경향성을 보이는 건 예상 가능하나, 종종 그 안의 자몽이나 레몬향 노트와 오크가 알싸함과 어우러져 혀가 얼얼할 정도의 단맛을 완벽히 조절해 줄 때가 있어 우리를 놀라게 한다.

그러나 여전히 이 위스키는 다른 어떤 카테고리의 위스키보다 소비자의 신중함을 요한다. 광고만 믿지 말고 구입 전에 꼭 시음을 해보자.

추천 위스키

Glenmorangie Nectar D'Or	스윗한 배, 구운 사과, 커스터드 크림, 연한 향신료, 부드럽고 조화로운 뒷맛. 훌륭하게 제조된 위스키.	★
BenRiach 16 Year Old Sauternes finish	크고, 볼드하고, 달콤하며, 넘치는 과즙과 포도향의 향연. 거기에 살짝 감도는 바나나 계열 노트.	★★
Glenmorangie Companta	촉촉한 건포도, 여러 과일맛 젤로, 연한 향신료, 사랑스러운 밸런스. 매우 특별한 위스키.	★★★

★ 가장 덜 비싼/쉽게 구할 수 있는 ★★ 어느 정도 비싼/구하기 쉽지 않은
★★★ 값이 나가는/매우 귀한

원자 구조 도표

스카치 싱글몰트 위스키: 스페셜 피니쉬, 와인

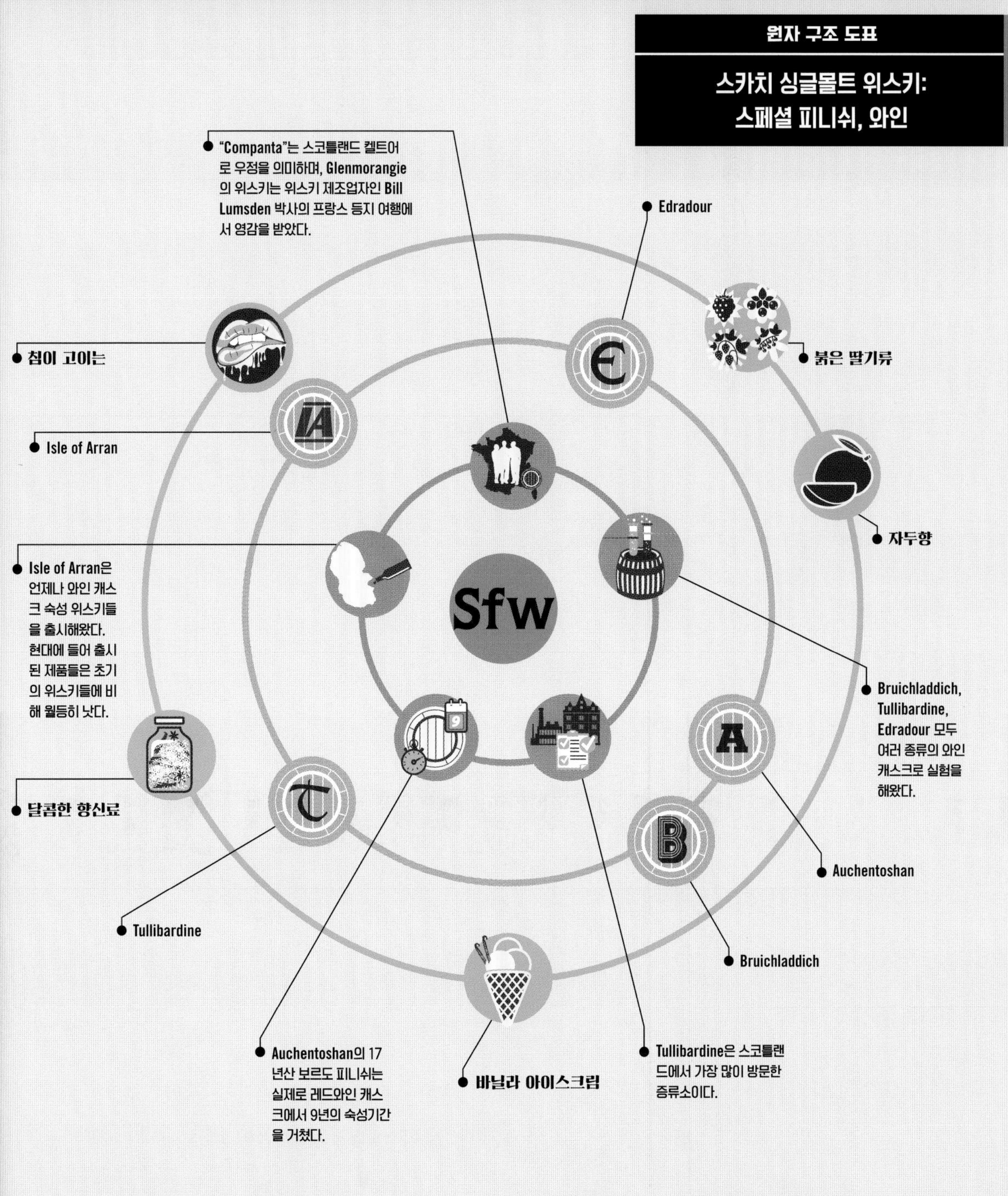

그림 설명 = 테이스팅 노트 = 추천 증류소 = 흥미로운 점

원산지: 아일랜드
알코올 도수: 40%-58%
곡물: 맥아 보리
캐스크: Ex-Bourbon, Ex-Sherry

아이리쉬 싱글몰트 위스키

아일랜드는 위스키 혁명에 시달린 국가이다. 초반 몇년 간은 달기만 하고, 피트향이 없는, 트리플 디스틸드 블렌딩으로 위스키가 국한되었지만, 그후 새로운 아일랜드 증류소들은 더 이상 조약에 매이지 않게 되었다.

확실히 해두고 싶은건, 아일랜드에서 가장 오래된 증류소 중 하나인 Bushmill's는 처음부터 위의 정의에 맞지 않았다. Bushmill's는 언제나 싱글몰트 위스키를 만들어왔으며 Cooley와 그의 브랜드 Connemara, Tyrconnell이 등장하면서 싱글몰트는 에메랄드 아일지역에서 그 명성을 더 확고히 하게 되었다. Cooley의 설립자인 잭 틸링과 스테판 틸링은 이제 자신만의 회사를 차렸고, 2013년에는 26년산과 30년산까지 런칭하게 되었다.

싱글몰트의 새로운 창조주들 중 가장 주목을 받고 있는 회사는 Dingle일 것이다. 영국의 한 증류가는 자신이 마셔본 위스키 중 최고라며 그 위스키를 극찬하기도 했다.

추천 위스키

Connemara 10 Year Old	사과, 배의 산뜻하고 신선한 맛에 바닐라 향 심장부.	★
Bushmills 16 Year Old	거부할 수 없는 강력한 포트폴리오. 깨끗하고, 스윗하며, 풍부한 향신료의 기분좋음, 몰트향이 그대로 유지되도록 잡아주는 멋진 오크향	★★
Tyrconnell Port finish 10 Year Old	거의 보기 힘들지만 찾을 가치가 있는 위스키. 자두맛 젤리의 모든 것. 통통한 건포도와 오크가 남긴 흔적.	★★★

★ 가장 덜 비싼/쉽게 구할 수 있는 ★★ 어느 정도 비싼/구하기 쉽지 않은
★★★ 값이 나가는/매우 귀한

원자 구조 도표

아이리쉬 싱글몰트 위스키

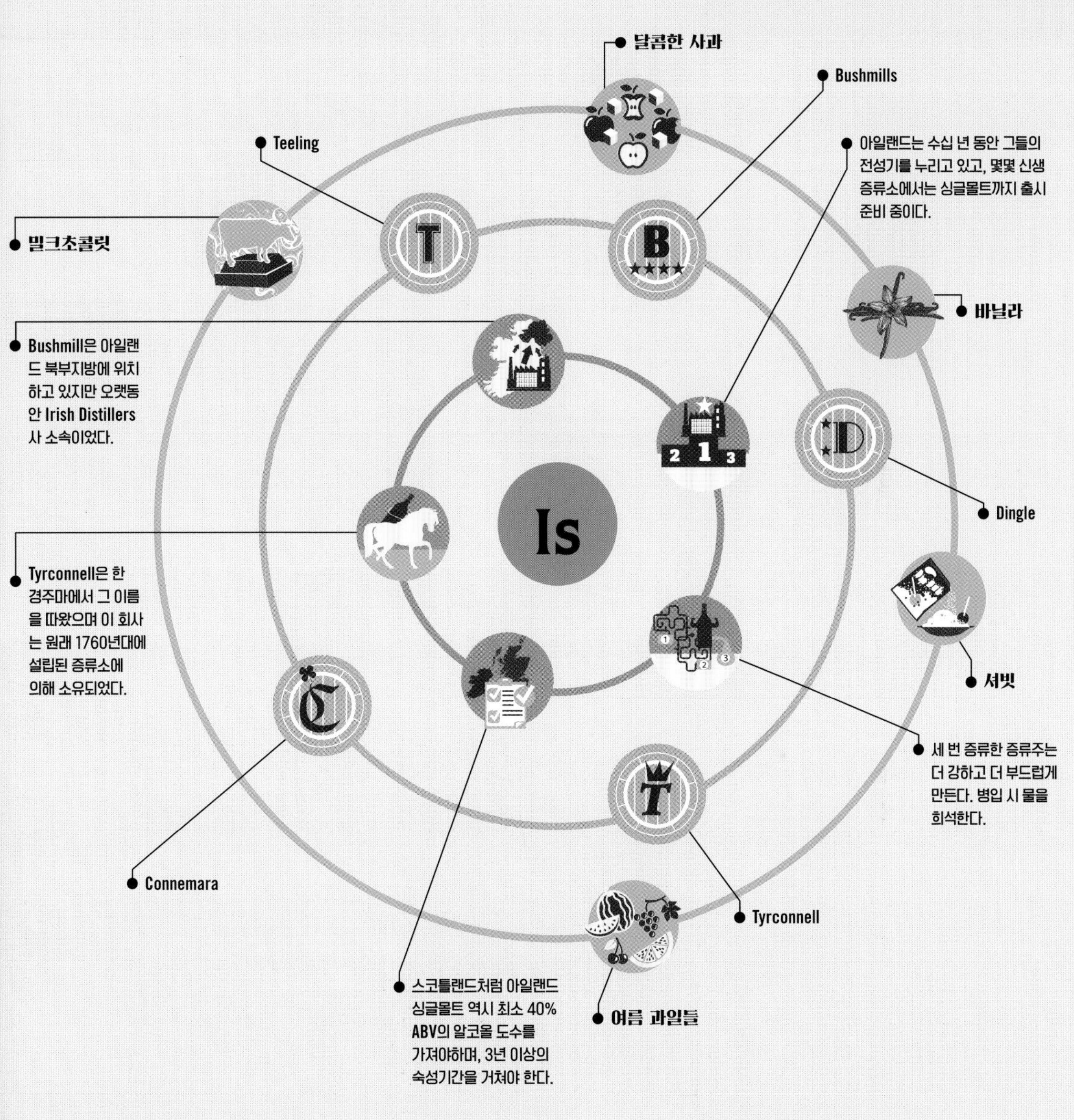

그림 설명 = 테이스팅 노트 = 추천 증류소 = 흥미로운 점

원산지: 아일랜드
알코올 도수: 43%-46%
곡물: 맥아 보리
캐스크: Ex-Bourbon

아이리쉬 싱글몰트 위스키: 피트향 있는

아일랜드 증류소 투어에 가면, 아마도 스코틀랜드와 아일랜드가 위스키에 가지고 있는 원칙의 차이에 대해 이렇게 말해줄 것이다. 스코틀랜드는 피트 감이 있는 보리를 사용하고(언제나 사실인 것은 아니다), 아일랜드는 그렇지 않다고 말이다(절대 사실이 아니다).

그런 이야기들은 아일랜드 위스키가 스카치로부터 차별화되고, 살아남기 위해 만들어진 근거없는 말일 뿐이다. 과거에 아일랜드에서 증류소들이 잇따라 성공을 거두었고, 그때 그들이 피트를 이용한 화력으로 건조시킨 보리를 사용했다는 사실을 알아내는 것은 어려운 일이 아니다.

이 카테고리의 위스키들은 쉽게 찾기가 어렵고, 또 일종의 열외로 고려되고 있다. 그도 그럴 것이 스코틀랜드 남서쪽의 Bladnoch's 사의 위스키 중 몇몇을 제외한다면, 스윗하고 과일맛이 강한 몰트에 스모키함이 더해진 특성이 기존의 어떤 위스키와도 비슷하지 않기 때문이다.

추천 위스키

Connemara	스윗한 시트러스, 녹색빛 과일향, 탁한 스모키함과 짙은 흙내음의 피트향까지, 모든 것을 갖춘 훌륭한 위스키.	★
Connemara Cask Strength	위스키계의 헤비급 선수. 몽글몽글 피어오르는 스모키함에 강렬하게 대응하는 차분하고 짙은 과일맛의 멍울들.	★★
Connemara Turf Mor	이 위스키는 한때 "약품공장의 폭발"로 묘사되곤 했었다. Turf Mor 란 "엄청난 피트"라는 뜻으로 진한 피트향을 선호하는 팬들의 위한 위스키.	★★★

★ 가장 덜 비싼/쉽게 구할 수 있는 ★★ 어느 정도 비싼/구하기 쉽지 않은
★★★ 값이 나가는/매우 귀한

원자 구조 도표

아이리쉬 싱글몰트 위스키: 피트향 있는

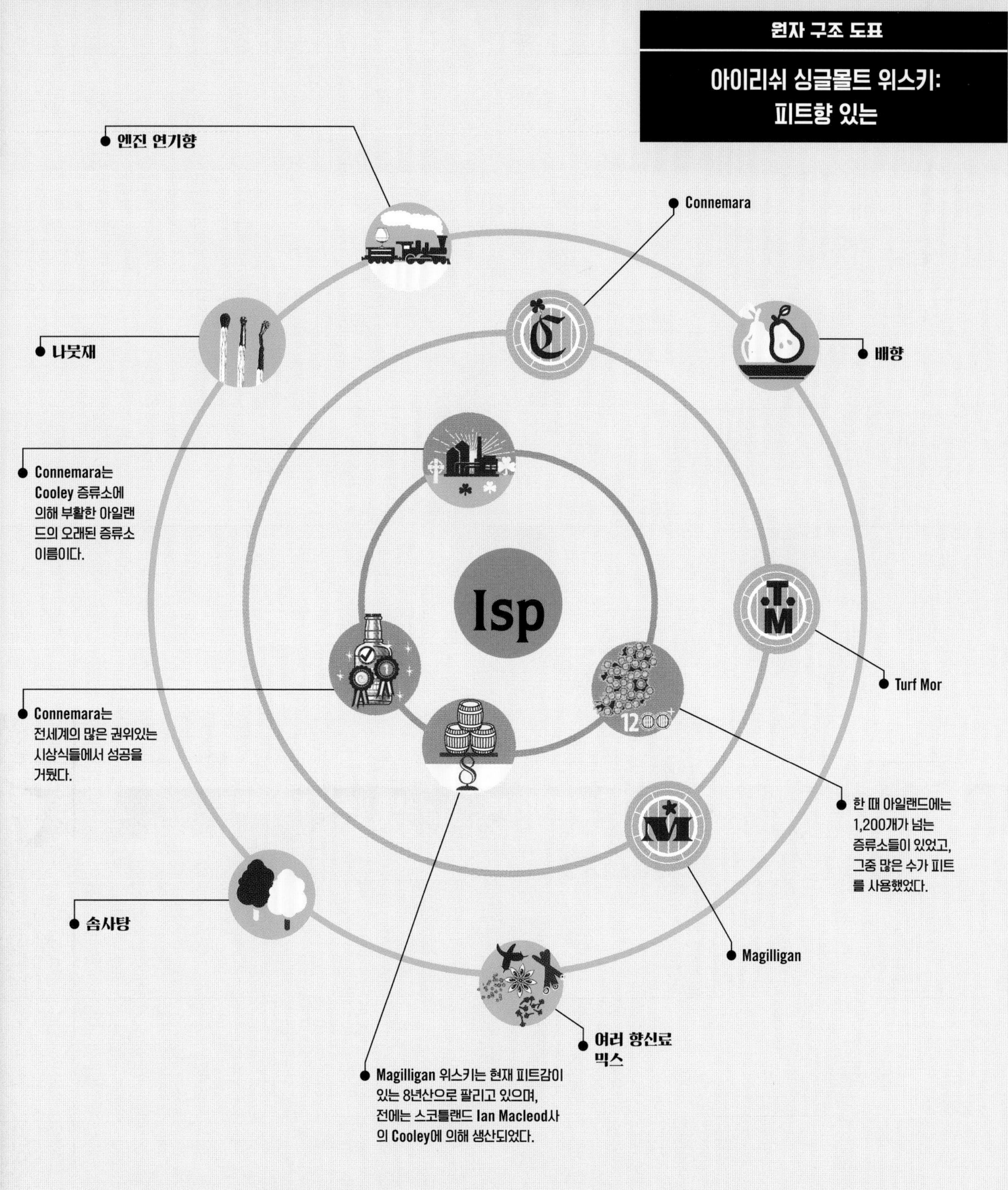

그림 설명

- = 테이스팅 노트
- = 추천 위스키
- = 흥미로운 점

원산지: 미국
알코올 도수: 40%-60%
곡물: 맥아 보리
캐스크: Ex-Bourbon, virgin oak

아메리칸 싱글몰트 위스키

미국의 싱글몰트 위스키에는 새로울 것이 없다. 캘리포니아의 알라메다에 위치한 St.George's 증류소만 보더라도 1980년대부터 탄탄한 증류주를 만들어왔으며, 요새는 또한 보리(위스키) 쪽으로 관심을 기울이는 수제 증류가들 무리에서 선두주자 역할을 해오고 있다.

St.George's는 스스로를 오리지널 수제 증류소라고 부르며, 그것에 이의를 제기할 필요는 없어보인다. 거의 800개의 수제 증류소들이 뒤를 따르고 있으며 그 중 몇몇은 싱글몰트를 제작하니 말이다.

싱글몰트 제조는 서두른다고 되는 것은 아니다. 그럼에도 꼭 알아야 하는 것은 몇몇의 미국 위스키는 최고 수준의 캐스크에서 숙성되지 않았기 때문에, 혹은 충분한 숙성시간을 거치지 않았기 때문에 약간 "밍밍"할 수 있다는 점이다.

물론 그중에는 예외도 있다. 〈Wizards of Whisky Awards〉에서 최고의 비전통 방식 싱글몰트 위스키로 선정된 Balcones나 종류가 다른 나무와 색다른 건조방식으로 독특하면서 영리한 상품을 개발하는 Corsair가 대표적인 예이다.

추천 위스키

St George's Single Malt	스파이시 하고, 기름지며, 과즙으로 꽉 차있는 맛은 마치 몰트가 위스키에 양념을 치는 것 같다.	★
Corsair Triple Smoke	보리로 만들어졌지만, 피트와 체리나무 그리고 비치목으로 건조되었다. 강렬하며 기대감을 불러일으키는 위스키.	★★
Balcones Texas Single Malt	연하게 스모키한 몰트의 맛과 리치한 밀크초콜릿 노트가 이루 표현할 수 없이 아름답다. 숙성기간이 짧은 것에 비해 놀랍도록 풍부한맛.	★★★

★ 가장 덜 비싼/쉽게 구할 수 있는 ★★ 어느 정도 비싼/구하기 쉽지 않은
★★★ 값이 나가는/매우 귀한

원자 구조 도표

아메리칸 싱글몰트 위스키

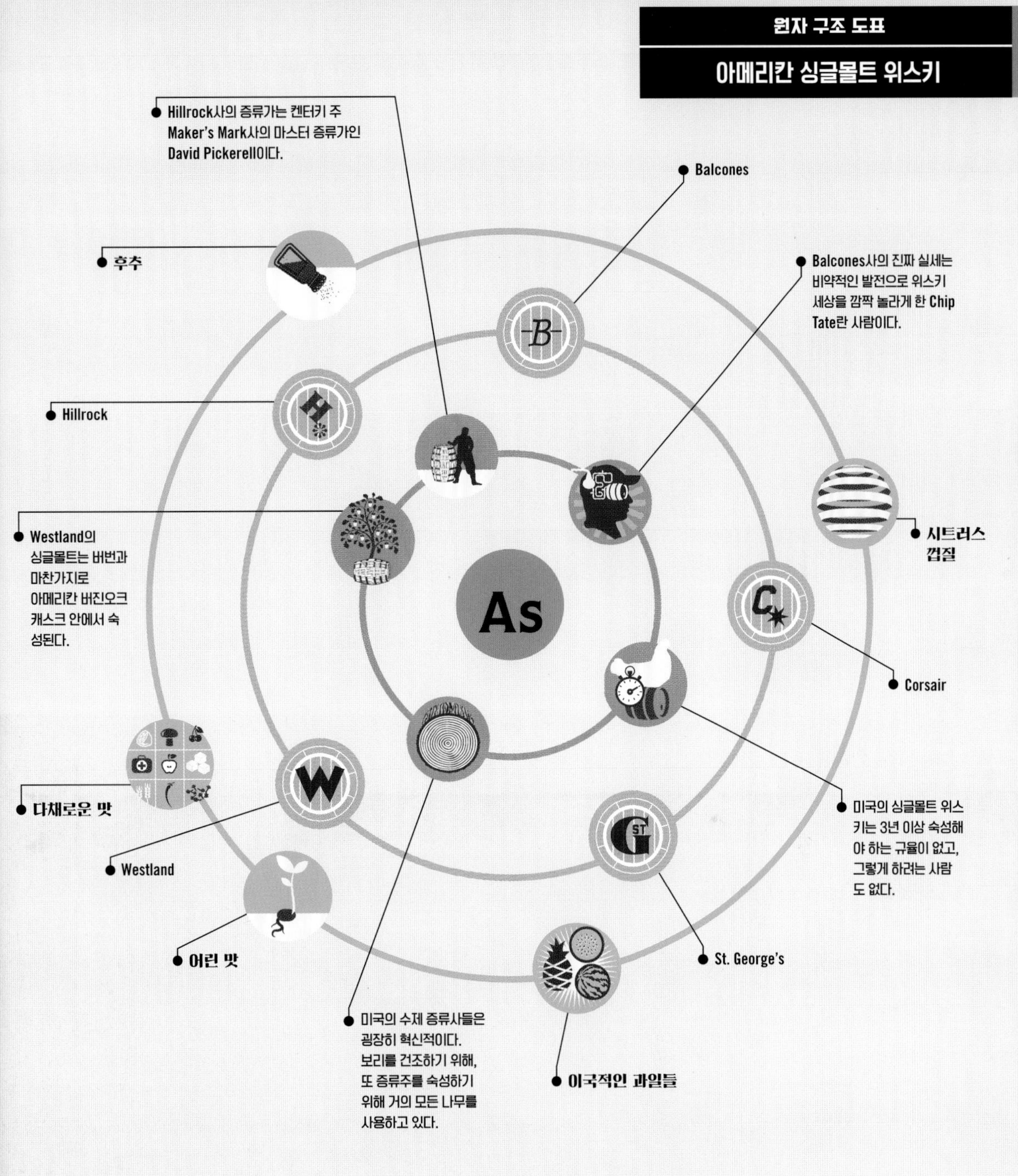
Hillrock사의 증류가는 켄터키 주 Maker's Mark사의 마스터 증류가인 David Pickerell이다.
Balcones
후추
Balcones사의 진짜 실세는 비약적인 발전으로 위스키 세상을 깜짝 놀라게 한 Chip Tate란 사람이다.
Hillrock
시트러스 껍질
Westland의 싱글몰트는 버번과 마찬가지로 아메리칸 버진오크 캐스크 안에서 숙성된다.
As
Corsair
다채로운 맛
미국의 싱글몰트 위스키는 3년 이상 숙성해야 하는 규율이 없고, 그렇게 하려는 사람도 없다.
Westland
어린 맛
St. George's
미국의 수제 증류사들은 굉장히 혁신적이다. 보리를 건조하기 위해, 또 증류주를 숙성하기 위해 거의 모든 나무를 사용하고 있다.
이국적인 과일들

그림 설명

= 테이스팅 노트 = 추천 증류소 = 흥미로운 점

원산지: 일본
알코올 도수: 43%-60%
곡물: 맥아 보리
캐스크: Ex-Bourbon, Ex-Sherry, Mizunawa oak

일본 싱글몰트 위스키

일본 위스키는 여전히 많은 사람들에게 생소하게 들릴 것이다. 그러나 이제 그 역사는 100년 가까이나 되었고, 위스키 매니아들에게 20년 넘게 애인같은 존재로 자리매김해 왔다.

일본 위스키를 마시는 사람들은 보통 스코틀랜드 몰트를 좋아한다. 따라서 일본 증류소들이 스코틀랜드의 명망있는 증류소들을 모방해왔다는 사실은 그리 놀랍지 않다.

그러나 일본 증류소들은 그들에게 영향을 준 스코틀랜드 증류소들과 차별화되는 2가지의 요소를 지닌다. 하나는 풍미인데, 모든 일본 위스키들은 그 정도가 11까지 올라간다. 다른 하나의 요소는 숙성방식이다. 특히 일본 오크의 사용은 고유의 특별하고 거부하기 힘든 매력적인 맛을 제공한다. 숙성기간이 높은 게 가장 좋지만, 가격이 무척 비싸다. 25년 전 이렇게 예기치 못한, 거대한 위스키 시장의 러브콜을 감당할 만큼 충분한 양을 비축하지 않았기 때문이다.

추천 위스키

Yoichi 10 Year Old	셰리, 토피, 피트와 바닐라가 마치 롤러코스터를 타는 것처럼 올라갔다가 떨어지길 반복하다가 안전하게 마무리된다.	★
Chichibu Port Pipe	일본의 가장 신생 증류소의 젊은 위스키. 포트가 세련되고 리치한 풍미를 더한다. 풍부하고, 생생하며, 쫄깃한 설탕과 보리의 맛.	★★
Yamazaki 25 Year Old	건포도, 산딸기, 달지 않은 자두잼, 오렌지 껍질에 기분좋은 퀴퀴함까지. 풀바디의 리치하고, 셰리의 향취가 가득한 위스키.	★★★

★ 가장 덜 비싼/쉽게 구할 수 있는 ★★ 어느 정도 비싼/구하기 쉽지 않은
★★★ 값이 나가는/매우 귀한

원자 구조 도표

일본 싱글몰트 위스키

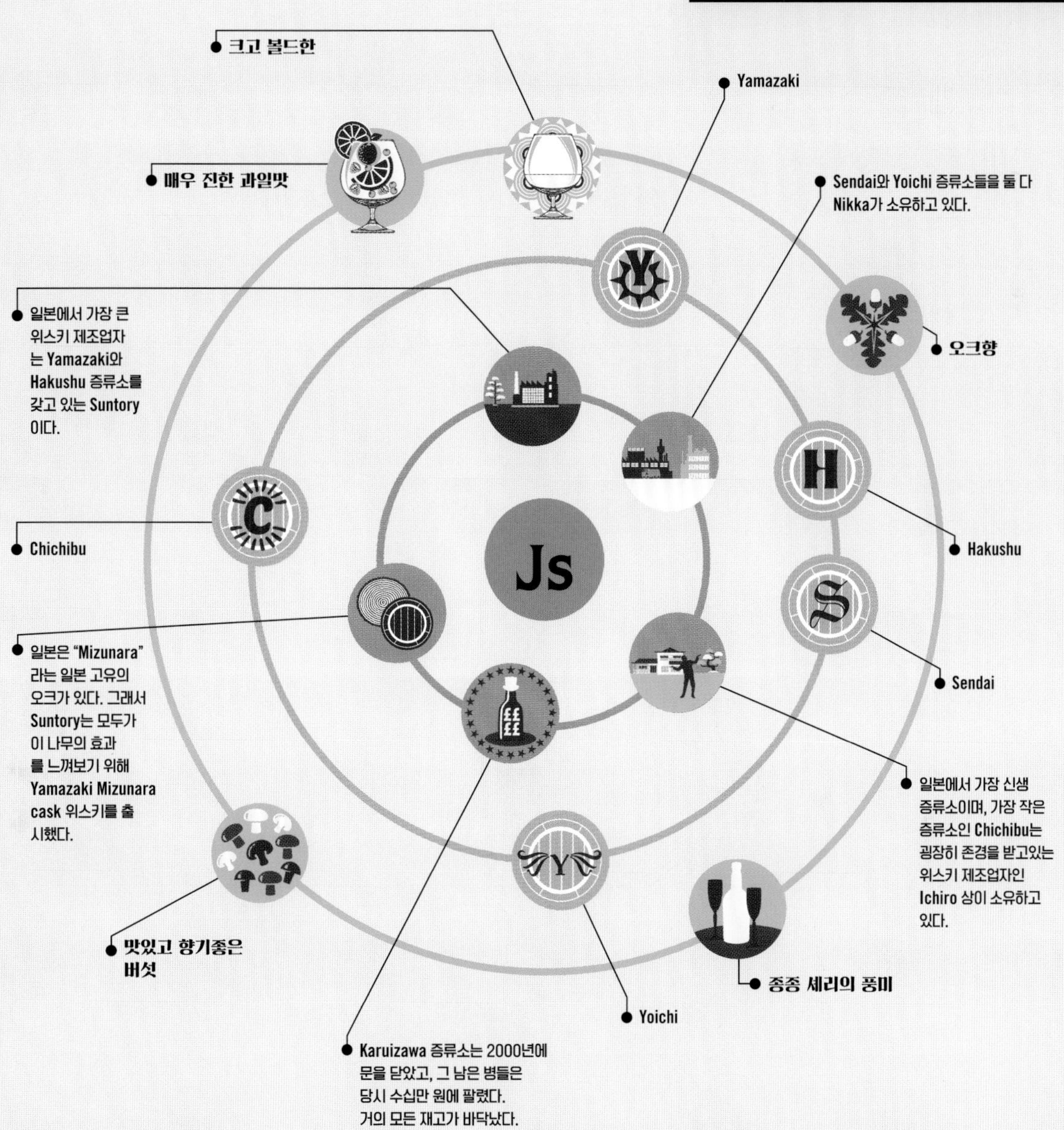

그림 설명 = 테이스팅 노트 = 추천 증류소 = 흥미로운 점

원산지: 일본
알코올 도수: 43%-62%
곡물: 맥아 보리
캐스크: Ex-bourbon, Ex-Sherry, Mizunawa oak

일본 싱글몰트 위스키: 피트향 있는

대부분의 일본증류소들은, 어차피 독특한 풍미를 만들 거라면 사람들이 그것을 제대로 느낄 수 있도록 확실하게 만드는 것이 낫다는 의견을 가진 것 같다. 그들의 위스키는 솔직 담백하며 단호하다.

피트감이 있는 위스키들에 대해 얘기하자면, Chichibu나 Yoichi 같은 부류는 사람들이 자신이 무엇을 마시고 있는지 확실히 알도록 해준다. 그중 몇몇은 아예 이름을 통해 대놓고 말하기도 한다. 어떤 것은 이름을 "묵직한 피트향"이라 붙이기도 하고, 또 "짠맛과 피트향"이라고 붙이기도 한다.

일본 증류소들의 선진화된 정도는 세계적인 수준이다. 여러 종류의 이스트와 많은 유형의 나무목재를 사용하는 규모가 세계에서 가장 크며, 또 다양한 위스키들이 높은 퀄리티를 유지하면서도 고유의 풍미를 지닐 수 있도록 포트스틸과 코퍼스틸을 둘 다 사용하는 비율 역시 가장 높다. 보리를 피트화 시키는 과정은 각각의 증류소들만의 복잡하고 정교한 기술영역이며, 일본의 피트향 강한 위스키 역시 그만의 매우 고유한 노하우를 지닌다.

추천 위스키

Chichibu Heavily Peated	젊고, 혈기왕성하며, 스윗하고 동시에 스모키하다. 이 위스키는 알코올로 장식된 팝 캔디이다.	★
Hakushu Heavily Peated	그린 빛 과일과 딸기가 피트향과 정교하게 어우러져 산뜻하고 흥미로운 위스키가 탄생했다.	★★
Yoichi Salty and Peaty	맛있는 즐거움이 라벨에 써있는 그대로 담겨있다. 좋은 밸런스가 안정적인 동시에 배짱있는 맛.	★★★

★ 가장 덜 비싼/쉽게 구할 수 있는 ★★ 어느 정도 비싼/구하기 쉽지 않은
★★★ 값이 나가는/매우 귀한

원자 구조 도표

일본 싱글몰트 위스키: 피트향 있는

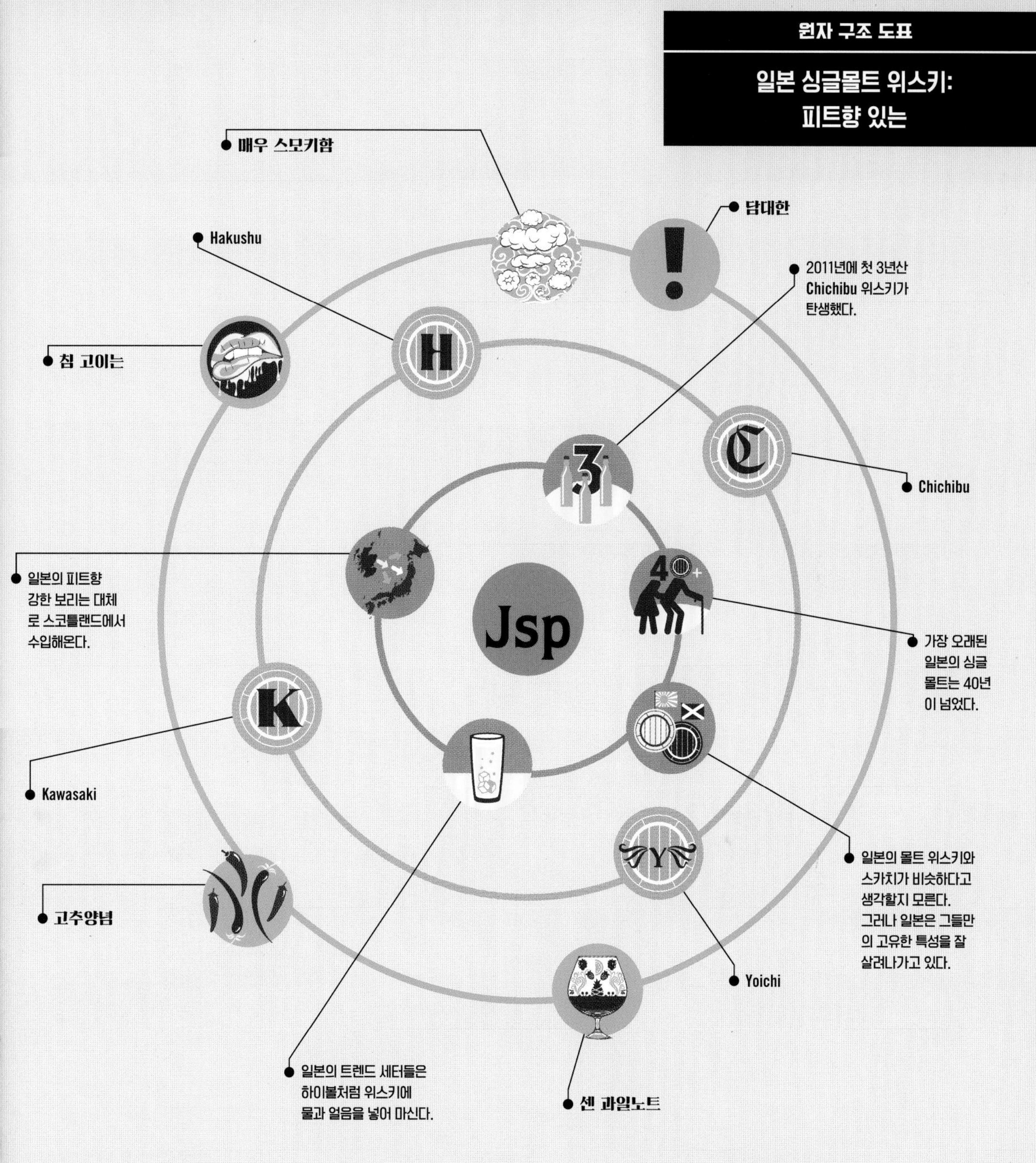

그림 설명 | = 테이스팅 노트 | = 추천 증류소 | = 흥미로운 점

원산지: 호주
알코올 도수: 40%-62%
곡물: 맥아 보리
캐스크: Ex-Bourbon, Ex-Sherry, Ex-Port Pipes

호주 싱글몰트 위스키

호주는 위스키 생산국으로 빠르게 부상하고 있다. 현재 발전 속도를 보면 호주의 위스키 증류소들은 그들의 와인 생산이 전세계적으로 떨쳤던 행운과 유명세를 곧 따라잡을 것으로 평가된다.

처음부터 순탄했던 것은 아니다. 단지 수입 스카치의 싼 대용품 정도로 생산되었을 뿐이었다. 지금은 고유의 풍미와 성격으로 마치 터질 것 같은, 아주 놀랄만한 위스키들이 몇몇 존재한다.

호주는 8-9개의 증류소들이 가동되고 있는 Tasmania 지역과 모든 활동이 빅토리아 주에 몰려있는 메인랜드 둘로 나뉜다.

Tasmania는 Bill Lark이 진부한 금지령을 뒤엎고 위스키 붐을 일으켰을 때 선두에 서서 우위를 차지했던 지역이다. 그의 개혁 중 하나는 포트를 사용했던 목재 캐스크를 위스키 숙성에 사용했다는 점이다. 셰리 캐스크는 구하기 어려웠기 때문이다. 그의 위스키는 눈에 띄게 큰 바디감을 지녔고, 자신만만하다 싶을 정도로 강한 피트감이 특징이다.

추천 위스키

Bakery Hill Peated Malt Cask Strength	스윗하고 몰트향이 진한 아름다운 위스키에 샤프하며 쏘는 듯한 피트향과 향신료 맛이 얹어있다.	★
Limeburners Single Malt Whisky	어떤 증류소도 여기만큼 빠르게 성장하지 못했다. 하루가 다르게 놀라운 수준으로 발전한다.	★★
Overeem Port Cask Matured Cask Strength	Lark 작품의 일환으로 이 위스키는 위스키가 지닐 수 있는 최고치의 과즙과 풀바디감을 선사한다. 거부할 수 없는 스파이시한 뒷맛과 함께.	★★★

★ 가장 덜 비싼/쉽게 구할 수 있는 ★★ 어느 정도 비싼/구하기 쉽지 않은
★★★ 값이 나가는/매우 귀한

원자 구조 도표

호주 싱글몰트 위스키

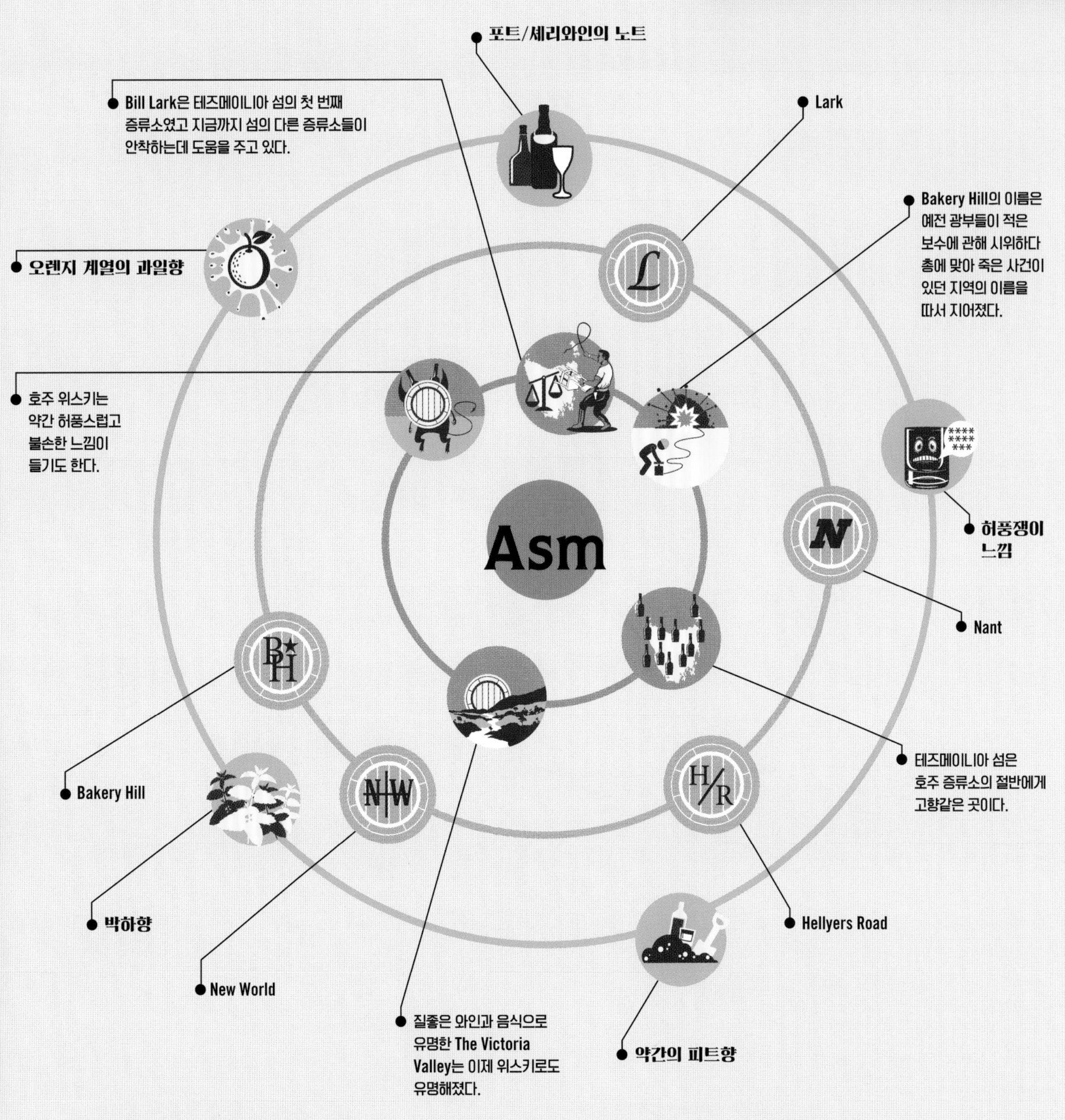

그 림 설 명 | = 테이스팅 노트 | = 추천 증류소 | = 흥미로운 점

원산지: 인도

알코올 도수: 32%-62%

곡물: 스코틀랜드산 맥아 보리, 인도산 맥아 보리, 당즙

캐스크: Ex-Bourbon, Ex-Sherry, Ex-Port Pipes

인도 싱글몰트 위스키

인도는 전세계 어느 나라보다도 많은 위스키 브랜드를 가지고 있다. 그러나 다수의 위스키가 사탕수수의 당즙을 첨가해서 만들기 때문에 유럽이나 북미에선 그것을 위스키로 취급하지 않는다.

인도의 싱글몰트는 넓은 범위의 스타일을 가지고 있는데 그중 피트감이 있는 것도 있고, 없는 것도 있다. 사탕수수의 당즙을 넣어 만든 위스키는 달고, 힘없고, 맛이 2차원적인 경향이 있지만 다른 것과 혼합하면 마치 진짜 위스키같은 맛이 나기도 한다. 진지하게 숙고할만한 가치가 있는 위스키들은 아니지만 아주 소량의 싱글몰트 위스키는 세계 시장에서 자신만의 길을 찾았고, 실제로도 매우 훌륭한 수준이다. 현재 Amrut 증류소와 Paul John 증류소가 선두에서 상들을 휩쓸며 선전하고 있다. 세 번째 증류소는 아직 이름은 없지만 첫 번째 병입을 앞두고 있다. 18개월 숙성된 위스키 치고는 상당히 격려할만한 점들을 가지고 있다.

추천 위스키

Amrut Fusion	과일과 너트초콜릿이 만나 스모크와 흙내음 가득한 피트향을 퍼트린다.	★
Paul John Single Casks	크고, 볼드하고, 리치한 과일향이 가득하다. 이 증류소의 싱글캐스크 163과 164는 가히 최고라 불릴만했다. 새로 출시되는 위스키라인에 주목하라!	★★
Amrut Portonova	위스키 향은 조금만 보여주며, 점점 진하게 퍼지는 향신료, 과일 그리고 타닌.	★★★

★ 가장 덜 비싼/쉽게 구할 수 있는 ★★ 어느 정도 비싼/구하기 쉽지 않은
★★★ 값이 나가는/매우 귀한

원자 구조 도표

인도 싱글몰트 위스키

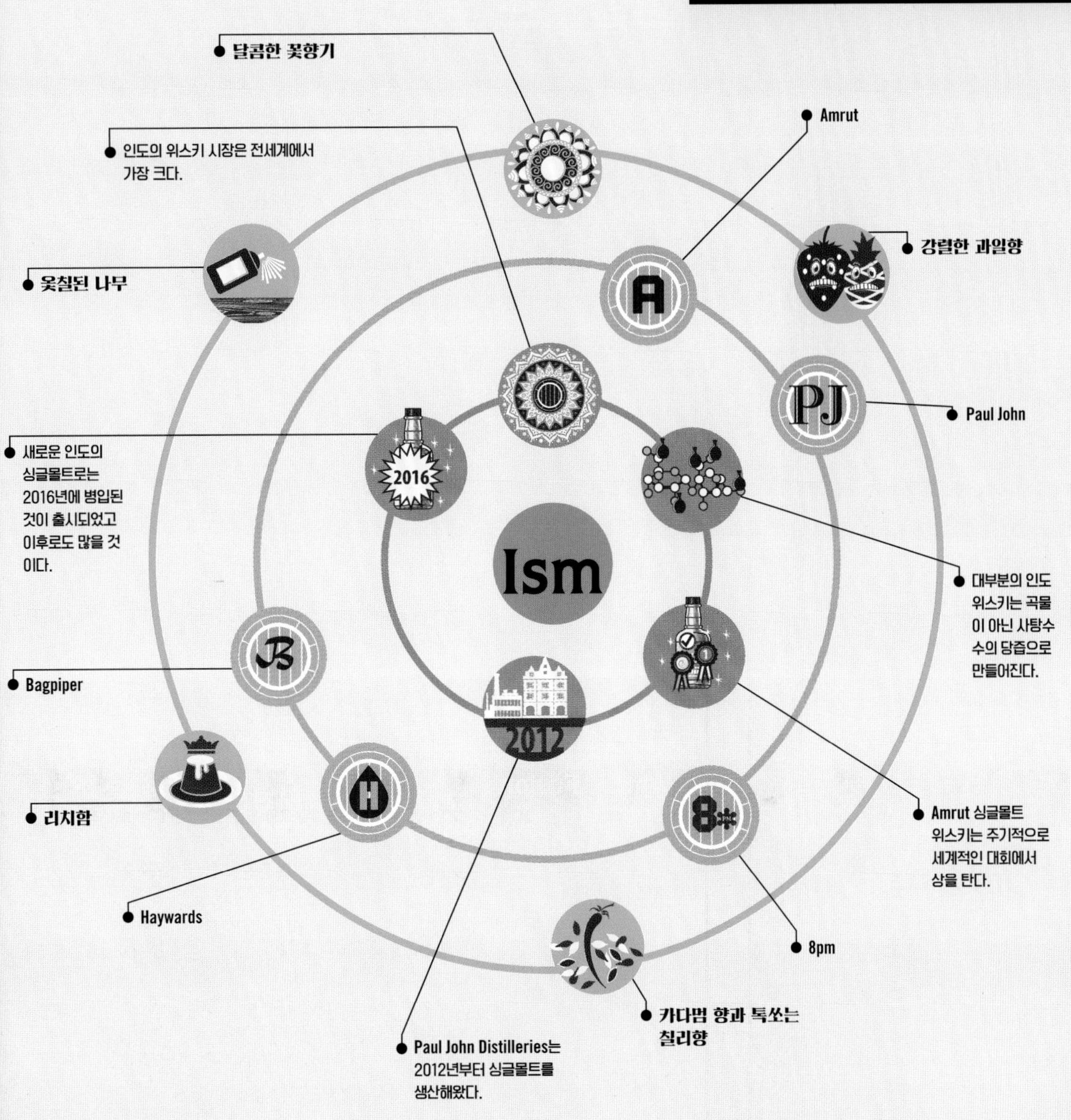

그림 설명	= 테이스팅 노트	= 추천 위스키	= 흥미로운 점

원산지: 뉴질랜드
알코올 도수: 40%-58%
곡물: 맥아 보리
캐스크: Ex-Bourbon, Ex-New Zealand red wine

뉴질랜드 싱글몰트 위스키

뉴질랜드 남섬은 스코틀랜드와 묘하게 닮은 점을 지니고 있다. 하이랜드 역시 산들과 호수로 이뤄져 있고, 남섬의 인구는 스코틀랜드 혈통이 높은 비율을 차지하고 있다. 남섬의 Dunedin은 스코틀랜드의 Dunbee와 Edinburg의 혼합물이라고 볼 수 있다.

그러나 이곳의 위스키 역사는 순탄했다고 볼 수 없다. 한가지 이유는 뉴질랜드의 인구수가 적고, 증류과정은 돈이 많이 들기 때문이고, 또 다른 이유로는 뉴질랜드에 살고있는 스코틀랜드 후손들이 스코틀랜드 본국의 제조 방식을 기대하기 때문이다. 그렇다면 뉴질랜드 위스키 산업은 지속되기 힘들다. 주요 증류소로는 Milford's, Lammerlaw, Coaster와 흡사한 상품을 만들었던 Willowbank라는 당시 중요했던 회사가 있었으나 오래전에 사라졌다. 현재 호주사람이 소유하고 있는 New Zealand Whisky Company는 상당한 양의 남은 재고들을 모아서 뭔가 특별한 것으로 제조 중이다. 새로운 증류소들이 문을 열고 있으며, 그들은 분명 위스키의 밝은 미래를 약속하고 있다.

추천 위스키

NZ Whisky Co South Island 18 Year Old	풍부한 시트러스에 소금, 후추향의 공격. 박하향과 히커리 노트.	 ★
NZ Whisky Co 1993 Single Cask	달콤한 과일, 박하향, 히커리, 향긋한 꽃내음으로 시작했다가 탁한 피트감으로 마무리.	★★
NZ Whisky Co 1989 Single Cask	마누카 꿀, 달콤한 자몽과 레몬에 나중에 썰물처럼 밀려오는 피트향이 일품인 산뜻하고 스타일리쉬한 위스키.	★★★

★ 가장 덜 비싼/쉽게 구할 수 있는 ★★ 어느 정도 비싼/구하기 쉽지 않은
★★★ 값이 나가는/매우 귀한

원자 구조 도표

뉴질랜드 싱글몰트 위스키

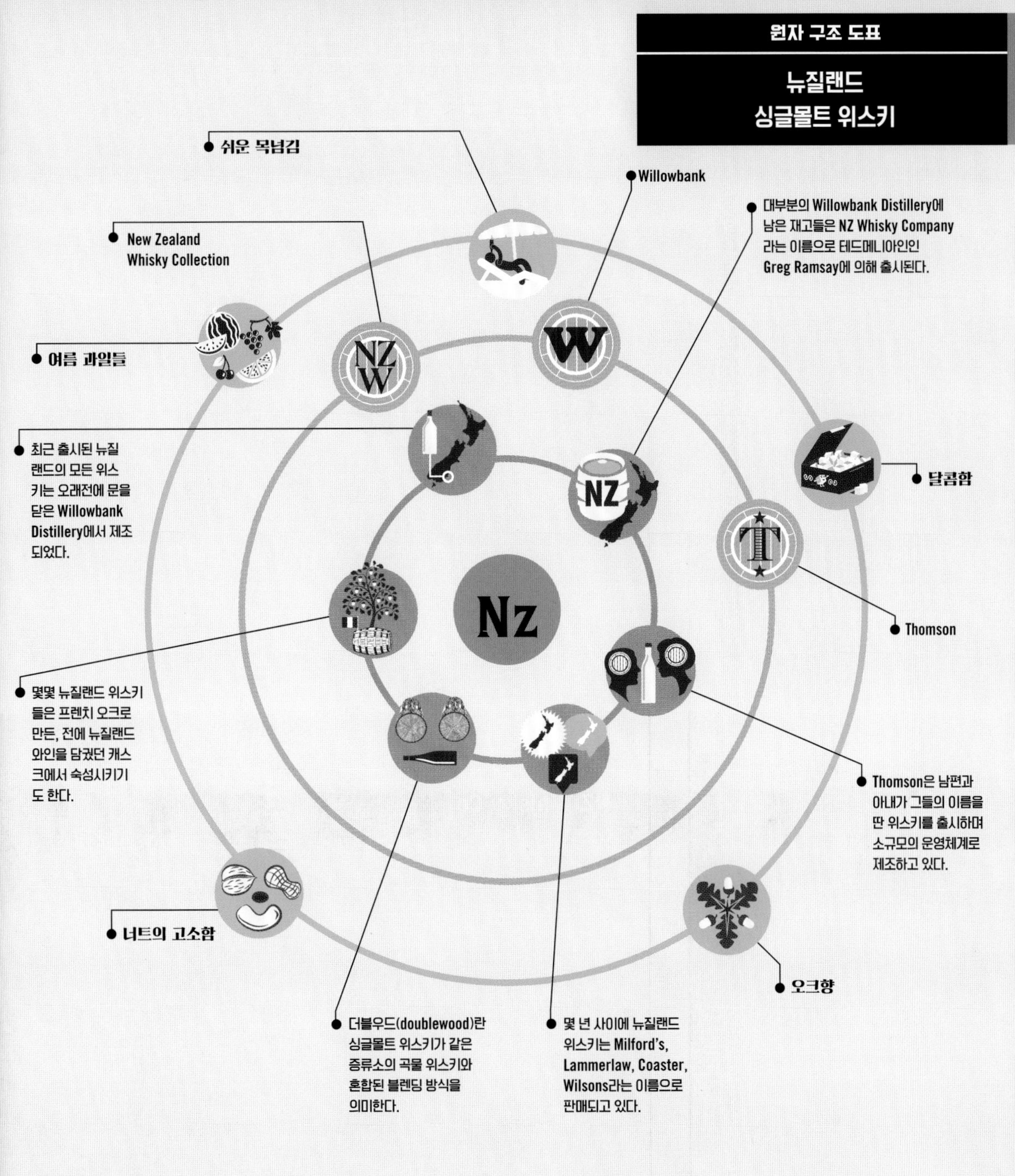

그림 설명 = 테이스팅 노트 = 추천 증류소 = 흥미로운 점

원산지: 남아프리카공화국
알코올 도수: 40%-48%
곡물: 맥아 보리
캐스크: Ex-Bourbon, Ex-Sherry

남아프리카공화국 싱글몰트 위스키

남아프리카공화국은 위스키 역사는 짧지만, 그곳에서 생산된 위스키는 꽤 질이 높다. 게다가 Drayman's 라는 작은 회사의 상품은 매우 혁신적이다.

The James Sedgwick 증류소는 남아프리카공화국 와인 거인인 Distell이 소유권을 가지고 있으며, Distell은 2013년에 스코틀랜드에 세 증류소를 가지고 있던 Burn Stewart를 인수했다.

Sedgwick의 위스키들은 스카치 위스키와 흡사하다. 남아프리카공화국에서 싱글몰트는 급성장하는 흑인 계층에 의해 그 수요가 증가하고 있다.

남아프리카공화국의 두 생산자 중 다른 하나는 Drayman's Whisky를 생산하는 최고의 크래프트(수제) 증류가 Moritz Kallmeyer이다. 그는 제조과정에 '솔레라 시스템(균일적으로 캐스크의 윗부분에 새 원액을 채우고 아랫부분으로 병입 준비가 된 숙성된 원액을 뺌으로써 균일한 풍미와 질을 유지하는 방식)'을 사용했고 소비자들에게 작은 캐스크를 사서 직접 집에서 리필하는 '라이브' 캐스크 방식을 권장하기도 했다.

추천 위스키

Three Ships 10 Year Old	배짱 두둑한 쉽지 않은 위스키. 하이랜드 스타일의 오크와 스모크향이 아래에 은은히 깔려 있다가, 중앙의 과일향을 만나면 입안에서 산산이 부서진다.	★
Three Ships Bourbon Cask	위와 똑같지만 조금 더 차분하고, 더 달콤하고, 조금 더 과일향이 높다. 버번캔디, 바닐라 향이 세련미를 높여주는 위스키.	★★
Drayman's Solera	다양한 형태로 출시되지만 셰리통에 숙성되면 오렌지, 그을린 오크, 게다가 약간의 코코넛향까지 코를 자극한다.	★★★

★ 가장 덜 비싼/쉽게 구할 수 있는 ★★ 어느 정도 비싼/구하기 쉽지 않은
★★★ 값이 나가는/매우 귀한

원자 구조 도표

남아프리카공화국 싱글몰트 위스키

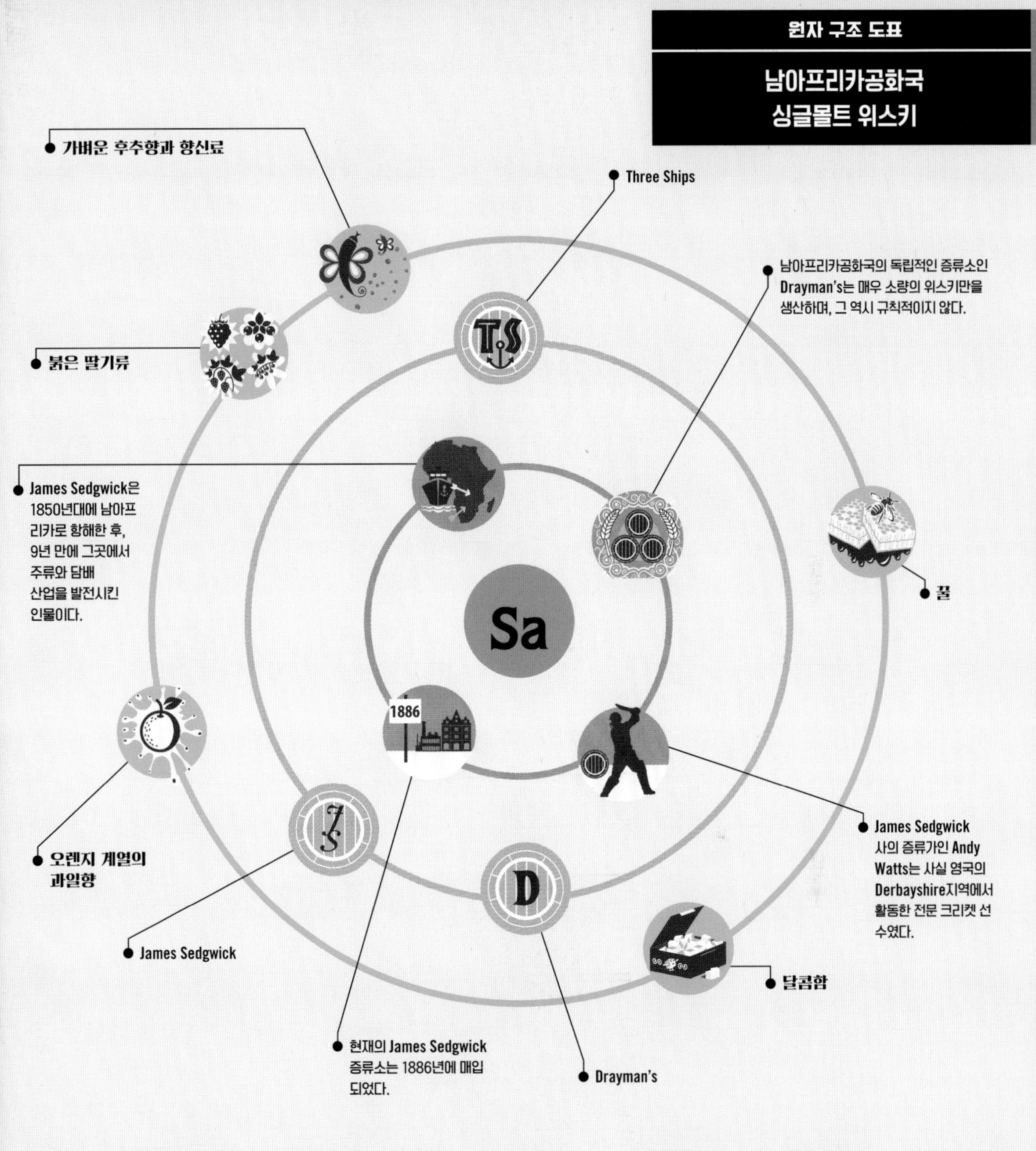

그 림 설 명 = 테이스팅 노트 = 추천 위스키 = 흥미로운 점

원산지: 대만
알코올 도수: 40%-50%
곡물: 맥아 보리
캐스크: Ex-Bourbon, Ex-Sherry, Ex-Port Pipes

대만 싱글몰트 위스키

대만 위스키란 개념이 서양인의 눈엔 이상하게 보일지도 모르지만, 대만 열도의 Kavalan 증류소는 누군가의 정원 한편에 세운, 금방이라도 무너질 듯한 세트가 아니다. 놀랍도록 훌륭한 상품을 만들어내는 진지한 회사이다.

Kavalan은 대만의 식품과 주류사업의 거장 King Car사의 후원을 받는 사업체로, 고온다습한 대만의 날씨에서도 모든 상품이 최상으로 제조될 수 있도록 막대한 투자를 받아왔다. 스코틀랜드의 분쟁 중재가인 Jim Swan 박사도 관리팀의 일원이다.

그런 대대적인 지원을 생각하면 이곳에서 좋은 위스키가 탄생하는 건 놀랄만한 일이 아니다. 오히려 눈여겨 봐야 할 점은 생산과정의 속도이다. 막 2년차가 되었을 때 이미 셰리숙성과 버번숙성 스타일 둘 다 놀랄만한 수준이었고, 10년이 채 안되었을 때 이미 Kavalan 위스키의 명성은 세계적인 수준으로 평가되었을 정도였다.

추천 위스키

Kavalan Solist Fino Sherry	설탕과 향신료 사이의 상호작용 그 자체이다. 입안에 머무르는 오크향 멍울은 덤.	★
Kavalan Vinho Barrique	자두, 잼, 향신료 등 가을스러운 맛의 선물. 마치 일본 위스키처럼 이것 역시 뒤로 잡아끄는 듯한 느낌이 전혀 없다.	★★
Kavalan Solist Bourbon Cask Cask Strength	위스키가 황금빛을 띠는 것만큼의 익은 바나나, 열대과일, 바닐라 아이스크림, 메이플 시럽의 향연은 그저 환상적일 뿐이다.	★★★

★ 가장 덜 비싼/쉽게 구할 수 있는 ★★ 어느 정도 비싼/구하기 쉽지 않은
★★★ 값이 나가는/매우 귀한

원자 구조 도표
대만 싱글몰트 위스키

Ts

달콤한 벌꿀

스코틀랜드의 주류 숙성 전문가 Jim Swan 박사는 Kavalan 증류소의 자문을 맡고 있다.

크고 강렬한 맛

여름 과일들

Kalvalan은 증류소 내부의 열과 습도를 조절하기 위한 독특한 쿨링시스템을 갖추고 있다.

Kavalan은 대만에 정착했던 폴리네이시아 섬 원주민들의 후손들에게서 이름을 따왔다.

Kavalan

리치한 바닐라

이 나라의 유일한 증류소는 식품업계의 큰손, King Car가 소유하고 있다.

셰리의 풍미

대만의 날씨는 위스키 숙성에 영향을 미친다. 2년째 숙성된 위스키가 전문가들을 놀래킨 적도 있다.

그림 설명 = 테이스팅 노트 = 추천 증류소 = 흥미로운 점

원산지: 벨기에
알코올 도수: 46%-72%
곡물: 맥아 보리
캐스크: Ex-Bourbon

벨기에 싱글몰트 위스키

Belgian Owl의 오너 Etienne Bouillon은 완벽주의자이다. 초창기 그는 이 분야에서 설명이 필요없는 Bruichladdich의 마스터 증류사인 Jim McEwan 에게 자문을 청했고, Jim은 한 번씩 벨기에를 방문하여 Belgian Owl 위스키의 발전과정을 함께 했다.

Boulillon의 첫 번째 상품은 이동식 스틸에서 증류되었다. 그것은 와인을 브랜디로 증류하기 위해 곳곳으로 옮겨 다니며 사용되던 용도였다. 이동식 스틸로 증류하면 주정은 캐스크에 들어가고, 캐스크들은 현대적인 저장소에 저장되었다. 지금의 Bouillon은 Liege 근처에 증류소를 마련해 스코틀랜드 스틸 방식으로 증류하고 있다.

이 위스키가 어떻게 변할지 속단하기는 아직 이르지만 현재 상태로는 달콤하고 과일향이 진한 아이리쉬 위스키에 가까운 디저트 위스키이다. Bouillon의 캐스크 스트렝스는 70도를 넘어선다. 적은 양의 Belgian Owl 위스키만이 함께 4년차에 출시된다.

추천 위스키

Belgian Owl	달콤한 구운 사과와 커스터드, 연한 핑크색 캔디와 화이트 페퍼의 알싸한 향을 생각해보라. 당신의 코와 입안에서 그것을 경험하게 될 것이다.	★
Belgian Owl cask strength	더 강할 뿐만 아니라 리커리쉬와 박하의 노트가 더해져 원래보다 더 알싸하다. 물이 많이 필요할 것이다.	★★ 

★ 가장 덜 비싼/쉽게 구할 수 있는 ★★ 어느 정도 비싼/구하기 쉽지 않은

원자 구조 도표

벨기에 싱글몰트 위스키

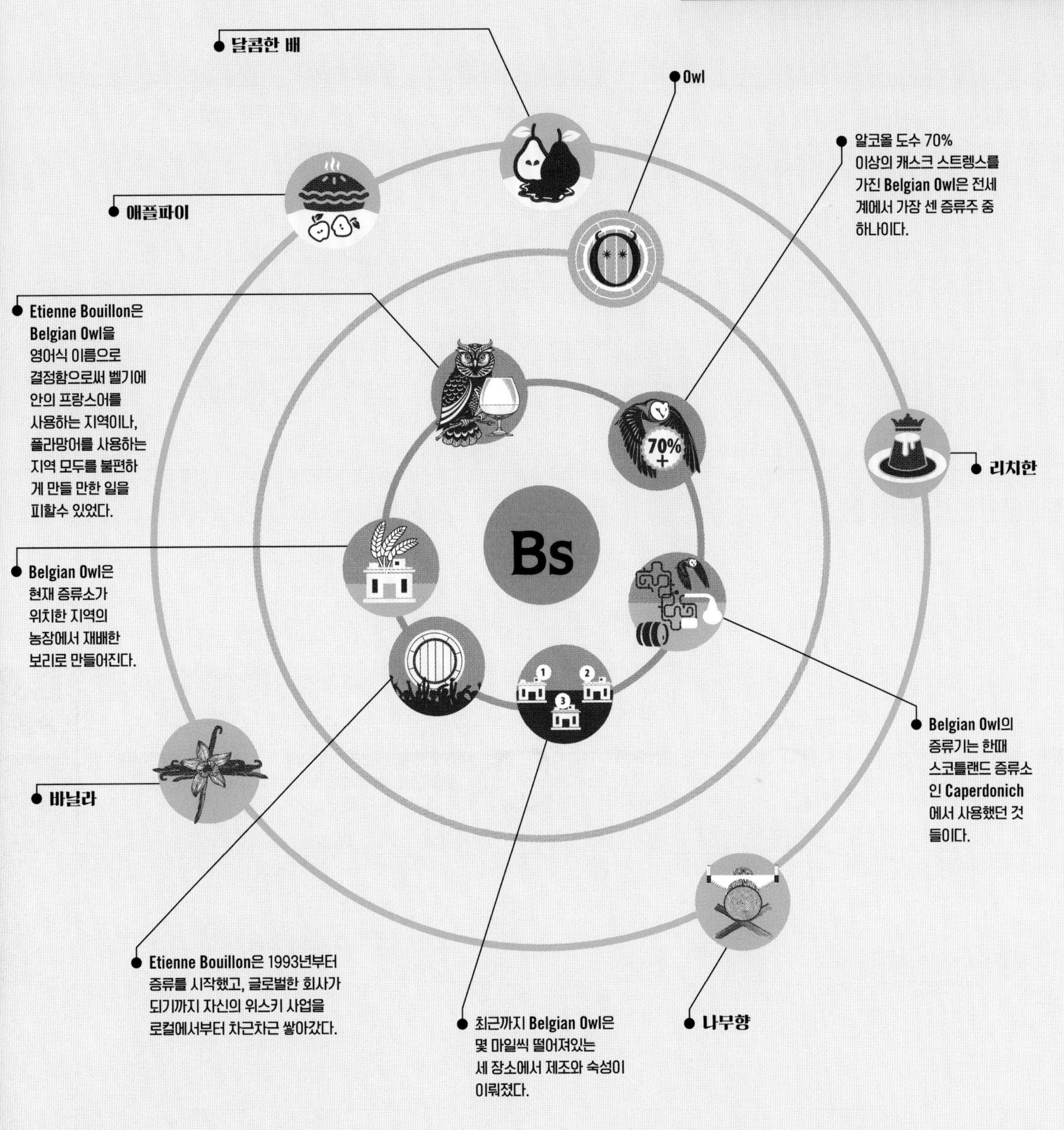

그림 설명 | = 테이스팅 노트 | = 추천 증류소 | = 흥미로운 점

원산지: 덴마크
알코올 도수: 43%-58%
곡물: 맥아 보리
캐스크: Ex-Bourbon

덴마크 싱글몰트 위스키

스칸디나비아의 다른 나라들처럼 덴마크도 스코틀랜드에게서 영감을 얻는다. 덴마크의 증류가들에 대해 꼭 알아야 하는 것은, 이들이 스카치 싱글몰트 위스키의 열렬한 팬이라는 점과 스카치 싱글몰트의 기준을 그들의 위스키에 벤치마킹 한다는 점이다.

그 결과, 덴마크에서는 피트감이 있는 위스키와 그렇지 않은 위스키를 둘 다 볼 수 있다. 물론 덴마크의 위스키는 아직 초창기일 뿐이다. 또한 몇몇의 증류소들은 이미 존재하던 맥주공장들을 확장한 형태이다. 반면 두 곳, Braunstein과 Stauning은 그들의 이름을 국경 밖으로(대부분이 옆나라인 스웨덴이지만) 알리기 시작했다.

두 회사 다 좋은 질의 위스키를 만들긴 하지만, 아직은 다른 세계적인 신세대 위스키들과 앞을 다투는 수준은 아니다. 그러나 결코 열정이 모자란 것은 아니다. Braunstein은 스타일리쉬한 병과 패키지에 꽤 진지하게 투자하고 있고, Stauning은 이미 여러 면에서 제조과정이 쉽지 않다고 알려진 호밀 위스키를 시도하고 있다.

추천 위스키

Stauning Traditional	고소함, 기름짐, 덜 익힌 몰트향, 중심이 잘 잡힌 웰메이드 위스키. 달콤한 보리와 위의 노트들이 어우러져 징조가 좋다.	★
Stauning Peated	초콜릿, 공기 중에 부드럽게 퍼지는 스모크. 독일증류소 Blaue Maus를 연상시키는 독특하게 오일리한 향신료 풍미.	★★
Braunstein peated Cask Strength	아마도 현존하는 최고의 데니쉬 위스키. 이목을 끄는 풍부한 스모키함과 과일향이 크고, 볼드한 위스키를 만들었다.	★★★

★ 가장 덜 비싼/쉽게 구할 수 있는 ★★ 어느 정도 비싼/구하기 쉽지 않은
★★★ 값이 나가는/매우 귀한

원자 구조 도표

덴마크 싱글몰트 위스키

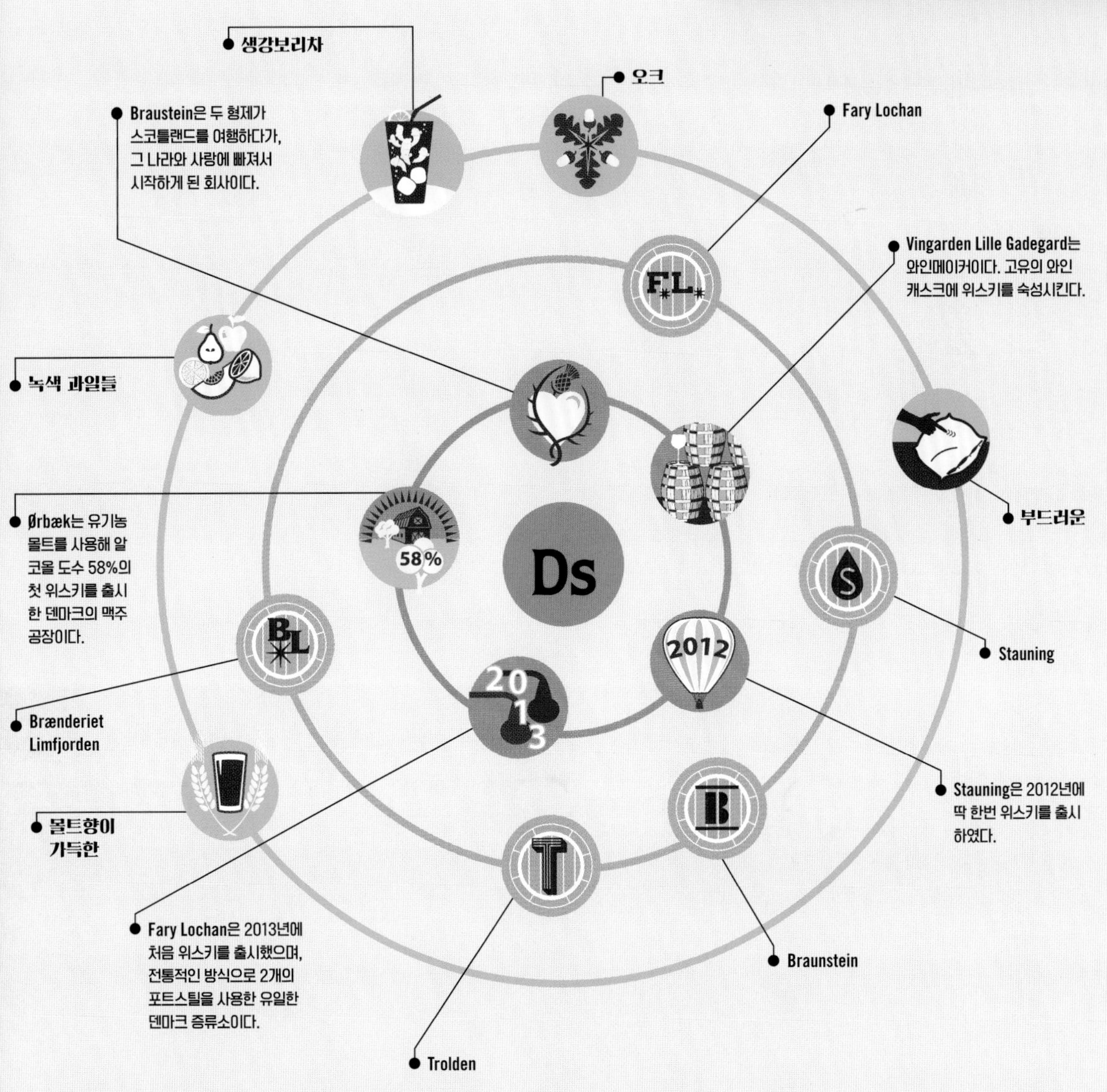

그림 설명	= 테이스팅 노트	= 추천 증류소	= 흥미로운 점

원산지: 네덜란드
알코올 도수: 43%-50%
곡물: 맥아 보리
캐스크: Ex-Bourbon, Ex-Sherry

네덜란드 싱글몰트 위스키

벨기에-네덜란드 국경에 있는 Zuidam 가족 증류소는 600여 가지 이상의 상품을 만든다. 이곳은 식물과 즙, 과일 등이 담긴 포트와 유리병들의 소굴이다. 그들에게 있어서 최고의 질의 리큐르나 제네버를 만들기 위해 아까운 비용은 없었다.

그러므로 Mileston이란 이름으로 나가는 Zuidam의 위스키가 탁월한 퀄러티라는 건 놀라운 일이 아니다. Zuidam이 생산하고 있는 리치한 15년산 셰리위스키 역시 훌륭하다. 어느 정도냐면 그들이 스코틀랜드의 스페이사이드 스타일에 대응하기 위해 만든 하이엔드 위스키와 이 셰리위스키를 만약 경쟁시킨다 해도 쉽게 채택될 정도이다.

1975년에 설립된 이래로 Zuidam 위스키는 점점 좋아지고 있다. 1989년에 회사는 부지를 확장했고, 독립된 생산라인을 소개했다. Baarle-Nassau 지역에 있는 증류소에서 그들만의 라이(호밀) 위스키 병입을 시작했다는 사실은 이 가족에게 큰 자부심이 되었다. 그들의 호밀 위스키 '100Rye'는 런칭 이후 많은 상을 휩쓸고 있다.

추천 위스키

Millstone Peated	약한 스모크, 기분좋은 과일과 보리 베이스가 입안에 감도는 피트쪽 테마에 흔치않은 한방.	★
Zuidam Millstone 1999 PX Cask	PX란 페드로 히메네스 셰리를 뜻하며, 그것을 이 위스키에서 아크커피, 쓴 체리, 시럽으로 만든 토피향으로 분명히 나타내고 있다.	★★
Millstone Sherry Cask 12 Year Old	건포도, 대추, 딸기류, 그리고 비터 오렌지맛이 풍부한 크리스마스 케이크 위스키	 ★★★

★ 가장 덜 비싼/쉽게 구할 수 있는 ★★ 어느 정도 비싼/구하기 쉽지 않은
★★★ 값이 나가는/매우 귀한

원자 구조 도표

네덜란드 싱글몰트 위스키

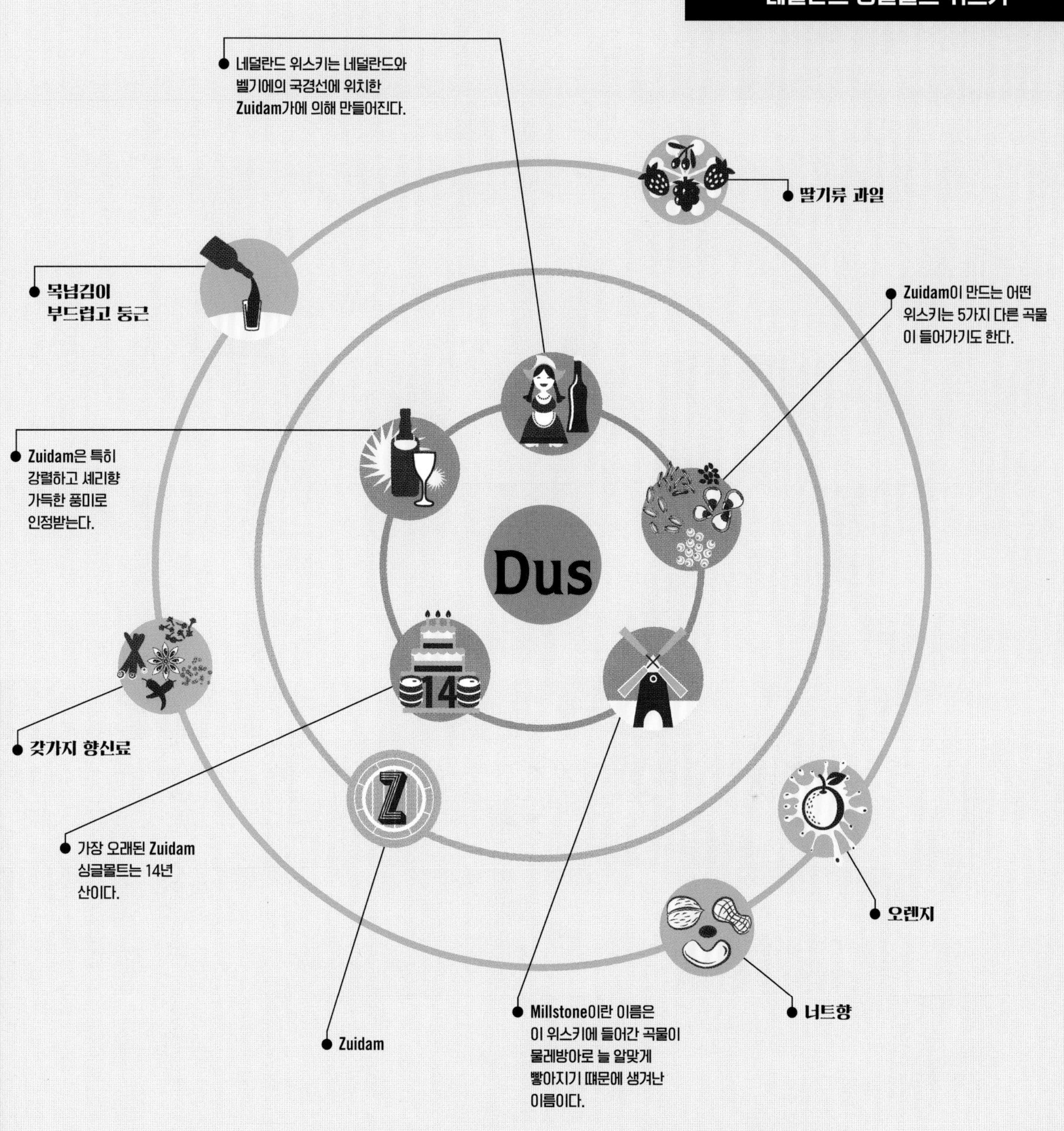

그림 설명	● = 테이스팅 노트	● = 추천 증류소	● = 흥미로운 점

원산지: 잉글랜드

알코올 도수: 43%-58%

곡물: 맥아 보리

캐스크: Ex-Bourbon, Ex-Sherry, Ex-White Wine, Ex-Rum, Ex-Port

잉글랜드 싱글몰트 위스키

Norfolk의 농부인 제임스 넬스트롭과 앤드류 넬스트롭이 위스키 증류소를 오픈하겠다고 발표했을 때, 이 뉴스를 들은 모두는 콧방귀를 꼈다. '위스키 예술'의 역사가 전혀 없는 영국 동쪽 지역에서 어떻게 이것이 가능하겠는가?

그러나 스코틀랜드 증류계의 전설인 IanHenderson이 그들의 팀에 합류할 예정이라고 발표했을 때, 모두는 웃음을 멈췄다. 이 현상은 넬스트롭이 위스키계에 가져온 사고방식을 상징하기도 한다. 그들의 몰트 위스키가 3년차가 되었을 때, 피트감이 있는 스타일과 피트감이 없는 스타일 모두 그럭저럭 마실만했다. 하지만 8년차가 되었을 때 그 탁월함에 모두의 입이 딱 벌어졌다.

이제는 다른 회사들도 영국 위스키 흐름에 참여한다. 동쪽 해안 지역의 맥주 공장인 Adnams는 버진오크로 다른 곡물을 혼합한 위스키를 제작한다. 런던의 Darren Rook 역시 기대를 모으고 있다. 또한 남쪽의 Cornwall 지역 사이더 농장과 St.Austell Brewery 간의 파트너쉽으로 인해 우리는 리치하고 과일향이 매우 강한 위스키들을 맛볼수 있게 되었다.

추천 위스키

Adnams Single Malt	이미 이 3년짜리는 향신료와 포푸리 스타일의 꽃향, 과실향 노트로 진동하고 있다. 아직은 섣불리 말할 수 없지만 매우 기대되는 위스키.	★
St George's Chapter 13	바나나, 토피, 바닐라 아이스크림, 배 통조림 노트가 잘 조화되어 출시된 위스키 중 최고라는 평가를 받고 있다. 물론 아직은 Norfolk 증류소들 사이에서만.	★★
Hicks & Healey Single Malt	최근 한동안 병입된게 없긴 했지만, 파트너들과 출시했던 첫 번째 상품은 리치한 애플, 꿀, 그리고 박하와 리커리시의 환상적인 콤보라고 정의내릴 수 있다.	★★★

★ 가장 덜 비싼/쉽게 구할 수 있는 ★★ 어느 정도 비싼/구하기 쉽지 않은
★★★ 값이 나가는/매우 귀한

원자 구조 도표

잉글랜드 싱글몰트 위스키

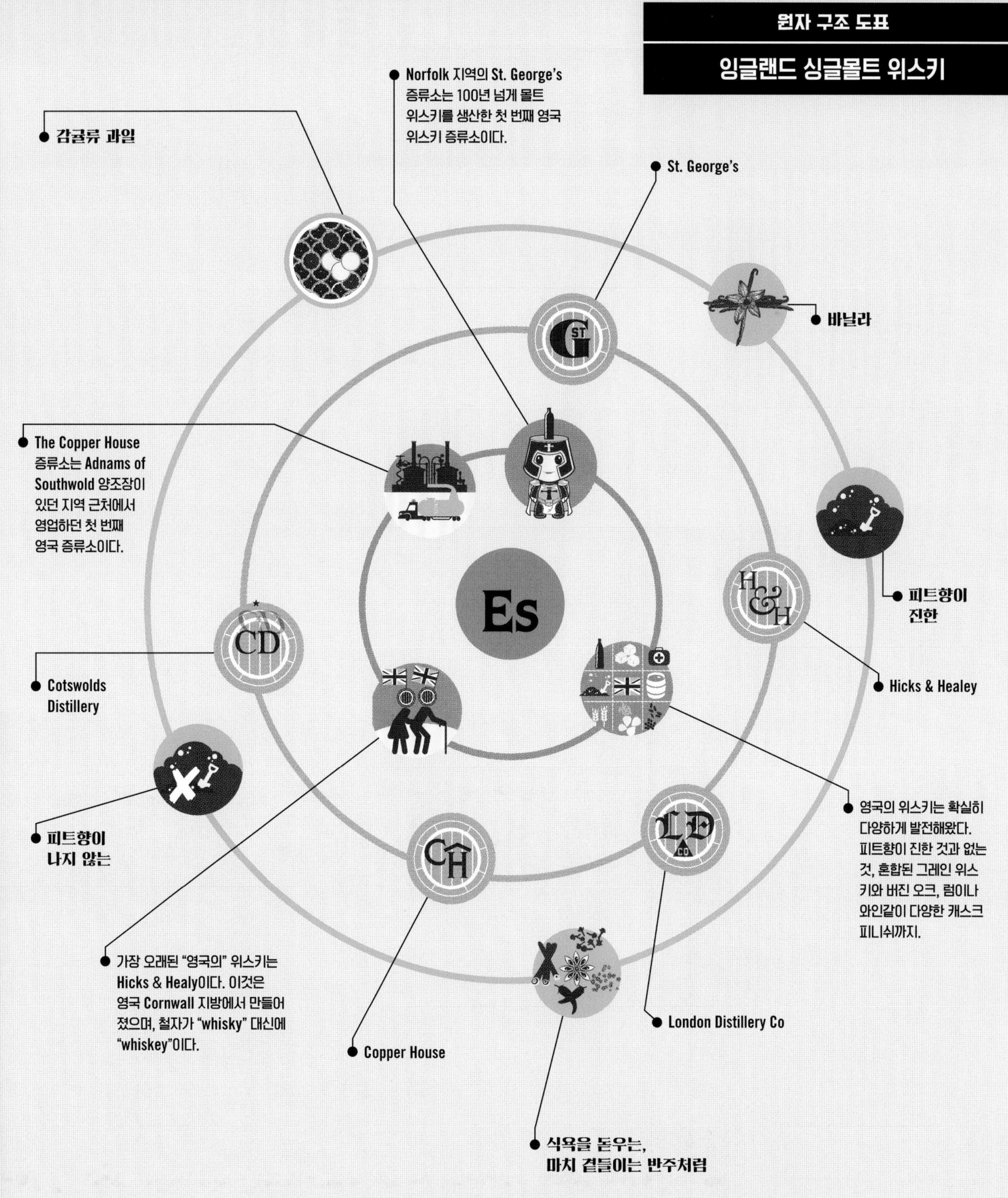

그 림 설 명 = 테이스팅 노트 = 추천 증류소 = 흥미로운 점

원산지: 웨일즈
알코올 도수: 41%-60%
곡물: 맥아 보리
캐스크: Ex-Bourbon, Ex-Scottish malt, Ex-Madeira, Ex-Sherry

웨일스 싱글몰트 위스키

Penderyn은 어쩌면 신세계 위스키 붐을 시작한 첫번째 증류소였을지도 모른다. 첫번째 비전통 위스키 지역의 증류소라는 이야기는 아니다. 하지만 그들을 향한 영국 내 뜨거운 관심과 스타일리쉬한 포장, 독특한 제조공정은 작은 스케일의 증류 공정을 한 단계 높은 차원으로 끌어올리는 데에 일조했다.

Cardiff에서 멀리 떨어지지 않은 증류소에서 증류주를 만들기 위한 독특한 스틸이 개발되었다. 그 증류주는 마데이라 캐스크, 버번 캐스크 그리고 전에 Speyside 위스키를 저장했던 캐스크 안에서 숙성되었다. 그리고 고유의 독특한 성격이 살아있는 매우 섬세하고 달콤한, 몰트 위스키가 되었다.

이 증류소는 헤비웨이트급 몰트도 생산할수 있다는 것을 보여준 바 있다. 마음만 먹으면 말이다. 또한 웨일즈, Llandysul 지역의 Mhile 같은 매우 소규모의 증류소는 유기농 작물을 전문으로 하는 농부에 의해 운영되고 있다.

추천 위스키

Penderyn Madeira	한 회기가 매월 만들어진다. 물기많은 건포도와 딸기류의 과실향이 가득한 스윗하고 포도향 진한 위스키.	 ★
Penderyn Portwood	단 정도가 충분히 역하게 느껴질 만하지만, 마치 카시스(Cassis)같이 의외로 괜찮다.	★★
Penderyn Portwood Cask Strength	The Scotch Malt Whisky Society는 스카치 위스키만 출시하진 않는다. 그들이 인수해서 출시한 멋진 웨일스 위스키.	 ★★★

★ 가장 덜 비싼/쉽게 구할 수 있는 ★★ 어느 정도 비싼/구하기 쉽지 않은
★★★ 값이 나가는/매우 귀한

원자 구조 도표

웨일스 싱글몰트 위스키

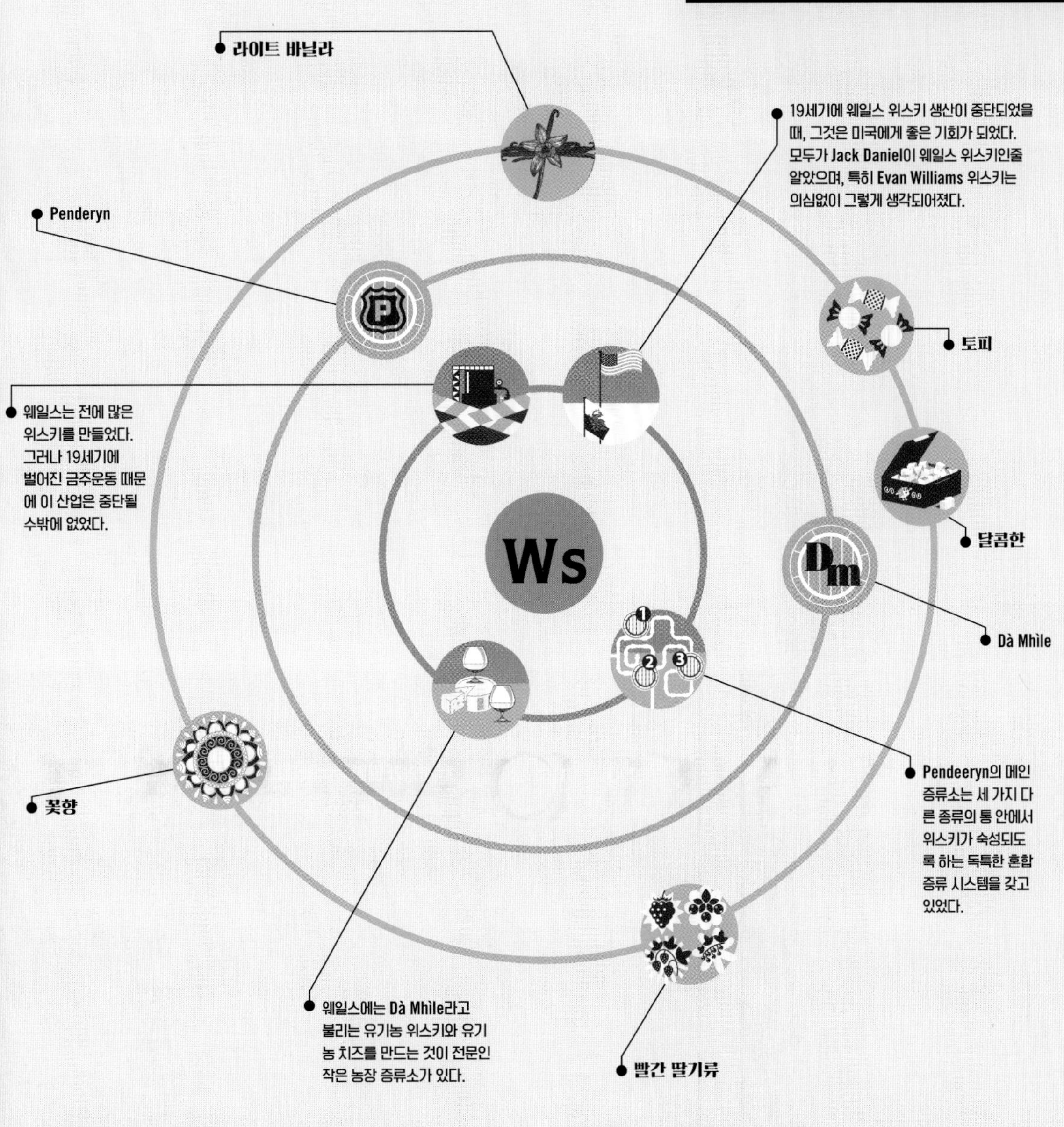

그림 설명 = 테이스팅 노트 = 추천 증류소 = 흥미로운 점

원산지: 프랑스
알코올 도수: 40%-58%
곡물: 맥아 보리
캐스크: Ex-Bourbon, Ex-Cognac, Ex-Sherry, Ex-Wine

프랑스 싱글몰트 위스키

겉으로 봤을 때 프랑스는 위스키를 생산하는 나라로 보이지 않을 지도 모른다. 그 이유는 프랑스 다른 술들이 와인과 꼬냑 제조자들의 마케팅 그늘 아래 가려져 있기 때문이다.

오랫동안 사이다와 여러 종류의 질 좋은 맥주를 만드는 강한 전통으로 유명한 프랑스 북서부지역, 브루타뉴에는 6곳의 메인 증류소들 중 4곳이 위치해있다. 가까운 거리임에도 불구하고 이 증류소들은 서로 공통점이 별로 없고, 뚜렷한 지역적 특징도 없는 편이다. Glannar Mor는 스코틀랜드 하이랜드와 아일랜드 스타일 위스키를 생산한다. Distillerie Warenghem은 스코틀랜드의 스페이사이드 스타일과 좀 더 공통점이 있다.

Distillerie des Menhirs는 직접 경작에 참여한 고유의 메밀 위스키를 생산하고, Kaerilis는 2011년에 세워진 가장 최근에 오픈한 증류소이다. 브루타뉴 지방을 제외한 위스키 생산지역으로는 Alsace와 꼬냑 지방이 있다. 그 곳에는 위스키 증류소가 아닌 다른 증류소들도 아주 가끔 싱글몰트를 만든다.

추천 위스키

Armorik	Distillerie Warrenghem 제품으로 산뜻하고, 샤프하며 좋은 밸런스를 가진, 이보다 더 좋을 수 없는 과일향의 향연.	★
Brenne	전통적이지 않음에도 아주 기분좋은 맛. 꼬낙지역에서 생산되었으며, 맛도 꼬냑산 답다, 가볍고, 스윗하며 섬세한 꽃향이 마치 리큐르같은 느낌.	★★
Glann ar Mor Kornog	Brenne과는 반대로 거칠고, 기분좋은 피트감, 거기에 쓴 레몬, 라임 그리고 리커리시. Islay 지역 위스키와 어울릴법하다.	 ★★★

★ 가장 덜 비싼/쉽게 구할 수 있는 ★★ 어느 정도 비싼/구하기 쉽지 않은
★★★ 값이 나가는/매우 귀한

원자 구조 도표

프랑스 싱글몰트 위스키

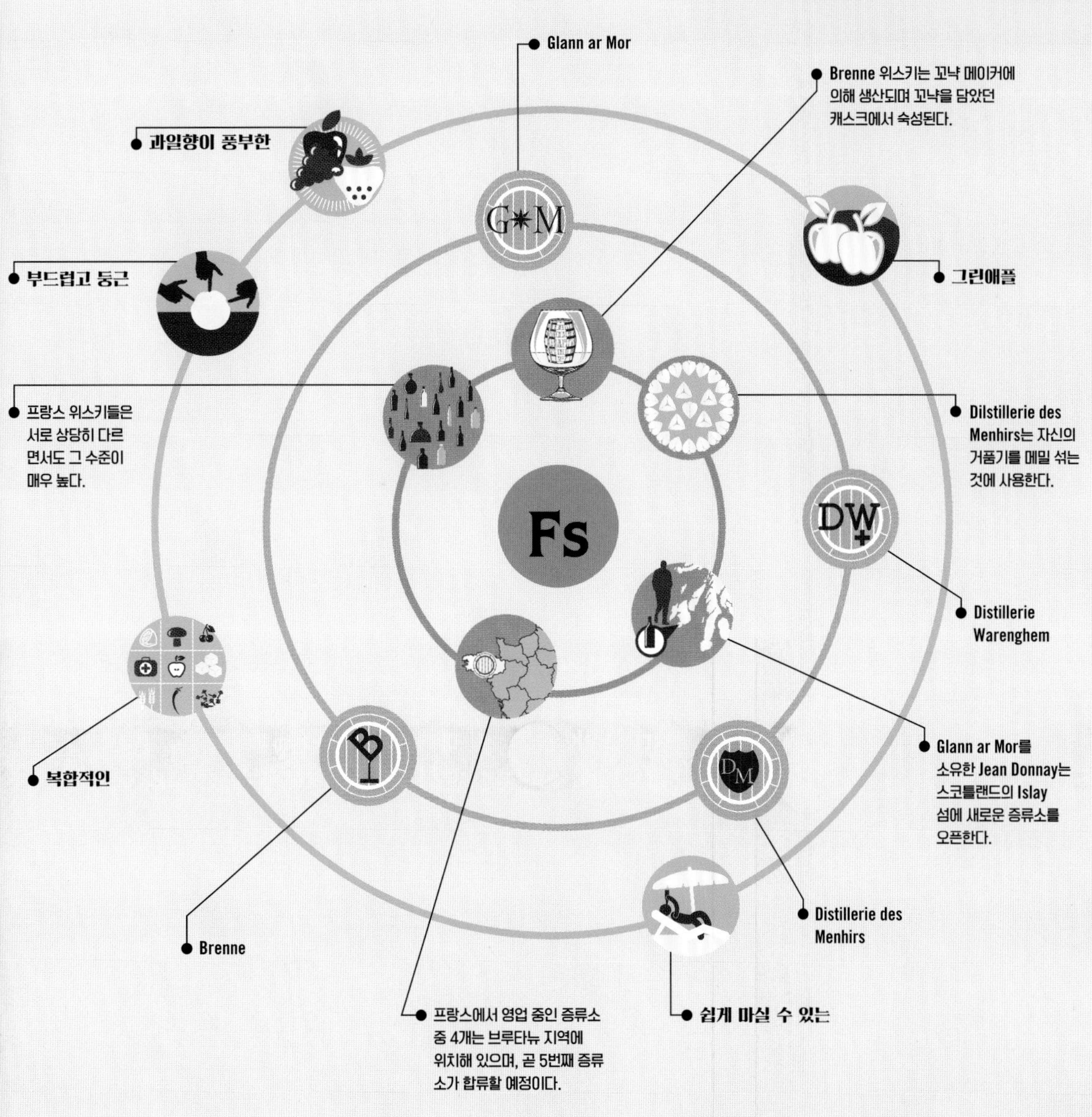

그림 설명	= 테이스팅 노트	= 추천 증류소	= 흥미로운 점

독일 싱글몰트 위스키

원산지: 오스트리아, 독일, 리히텐슈타인, 스위스

알코올 도수: 40%-60%

곡물: 맥아 보리, 밀, 귀리, 호밀

캐스크: Ex-Bourbon, Ex-Sherry, Ex-Wine, Ex-Beer

광대한 유럽 전역의 증류소들이 미국처럼 연합해야 한다는 의견이 분분하지만, 그 주장이 맞느냐, 틀리냐를 고려하는 건 큰 의미가 없을 듯하다. 다만 유럽 증류소들 사이에 상당한 공통점이 존재한다는 사실은 부정할수 없으며, 그것은 연합의 합리성을 잘 뒷받침한다.

게르만 국가들의 증류소들은 규모가 작은(때때로는 매우 작은) 경향이 있다. 그들의 위스키는 종종 증류소의 짧은 반경 안에서 소비된다. 위스키 중 일부는 숙성 방식이 완전히 정해지지 않았고, 또 몇몇은 숙성 방식이 완전히 정해지지 않았고, 또 몇몇은 위스키 제조업자의 다른 주종들, 와인이나 맥주, 과일 리큐르 등을 담았던 캐스크에서 숙성된다. 상당수가 묘하게 강렬하면서 오일리하고 우디한 풍미를 가지고 있다. 4개 국가(독일, 오스트리아, 스위스, 리히텐슈타인)에서는 꽤 멋진 위스키들이 생산된다. 옆 페이지에 기재된 6개의 추천 증류소 제품들도 만약 찾을 수만 있다면 시도해 볼 만한 가치가 충분하다.

추천 위스키

Blaue Maus Grüner Hund	이곳의 젊은 위스키들은 밀크초콜릿, 벌집, 약간의 생강향이 균형 잡혀 있다. 오래된 위스키들은 너무 우디한 경향이 있다.	★
Telsington IV	리히텐슈타인으로부터 온 향신료 가득한 풍미와 쫄깃한 과일, 다크커피향으로 유명한 달콤쌉싸름한 케익이 연상된다.	★★
Säntis Swiss Highlander Edition	모든 Locher's Santis 들이 세계적인 수준임에는 틀림없다. 그러나 이 강렬한 향신료와 살짝 탄 베이컨 풍미의 위스키는 전에 존재하지 않았던 새로운 관객을 맞이할 것이다.	★★★

★ 가장 덜 비싼/쉽게 구할 수 있는 ★★ 어느 정도 비싼/구하기 쉽지 않은
★★★ 값이 나가는/매우 귀한

원자 구조 도표

독일 싱글몰트 위스키

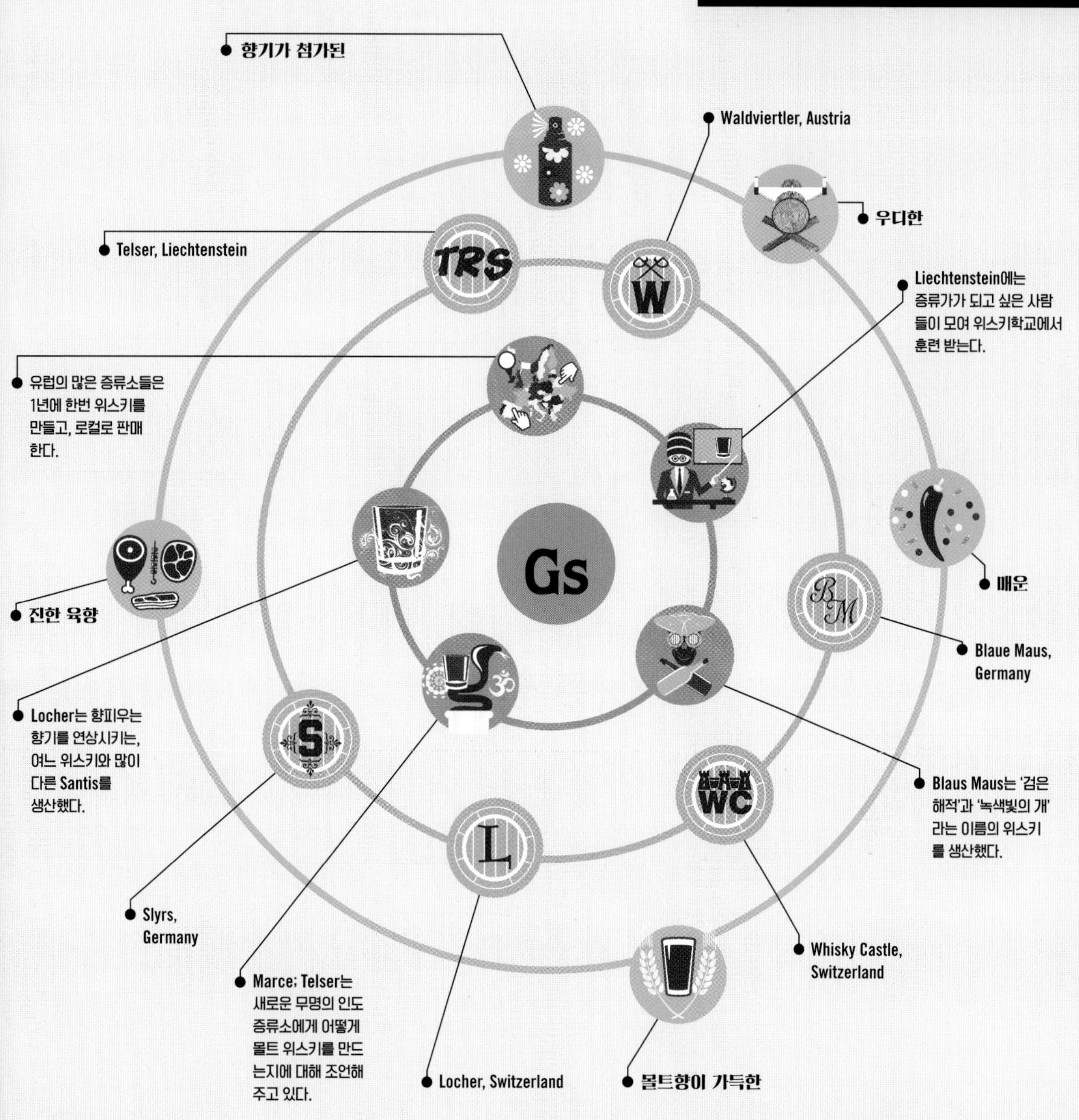

향기가 첨가된
Waldviertler, Austria
우디한
Telser, Liechtenstein
TRS
W
Liechtenstein에는 증류가가 되고 싶은 사람들이 모여 위스키학교에서 훈련 받는다.
유럽의 많은 증류소들은 1년에 한번 위스키를 만들고, 로컬로 판매한다.
Gs
매운
진한 육향
BM
Blaue Maus, Germany
Locher는 향피우는 향기를 연상시키는, 여느 위스키와 많이 다른 Santis를 생산했다.
S
WC
Blaus Maus는 '검은 해적'과 '녹색빛의 개'라는 이름의 위스키를 생산했다.
L
Slyrs, Germany
Whisky Castle, Switzerland
Marce; Telser는 새로운 무명의 인도 증류소에게 어떻게 몰트 위스키를 만드는지에 대해 조언해 주고 있다.
Locher, Switzerland
몰트향이 가득한

그림 설명	= 테이스팅 노트	= 추천 증류소	= 흥미로운 점

원산지: 스페인, 이탈리아

알코올 도수: 40%-60%

곡물: 맥아 보리

캐스크: Ex-Bourbon, Ex-Wine

지중해 국가들의 싱글몰트 위스키

언뜻 들으면 스페인과 이탈리아산 위스키란 용어가 약간 어색하게 들릴지도 모른다. 증류주의 세계에서는 일반적으로 보리의 공급은 적고, 포도가 훨씬 용이한 공급책을 가졌기 때문이다.

그러나 그것이 보이는 것처럼 이상한 명제는 아니다. 스페인 사람들은 위스키를 매우 사랑한다. 그러므로 프랑코 시대(1939–75)에는 증류소를 만드는 것이 전혀 이상한 게 아니었다. 이 독재자가 다른 나라의 생산품에 의존하는 것을 꺼렸기 때문이다. Destilierias y Crianza(DYC) 는 스페인 안에서도 겨울에 매우 춥고 눈이 많이 오는 지역에 있다. DYC는 Beam Global 사가 소유하고 있으며 몇 년 간 그들의 블렌딩 안에 Laphroig과 Ardmore 위스키를 포함하고 있었다. 현재 스페인의 싱글몰트는 DYC에서 만든다. 이탈리아 증류소 Puni는 알프스 산맥 위, 오스트리아로 넘어가는 지역에 위치해 있다. 이 지역의 위스키 산업은 이제 막 첫 걸음을 떼서 매우 젊지만, 그 전망은 아주 밝은 편이다.

추천 위스키

Puni Alba	마르살라(이탈리아 시칠리안 와인)와 피노누아 캐스크에서 18개월간 숙성되었다. 엄밀히 말하면 이것은 정식 위스키가 아니지만 스파이시하고 과일향이 풍부한 별미이다.	★
Embrujo de Granada	과정 중에 있는 위스키. 아직은 너무 얇은 감이 있지만 리치하고 달콤한 오렌지 노트가 좋은 징조를 나타낸다.	★★
DYC Collecion Barricas 10 Year Old	단단하고, 산뜻하고, 균형이 잘 맞는 위스키. 빨간 딸기류와 봄의 목초지를 연상시키는 노트들을 잘 잡아줄 만큼 깊이감이 특징이다. 꼭 체크해볼 만하다.	★★★

★ 가장 덜 비싼/쉽게 구할 수 있는 ★★ 어느 정도 비싼/구하기 쉽지 않은 ★★★ 값이 나가는/매우 귀한

원자 구조 도표

지중해 국가들의 싱글몰트 위스키

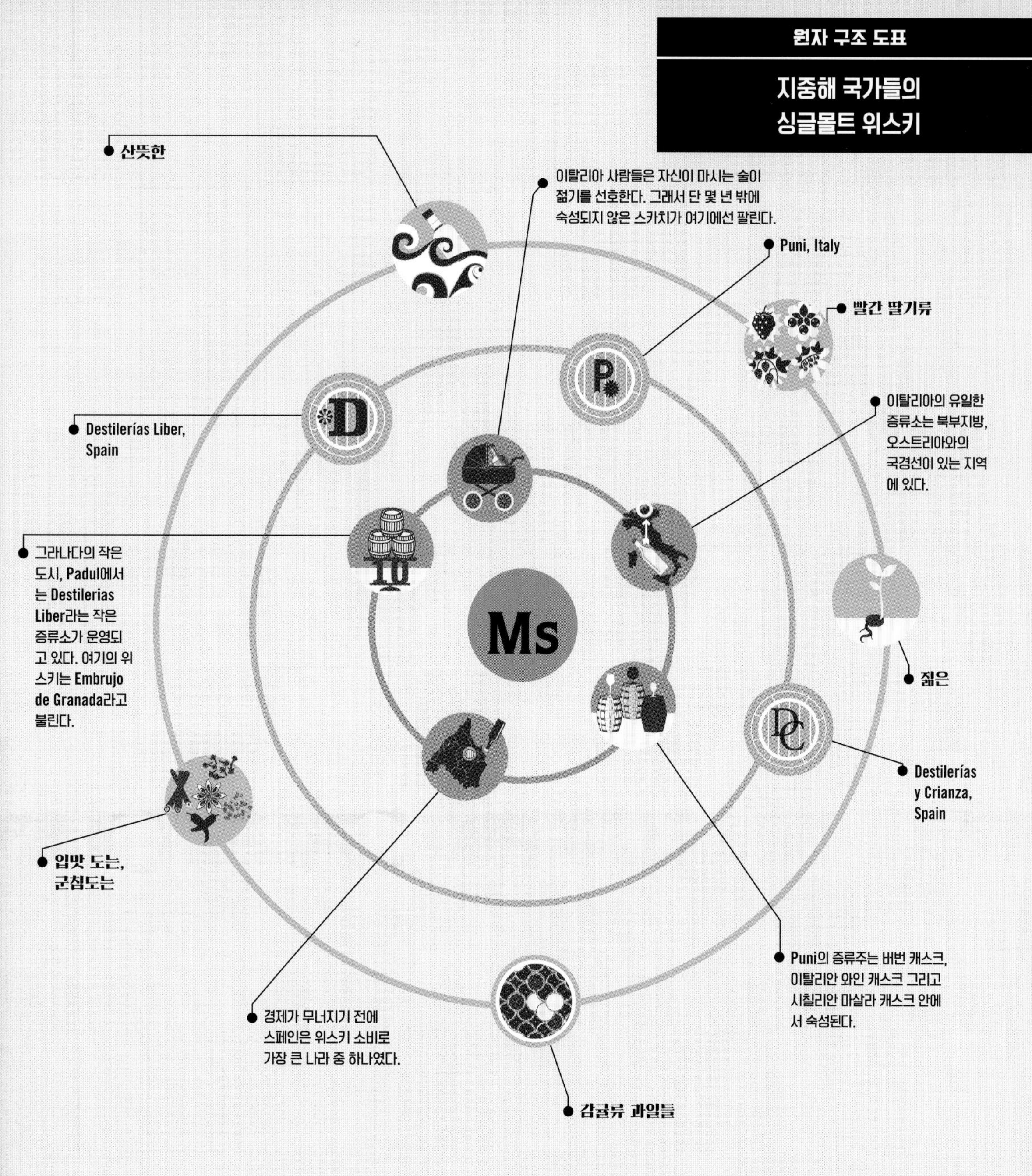
산뜻한
이탈리아 사람들은 자신이 마시는 술이 젊기를 선호한다. 그래서 단 몇 년 밖에 숙성되지 않은 스카치가 여기에선 팔린다.
Puni, Italy
빨간 딸기류
Destilerías Liber, Spain
이탈리아의 유일한 증류소는 북부지방, 오스트리아와의 국경선이 있는 지역에 있다.
그라나다의 작은 도시, Padul에서는 Destilerias Liber라는 작은 증류소가 운영되고 있다. 여기의 위스키는 Embrujo de Granada라고 불린다.
Ms
젊은
Destilerías y Crianza, Spain
입맛 도는, 군침도는
Puni의 증류주는 버번 캐스크, 이탈리안 와인 캐스크 그리고 시칠리안 마살라 캐스크 안에서 숙성된다.
경제가 무너지기 전에 스페인은 위스키 소비로 가장 큰 나라 중 하나였다.
감귤류 과일들

그림 설명 = 테이스팅 노트 = 추천 증류소 = 흥미로운 점

원산지: 스웨덴
알코올 도수: 43%-60%
곡물: 맥아 보리
캐스크: Ex-Bourbon, Ex-Sherry, Ex-Port Pipes

스웨덴 싱글몰트 위스키

전세계의 신흥 위스키 생산국들 중에 신생 증류소의 숫자나 생산하는 주정의 높은 기준에 있어서 오직 호주만이 스웨덴의 상대가 된다.

Mackmyra는 몇 년 전 새로운 길을 열었다. Spirit of Hven의 소유권은 현재 시장에 열려있는 상태이며, Box 또한 그들과 함께 할 준비가 된 상태이다. 많은 증류소들이 이 준비과정의 길을 함께 밟고 있다.

스웨덴 사람들은 스카치 위스키에 열광하고, 싱글몰트 스카치의 높은 기준을 모방하려고 노력한다. 한걸음 더 나아가 그들은 오랫동안 잊혀져 있던 보리의 품종들을 찾아내고, 최고급 오크에 투자하고 있다. 즉, 스웨덴의 위스키는 국가 고유의 독자성을 찾아가고 있는 셈이다. 그들의 피트는 발트해 밑에서 생산되며 매우 짠 편이다. 보리는 로컬 지역의 주니퍼 나뭇가지를 원료로 건조시킨다.

추천 위스키

Mackmyra Special 10 Year Old	짠맛과 후추향이 잘 조절된 입문용 위스키. 과일향이 풍부하고 달콤해 마시기 쉬운 편이다.	★
Spirit of Hven Dubhe	부드러운 피트감과 오크향, 약간의 바닐라, 약간의 꿀, 그리고 카다몬과 큐민향이 예민하고 섬세한 위스키.	★★
Mackmyra Svensk Rök	이 이름은 "스웨덴의 연기"라는 뜻. 성글지만 본래 Mackmyra 만큼 주도적인 느낌은 아니다. 약간의 짠맛과 고소한 향이 좋은 조화를 이룬다.	

★ 가장 덜 비싼/쉽게 구할 수 있는 ★★ 어느 정도 비싼/구하기 쉽지 않은
★★★ 값이 나가는/매우 귀한

원자 구조 도표

스웨덴 싱글몰트 위스키

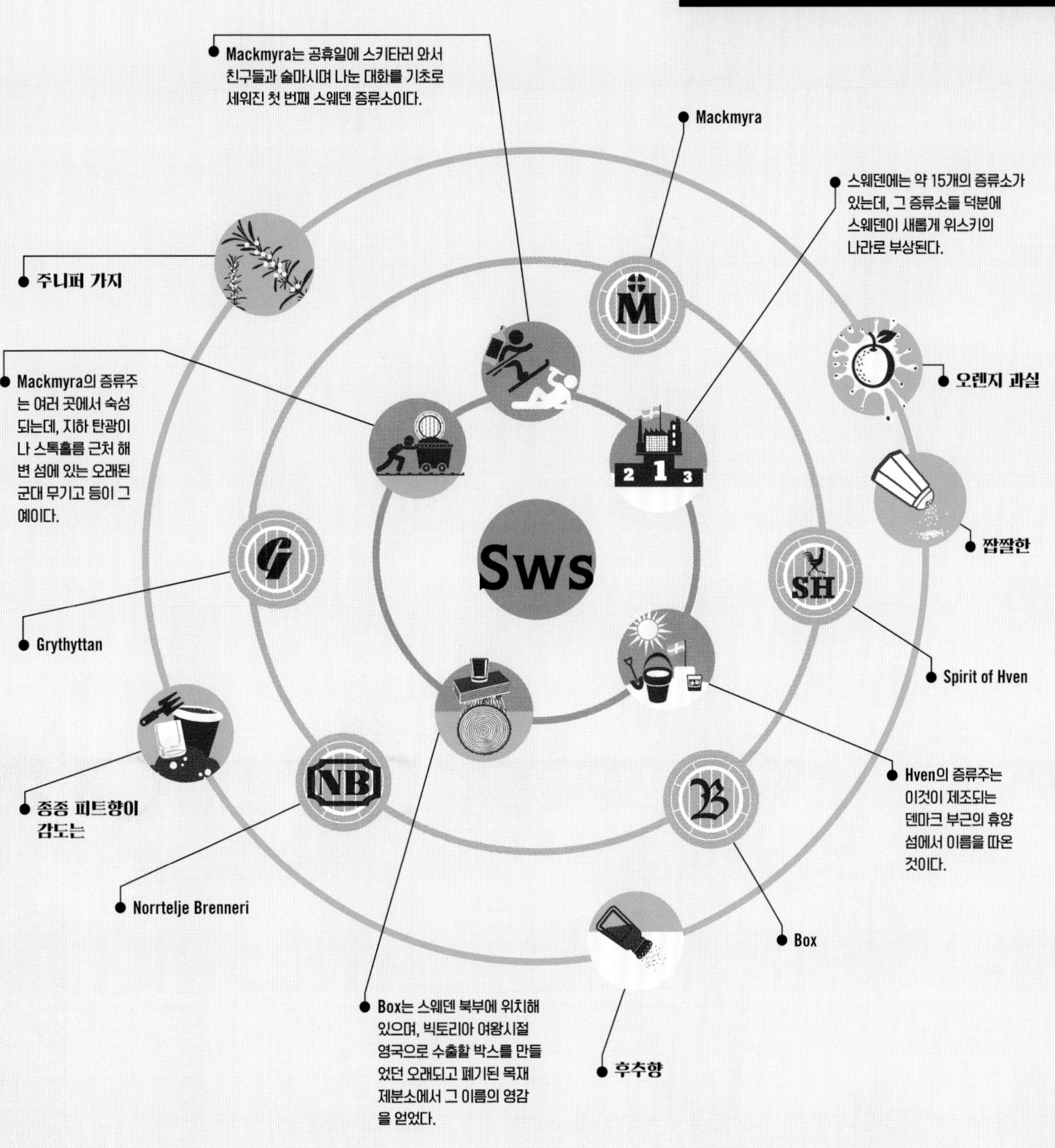

그림 설명 = 테이스팅 노트 = 추천 증류소 = 흥미로운 점

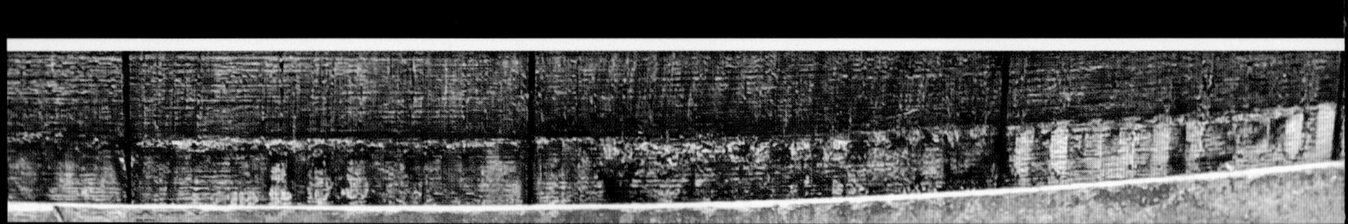

BLENDED WHISKIES

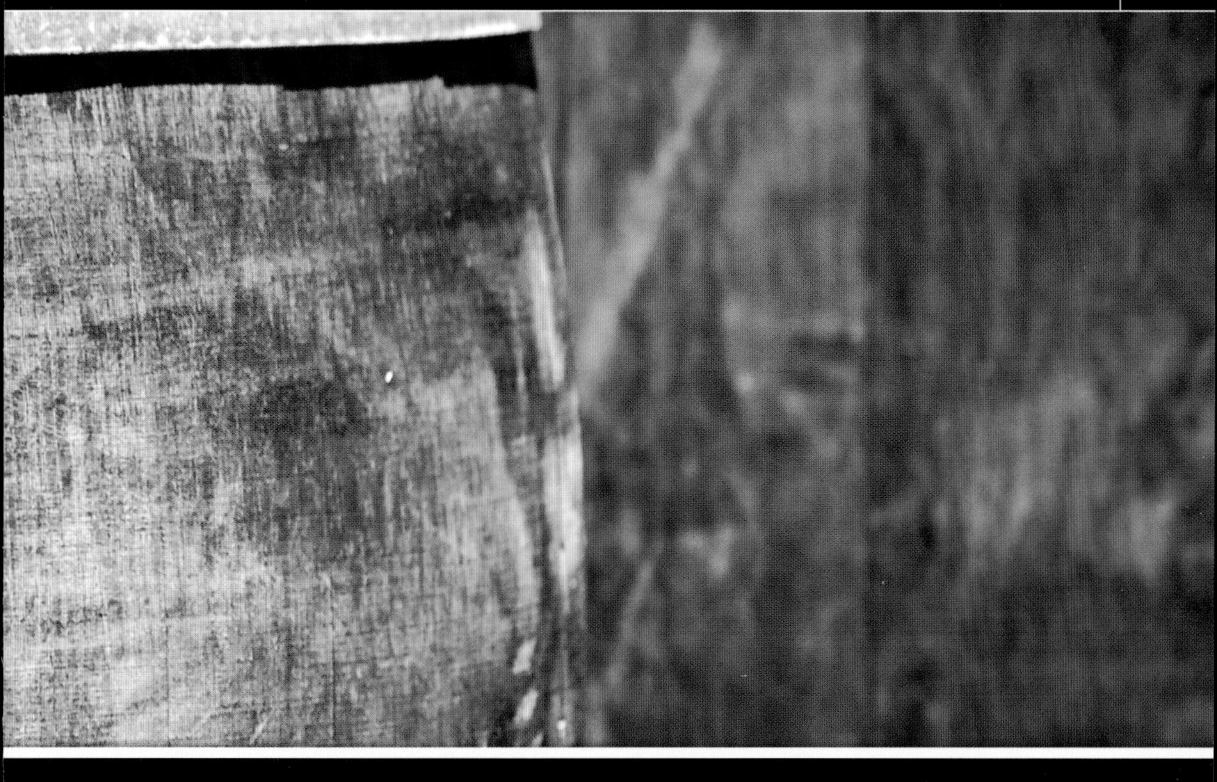

블렌디드 위스키

CHAPTER TWO

블렌디드 위스키는 자격이 있음에도
불구하고 최고의 평가를 받지 못한다.
이런 시각은 많은 경우에
싱글몰트는 하이 퀄리티고,
그에 비해 블렌디드 위스키는
그렇지 않다는 의미이다.
그러나 이것은 그리 단순한 문제가 아니며,
그런 만연한 평가는 정당하지 않다.

세상에는 정말 좋은 블렌디드 위스키가 많다. 만약 당신이 그건 단지 그 말을 증명하기 위한 예외를 댄 것이라고 논쟁한다면, 정말 많은 예외가 존재한다고 맞받아칠 수밖에 없다.

물론 스코틀랜드가 블렌디드 위스키 생산을 주도하긴 하지만, 유일한 생산국은 아니다. 그러나 '스카치'를 만드는 유일한 나라이다.

언제나 그런 것은 아니지만 보통 블렌디드 위스키는 여러 증류소의 싱글몰트들을 그레인 증류주와 섞은 것이다. 싱글몰트는 포트스틸을 이용하여 회기 단위로 생산되는데 반해, 그레인 위스키는 연속식 증류기나 증류탑으로 생산된다. 그레인 위스키는 싱글몰트에 비해 성격이 덜 분명하고, 생산기간이 짧으며 비용도 더 적게 든다. 그러나 곡물은 위스키를 보다 부드럽게 만들고, 밸런스가 잘 맞고, 풍미를 좋게 만들기 때문에 초기에 그런 특성들이 전세계의 많은 소비자들의 마음을 훔쳤다.

그런데 왜 블렌디드 위스키를 부정적으로 볼까?

간단하게 말해서 질 낮은 블렌디드 위스키들이 시장에 너무 많기 때문이다. 하물며 스코틀랜드에서도 그런 위스키들이 대량 생산된다. 몰트 증류주를 만드는 데에는 룰이 있는데 그것은 스코틀랜드의 오크통에서 3년 이상 숙성되어야 한다는 것과 알코올 도수가 40% ABV 이상이어야 한다는 것이다. 그러나 블렌디드 위스키에 부여되는 룰은 그 캐스크의 나이에 대해서는 아무런 제재를 하지 않는다. 결과적으로 오랜 사용으로 낡은 캐스크들이 블렌디드 위스키 시장에 모인다.

게다가 블렌딩되는 곡물이나 싱글몰트의 가짓수가 룰로 정해져있지 않다. 따라서 스카치 협회들의 피땀어린 노력에도 불구하고 10달러 안쪽인 "Clan Bagpipe" 같이 동네 상점에서 쉽게 볼 수 있는 위스키가 낡은 캐스크에서 딱 3년을 숙성하고, 80% 넘게 그레인 위스키를 함유하고, 캐스크 때문이 아닌 캐러멜 덩어리로 착색한 아름다운 밤색 컬러를 뽐낼 수 있는 것이다. 이것은 한마디로 색을 입힌 보드카, 그 이상도 이하도 아니다.

이것은 전세계 다른 곳들도 비슷한 실정이며, 단지 일각일 뿐이다. 잘 블렌딩된 위스키를 창조하기 위해 많은 스타일의 위스키들을 시도하고 실험하는 작업은 진정으로 어려운 일이다. 전 세계 곳곳에는 매우 숙련된 마스터 블렌더들이 있다. 그들은 비단 싱글몰트와 경쟁할 뿐 만 아니라 그것을 뛰어넘는 매우 질좋은 위스키를 생산한다. 가장 좋은 블렌디드 위스키는 그레인 위스키와의 밸런스가 뛰어나며, 리치한 뉘앙스와 섬세함이 가히 예술품이라 부를만하다.

이중에서도 프리미엄급의 블렌디드 위스키들은 수백 달러를 호가하며 전 세계에서 가장 오래된, 그리고 가장 귀한 위스키를 블렌딩 안에 포함하고 있다.

이 챕터에서 우리는 전 세계의 블렌디드 위스키를 볼 것이다. 블렌디드 위스키의 정의와 어떻게 만드는 것이 맞는지에 대한 개념은 생산지마다 다양하다. 어떤 나라는 외국의 위스키를 섞는 것을 허락하고, 아일랜드 같은 나라들은 여러 스타일의 자국 위스키를 사용한다. 또 여러 증류소의 몰트들을 사용하지만 다른 곡물을 쓰지 않는 위스키들도 보게 될 것이다.

블렌디드 몰트 위스키라고 알려진 이 위스키는 블렌디드 위스키와는 반대라고 볼 수 있다. 미묘하지만 중요한 차이가 있다.

원산지: 스코틀랜드
알코올 도수: 40%
곡물: 맥아 보리, 기타 그레인 위스키

스탠다드 스코티쉬 블렌디드 위스키

스코틀랜드의 블렌디드 위스키보다 더 잘 알려진 술은 거의 없다. 요즘처럼 싱글몰트에 대한 관심이 급증하는 것을 감안하더라도 시장에서 소비되는 스카치 10잔 중 9잔이 블렌디드 위스키이다.

블렌디드 위스키는 그레인 위스키를 여러 증류소의 싱글몰트들과 섞은 것이다. 스코틀랜드에서는 큰 위스키 회사들이 서로 몰트를 교환함으로써 모두 방대한 선택폭을 가진다. 그러나 모든 회사의 레시피가 다르고, 그것들은 매우 엄격하게 비밀로 지켜진다.

마스터 블렌더의 스킬로 인해 매번 위스키 캐스크들은 회기가 바뀌어도 블렌딩된 본연의 맛을 되살리며 유지할 수 있다. 물론 마스터 블렌더들에게는 블렌딩된 위스키의 몰트 양을 달리하거나, 혹은 몰트 대신 다른 것을 대체할 자유가 있다.

추천 위스키

Chivas Regal 12 Year Old	그린빛의 열대과일, 깔끔하고 달콤한, 기분 좋은 우디 계열의 노트.	★
Teacher's Highland Cream	배짱이 두둑하고, 거친 탁함이 대담하며, 진한 기운의 블렌디드 위스키. Ardmore 위스키와의 연관성을 보여주듯 거친 플레이가 특징이다.	★★
Johnnie Walker Black Label	틀림없는 프리미엄급 블렌디드 위스키. 다양한 캐릭터로 훌륭하게 만들어진, 스모키함과 과일향의 향연.	★★★

★ 가장 덜 비싼/쉽게 구할 수 있는 ★★ 어느 정도 비싼/구하기 쉽지 않은
★★★ 값이 나가는/매우 귀한

원자 구조 도표

스탠다드 스코티쉬 블렌디드 위스키

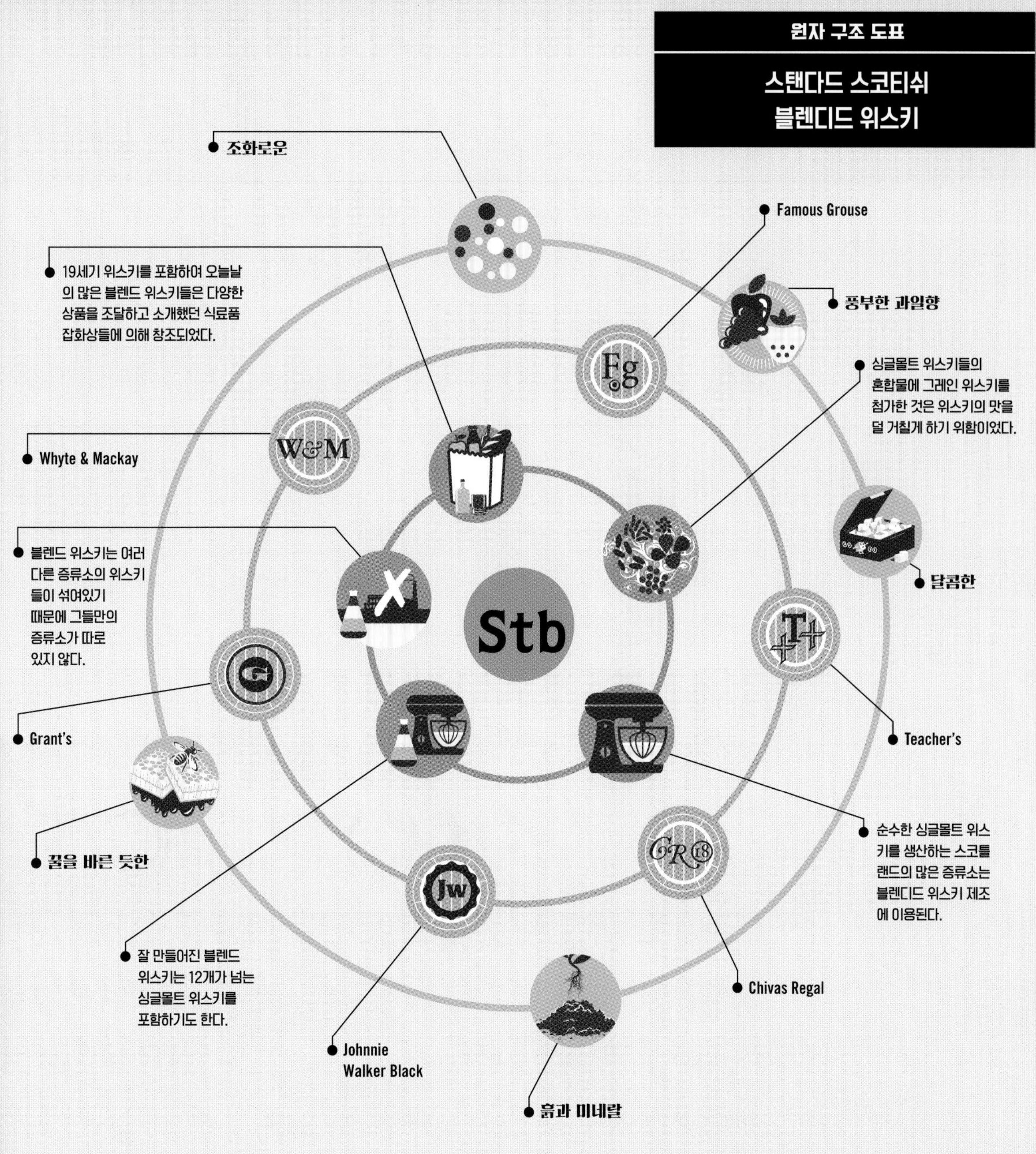

그림 설명 | = 테이스팅 노트 | = 추천 위스키 | = 흥미로운 점

원산지: 스코틀랜드
알코올 도수: 43%-50%
곡물: 맥아 보리, 기타 그레인 위스키

프리미엄 스코티쉬 블렌디드 위스키

블렌디드 위스키가 언제나 싱글몰트 위스키와 같은 수준으로 대접받진 않지만, 블렌디드 위스키 역시 전혀 뒤처지지 않는 높은 수준일 수 있다.

최근 몇 년 추세처럼 위스키 수요가 늘어나면 위스키 생산업자들은 문제에 봉착하게 된다. 증류소들은 제한된 양만큼만 생산할 수 있는데 위스키를 완전히 숙성하기 위해선 수년이 걸리기 때문이다. 그러나 영리하게 블렌딩된 프리미엄급 블렌디드 위스키의 경우 그 속도를 줄일 수 있다. 즉, 블렌디드 위스키 생산업자들은 그들의 레시피 안에서 덜 알려졌지만 온전히 좋은 다른 몰트를, 블렌딩의 질을 유지한 채 시도하고 교체할 수 있다. 참고로 블렌디드 위스키에 표기된 연도는 그 안에 섞여 있는 모든 위스키들이 표기연도 이상으로 숙성되었다는 최소연도를 의미한다.

추천 위스키

Ballantine's 17 Year Old	보리와 오크, 설탕과 향신료, 꿀과 시트러스와의 완벽한 균형이 빛나는, 복잡하고 정교한 위스키.	★
Cutty Sark 25 Year Old	오크향와 밀크초콜릿 노트가 즙 많은 건포도, 신선한 대추, 약간의 아몬드와 크리스마스 케익의 조화 위에 은은히 감돈다.	★★
Dewar's Signature	오래된 Aberfildy 몰트가 가진 하이랜드 오크향이 이 위스키의 단단한 척추라면, 달콤한 꿀과 시트러스 그리고 향신료가 그 위에 마법처럼 뿌려진 위스키.	★★★

★ 가장 덜 비싼/쉽게 구할 수 있는 ★★ 어느 정도 비싼/구하기 쉽지 않은
★★★ 값이 나가는/매우 귀한

원자 구조 도표

프리미엄 스코티쉬 블렌디드 위스키

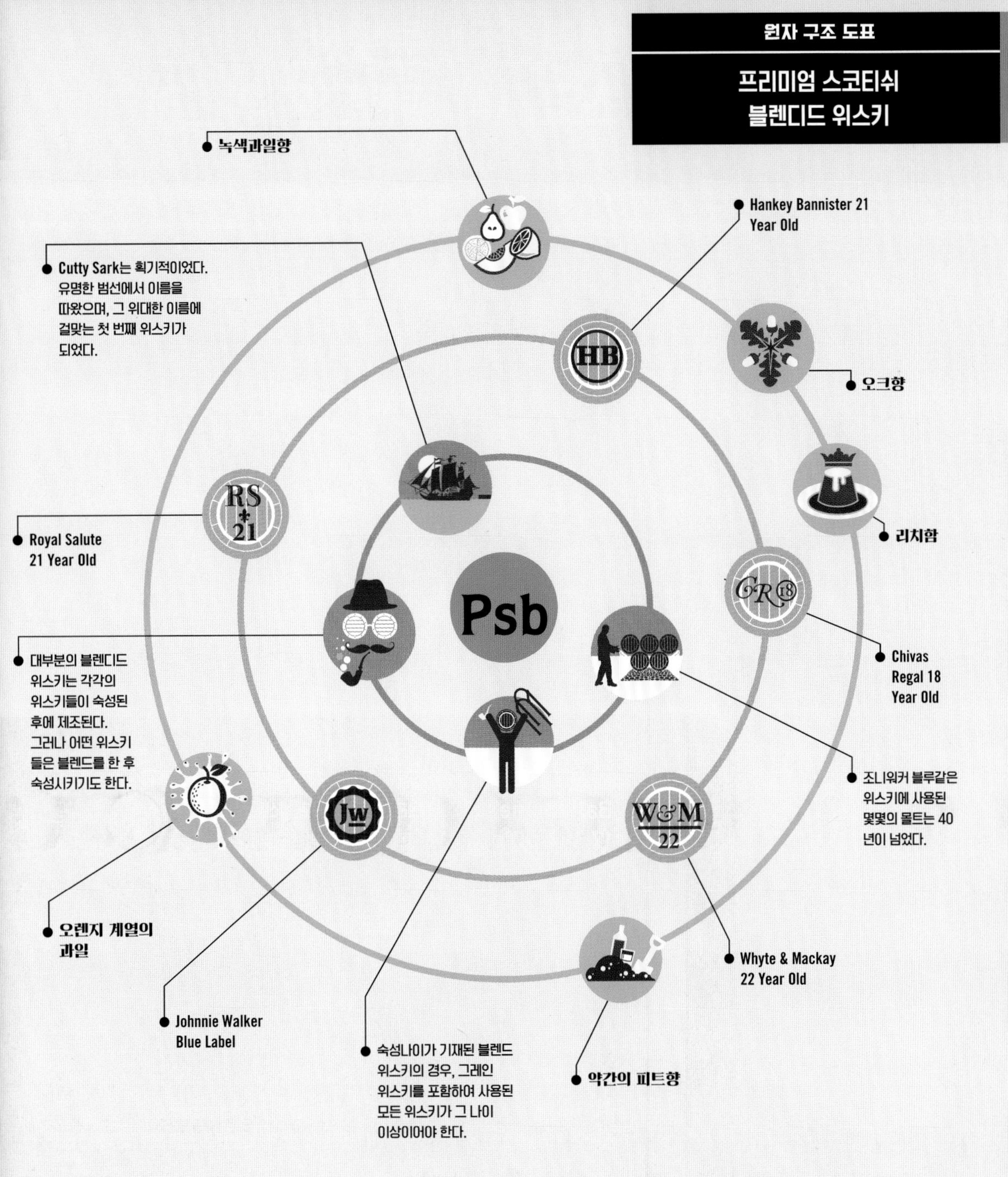

그림 설명 = 테이스팅 노트 = 추천 위스키 = 흥미로운 점

원산지: 스코틀랜드
알코올 도수: 40%-55%
곡물: 맥아 보리, 기타 그레인 위스키

희귀하고, 특별한 스코티쉬 블렌디드 위스키

매우 제한된 양만 생산되기 때문에 이 블렌디드 위스키들은 현재 최고급 꼬냑에 비견되며, 대만이나 러시아 등의 새로운 위스키 성지에서 감정가들을 유혹하고 있다.

공급이 충분치 않자, 스카치 산업에서는 수익을 극대화하기 위해 두 가지 접근방식을 채택했다. 하나는 젊은 위스키에 고급 포장을 하고 숙성기간을 표기 안한 채로 가격을 부풀려 여행상품으로 파는 것이다. 다른 하나는 가장 오래된 위스키에 희소성이라는 가치를 가지고 장난치는 것이다.

숙성이 오래된 것이 언제나 좋은 위스키를 의미하진 않는 건 당연하지만, 너무 오래되어 질이 떨어지기 직전에 어쩌면 엄청난 풍미가 뒤늦게 꽃필지도 모르는 게 위스키이다. 리커리시 풍미(강화와인을 담았던 통에서 나오는)가 그 예인데, 위스키에서 대부분 그것은 "대박"을 의미한다. 물론 이것은 가격과 직결되며 개인적으로 충분히 그럴만한 가치가 있다고 생각한다.

추천 위스키

William Grant's 25 Year Old	셰리와 오크로 시작하여 중앙에 꿀바른 과일 맛, 그리고 매운 우디향으로 마무리.	★
Ballantine's 30 Year Old	산뜻하고 쥬시하면서도 노장의 수많은 스토리가 담겨져 있다. 대단한 위스키.	★★
Hankey Bannister 40 Year Old	리치하고, 세련된 시트러스의 향이 살아있다. 세계적 수준의 위스키이며 최고의 싱글몰트와 어깨를 견줄 만하다.	★★★

★ 가장 덜 비싼/쉽게 구할 수 있는 ★★ 어느 정도 비싼/구하기 쉽지 않은
★★★ 값이 나가는/매우 귀한

원자 구조 도표

희귀하고, 특별한 스코티쉬 블렌디드 위스키

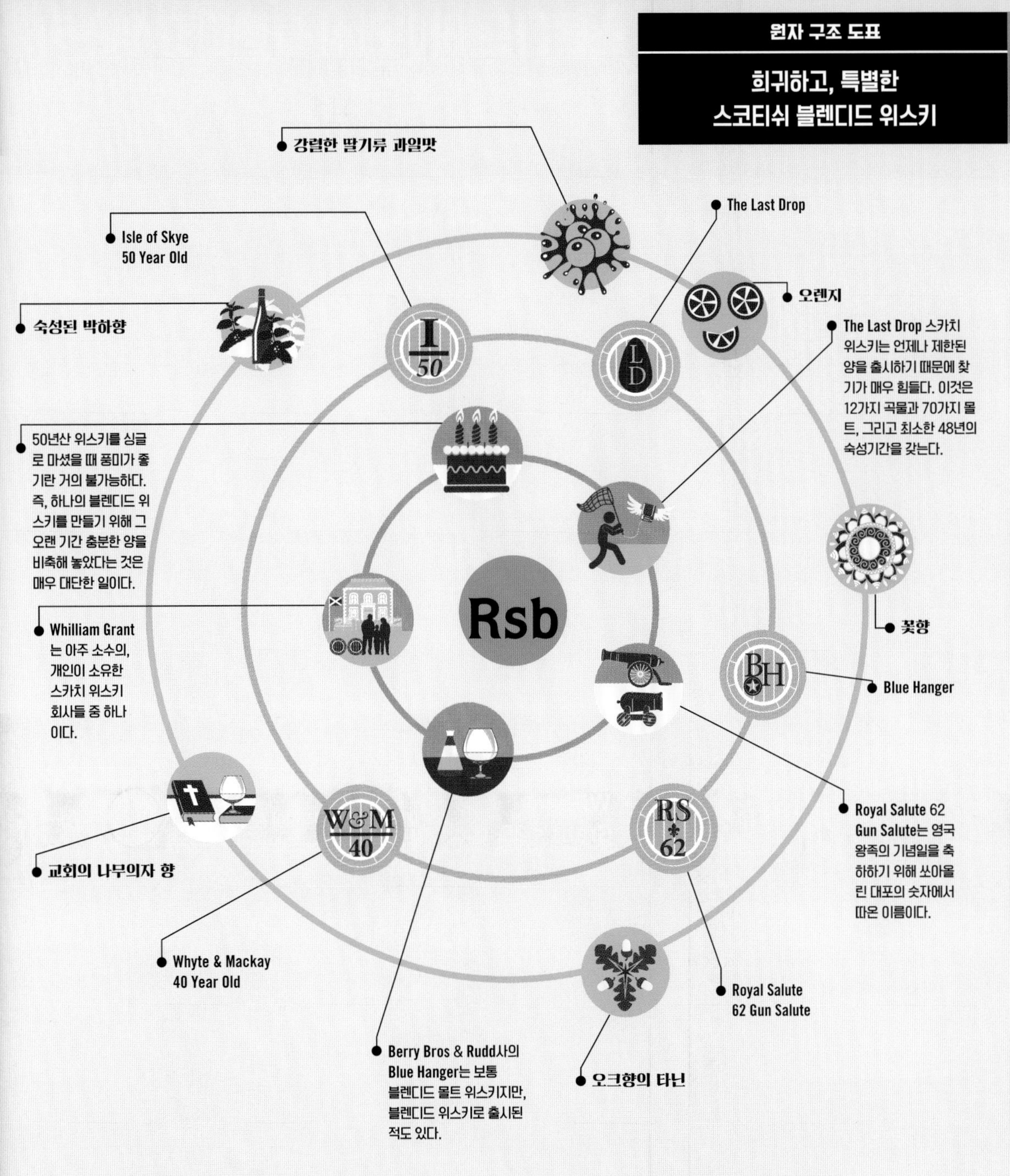

그림 설명 | = 테이스팅 노트 | = 추천 위스키 | = 흥미로운 점

원산지: 아일랜드, 북아일랜드
알코올 도수: 40%
곡물: 아일랜드 포트스틸, 기타 그레인 위스키

스탠다드 아이리쉬 블렌디드 위스키

한때 아일랜드 위스키가 전세계 최고급 만찬들을 전부 장악했기 때문에, 나중에 그 명예가 추락한 사건은 실로 엄청난 일이었다. 그 하락세는 부분적으로 스스로 자초한 것이었고, 또 한편으로는 운이 좋지 않았고, 무엇보다 스코틀랜드와의 경쟁에서 상대의 맹공격이 시작됐기 때문일 것이다.

1960년대, 아일랜드 위스키는 거의 멸종 위기였다. 북부의 Bushmill's 같이 살아남은 생산자들은 Irish Distillers(아일랜드 증류가 연합)를 조직하고 스카치로부터 구별되는 아일랜드 위스키의 고유성을 정의내렸다. 피트감이 없으며, 포트스틸 증류주와 그레인 위스키의 블렌드를 세 번 증류하여 알코올 농도 40도에서 병입하는 위스키로 말이다.

한동안은 이런 시도가 업계에서 큰 반향을 불러오는 듯 했다. 그러나 독립회사인 Cooley가 싱글몰트 라인과 피트감있는 아일랜드 위스키를 시작하면서 큰 항의가 잇따랐고, 그것은 아일랜드 위스키 미래에 새로운 위협이 되었다. 물론 Cooley로써는 정반대의 효과가 났지만 말이다. 요즘의 블렌디드 위스키는 다양한 아일랜드 위스키의 세계에서 단지 한 부분을 차지할 뿐이다.

추천 위스키

Jameson	가장 유명한, 명실공히 최고의 아이리쉬 위스키. 행여나 못 마셔본 사람이 있다면 꼭 시도해봐야 하는 완벽한 아이리쉬 위스키.	★
Black Bush	셰리의 풍미가 감도는 기분좋은 아이리쉬 위스키. 풍부한 건포도로 시작해서 달콤하고 맛좋은 향신료가 전투를 벌이며 마무리.	★★
Locke's	단것에 중독되었다면 당신을 위한 위스키. 끝없는 벌꿀의 향연이 꽤 묵직하게 다가오는 특별함.	★★★

★ 가장 덜 비싼/쉽게 구할 수 있는 ★★ 어느 정도 비싼/구하기 쉽지 않은
★★★ 값이 나가는/매우 귀한

원자 구조 도표

스탠다드 아이리쉬 블렌디드 위스키

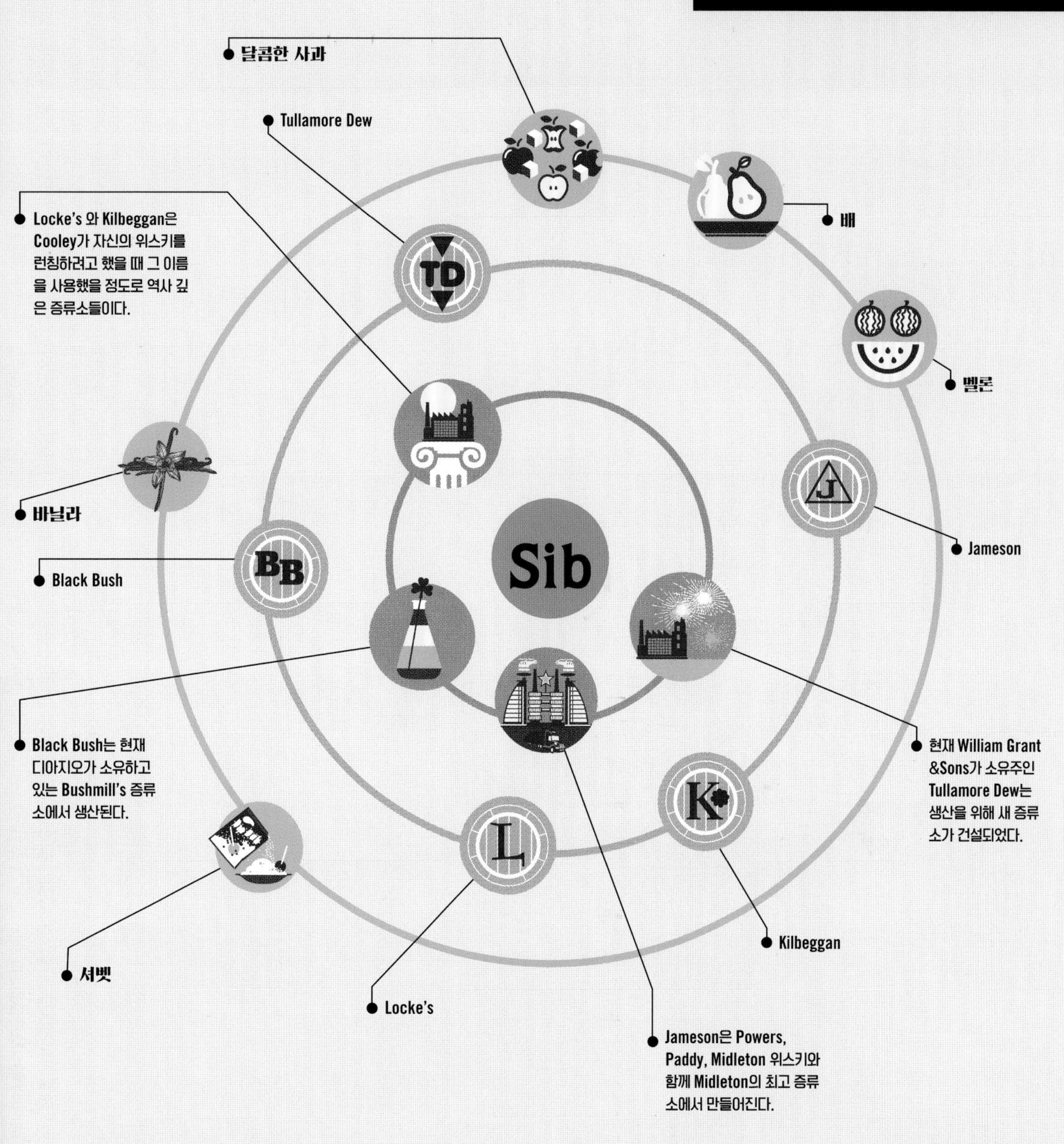

그림 설명 = 테이스팅 노트 = 추천 위스키 = 흥미로운 점

원산지: 아일랜드

알코올 도수: 40%-46%

곡물: 포트스틸 위스키, 기타 그레인 위스키

프리미엄 블렌디드 아이리쉬 위스키

Cooley의 독불장군들이 그들의 싱글몰트와 피트감있는 아일랜드 위스키로 사람들의 관심과 사랑을 독차지할 때쯤 Irish Distillers'(아일랜드 증류가 연합)는 그것을 위협하는 데에 온 힘을 실었다.

Irish Distillers'는 그들의 포트스틸 위스키 생산량을 늘리고, 이미 독점하고 있는 시장 부문을 강화하는 것으로 응답했다. 그들은 새롭게 제임슨의 최고급 버전을 출시하기 시작했다. 더 질이 좋은 포트스틸과 독특한 나무들을 이용하여 다양한 상품들이 출시되면서 알코올 도수 43%와 46%의 위스키들이 속출하기 시작했다. 전에는 볼 수 없었던 스타일의 프리미엄급 아일랜드 위스키였다. Cooley가 황금기의 새벽종을 울린 것이다.

아일랜드 위스키 생산자들은 그들의 위스키를 블렌디드 위스키라 부르지 않는 것을 선호하며, 직접적으로 스카치 블렌디드 위스키와 비교하지도 않는다. 역사적으로 Jameson, Paddy, Powers 같은 위스키들은 한때 스카치 싱글몰트가 그랬던 것처럼 생산과 판매가 모두 다른 지역에서 이뤄졌다.

추천 위스키

Jameson Rarest Vintage Reserve	아마도 다수의 증류소가 공동 작업한 위스키들 중 가장 성공한 케이스일 것이다.	★
The Wild Geese Rare Irish	스트레이트로도 완벽하지만 칵테일로도 사랑받는다. 시트러스 과일들, 구스베리 맛에 꽃향의 노트 중에서도 후추향이 감도는 허니서클 꽃향기.	★★
Kilbeggan 15 Year Old	달콤하고 꽃향 가득한 과일이 심장이라면 구운 시리얼과 오크향으로 인해 그 심장이 요동치는 듯.	★★★

★ 가장 덜 비싼/쉽게 구할 수 있는 ★★ 어느 정도 비싼/구하기 쉽지 않은
★★★ 값이 나가는/매우 귀한

원자 구조 도표

프리미엄 블렌디드 아이리쉬 위스키

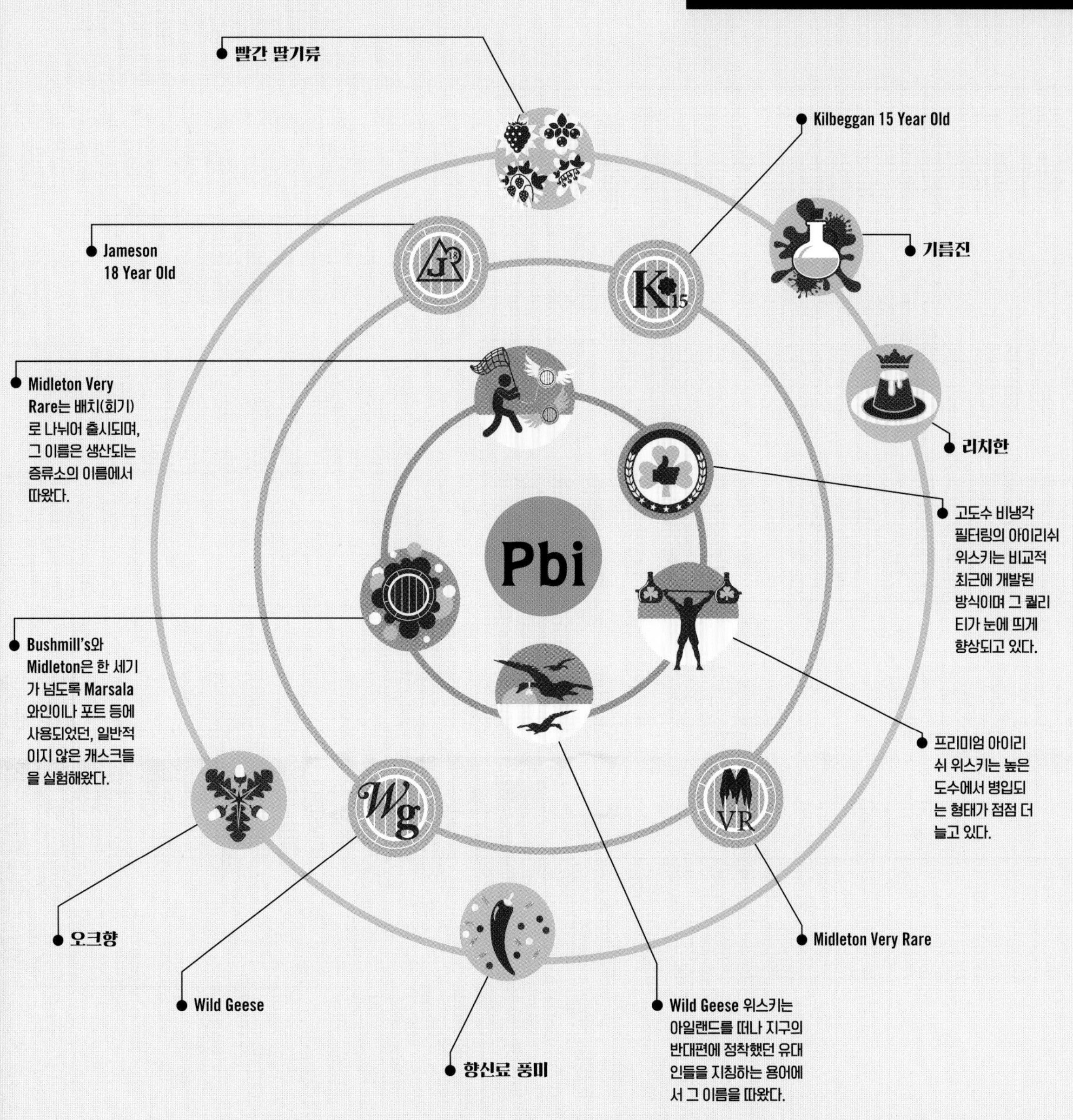

그 림 설 명 = 테이스팅 노트 = 추천 위스키 = 흥미로운 점

원산지: 일본, 스코틀랜드
알코올 도수: 40%-51%
곡물: 맥아 보리, 기타 그레인 위스키

일본 스탠다드 블렌디드 위스키

스코틀랜드에서는 위스키 생산자들이 그들의 위스키를 서로 공유하는 것에 동의하고 있다. 모두가 블렌디드 위스키를 만들 때 가능한 최고의 몰트 옵션을 가질 수 있도록 하기 위해서이다.

일본에는 딱 두 회사가 두각을 나타내는데, 그들은 자신의 몰트를 서로에게 제공하지 않는다. 그러므로 블렌딩할 위스키를 선택할 때 생산자들은 두 가지 옵션이 있다. 하나는 스코틀랜드 증류소를 인수해서 스카치 위스키 블렌딩에 사용하는 것이다. 또 하나는 여러 종류의 스틸과 증류탑, 포트스틸들, 다양한 이스트와 캐스크들이 구비된 복합증류소를 만드는 것이다.

일본 회사들은 두 가지 옵션을 모두 채택하였으나, 스코틀랜드 몰트를 사용하는 것은 그들의 블렌딩을 약화시키는 결과를 낳았다. 안타깝다! 일본의 위스키는 바디가 크고 풍미가 가득한 위스키인데 약화라니. Hibiki와 Nikka만 봐도 굵직굵직한 국제대회에서 매번 우승을 거두는 위스키들이다.

추천 위스키

Hibiki 12 Year Old	온화하며 달콤한 위스키. 코에선 자두 리큐르향이, 입안에선 시트러스와 바닐라의 향연이.	★
Ginko	토피와 초콜릿 풍의 부드럽고, 향기로운, 가볍게 마시기 좋은 위스키.	★★

★ 가장 덜 비싼/쉽게 구할 수 있는 ★★ 어느 정도 비싼/구하기 쉽지 않은

원자 구조 도표

일본 스탠다드 블렌디드 위스키

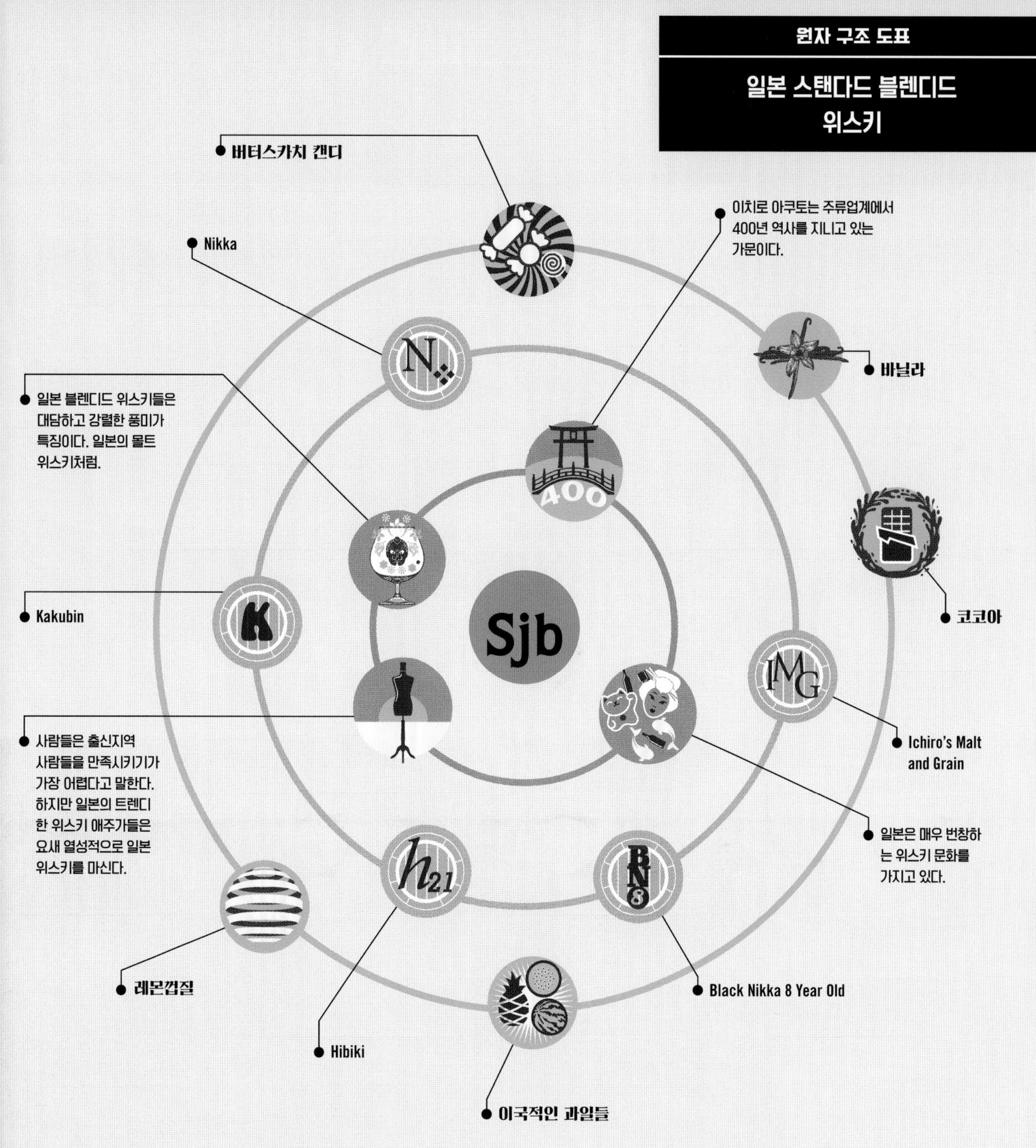

그림 설명 | = 테이스팅 노트 | = 추천 위스키 | = 흥미로운 점

원산지: 일본
알코올 도수: 43%-51%
곡물: 맥아 보리, 기타 그레인 위스키

일본 프리미엄 블렌디드 위스키

일본 위스키업계가 당면한 가장 큰 문제는 그들이 엄청난 성공을 했다는 것이다. 1990년대 까지만 하더라도 굵직한 생산자들조차 그들의 위스키가 전 세계의 모든 상을 휩쓸 거라고는 상상도 하지 못했다.

그들은 계속되는 수요를 충족시키기 위해 필요한 만큼의 재고를 쌓아 두지 않았다. 결과적으로 20년이 넘는 일본 싱글몰트과 그레인 위스키를 찾기란 꽤 어려워진 셈이다. 헤아릴 수 없을 만큼 상을 받고 세계적으로 갈채를 받는 프리미엄 블렌드 Hibiki 21년산은 특히 찾기가 매우 어렵다.

다른 일본 프리미엄 블렌드들 역시 대단히 훌륭한 밸런스를 지녔고, 실크같은 목넘김의 곱고 부드러운 성격과 터질 듯한 풍미를 동시에 잘 구현해왔다. 특히 Nikka의 몇몇 라인은 매우 합리적인 가격이지만 찾기가 매우 어렵다.

추천 위스키

Suntory Old	나이가 명시되어 있지 않지만 셔벗의 맛있는 믹스, 그리고 바닐라 아이스크림과 초콜릿소스, 고소한 헤이즐넛.	★
Nikka Rare Old Super	맛있는 블렌디드 위스키들 중에서도 그 맛에서 오크가 탁, 탁 소리를 내며 타오르고 피트향의 떨림과 진한 포푸리향이 넘실대는 듯한 특별한 위스키.	★★
Hibiki Aged 21 Year Old	세계에서 가장 잘 만든 위스키로 한번 이상 선정된, 어찌 보면 이 모든 것의 아버지 격. 오렌지 마멀레이드, 과일케이크, 체리 그리고 건포도.	★★★

★ 가장 덜 비싼/쉽게 구할 수 있는 ★★ 어느 정도 비싼/구하기 쉽지 않은
★★★ 값이 나가는/매우 귀한

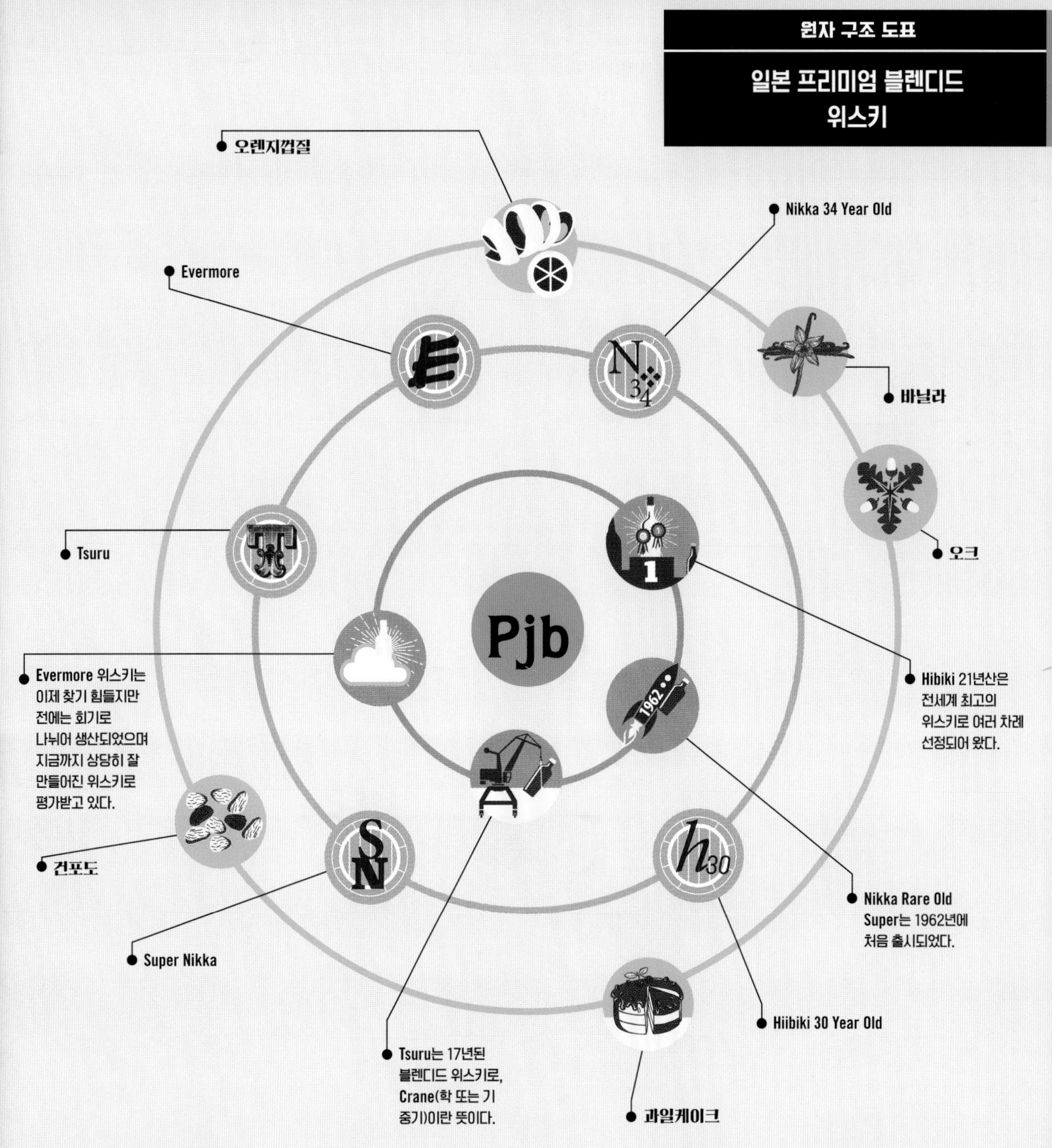

그림 설명 = 테이스팅 노트 = 추천 위스키 = 흥미로운 점

원산지: 프랑스, 코르시카
알코올 도수: 40%-42%
곡물: 맥아 보리, 기타 그레인 위스키, 밤, 메밀

프랑스 블렌디드 위스키

프랑스는 위스키 소비의 온상이며 생산 면에서도 프랑스 특유의 접근방식이 존재하는 듯하다. 엄청나게 공을 들이지만, 어딘가 의도적으로 색다르달까?

대부분의 프랑스 사람들은 위스키 만드는 것에 관해서 시시하게 여긴다. 엄격한 기준을 가지고 일하며, 그들의 작업에 대해 큰 자부심을 가지지만 몰 수 있는 데까지만 스스로를 몰아세운다.

한 증류소는 메밀로 위스키를 만든다. 대부분의 사람들은 그것을 정확히 그레인 위스키라고 취급하진 않을 지 몰라도 프랑스 정부는 그것을 위스키로 분류한다. 또 하나의 위스키 재료로는 밤이 들어있는 맥주를 사용하는데, 그것은 프랑스 사람들이나 프랑스 정부 둘 다 위스키로 허용하지 않는다.

순수주의자들은 동의하지 않겠지만, 이러한 재료들이 상품의 다양성과 질에 고유의 스타일을 제공한다는 사실만큼은 부인하기 힘들 것이다.

추천 위스키

Breizh	아주 높은 몰트 함유량(50%)이 특징. 리커리쉬와 단 배의 부드럽고 달콤함.	★
Eddu Grey Rock	해안가의 싸한 맛, 충분한 과일향, 약간의 스모크가 감도는 혈기왕성하고 무정부주의적인 위스키.	★★
P&M Supérieur	몇몇의 동료 위스키들에 비해 덜 달며 너트, 향신료 느낌, 녹지의 향기로움에 잘 만들어진 음식의 풍미까지 가득하다.	★★★

★ 가장 덜 비싼/쉽게 구할 수 있는 ★★ 어느 정도 비싼/구하기 쉽지 않은
★★★ 값이 나가는/매우 귀한

원자 구조 도표

프랑스 블렌디드 위스키

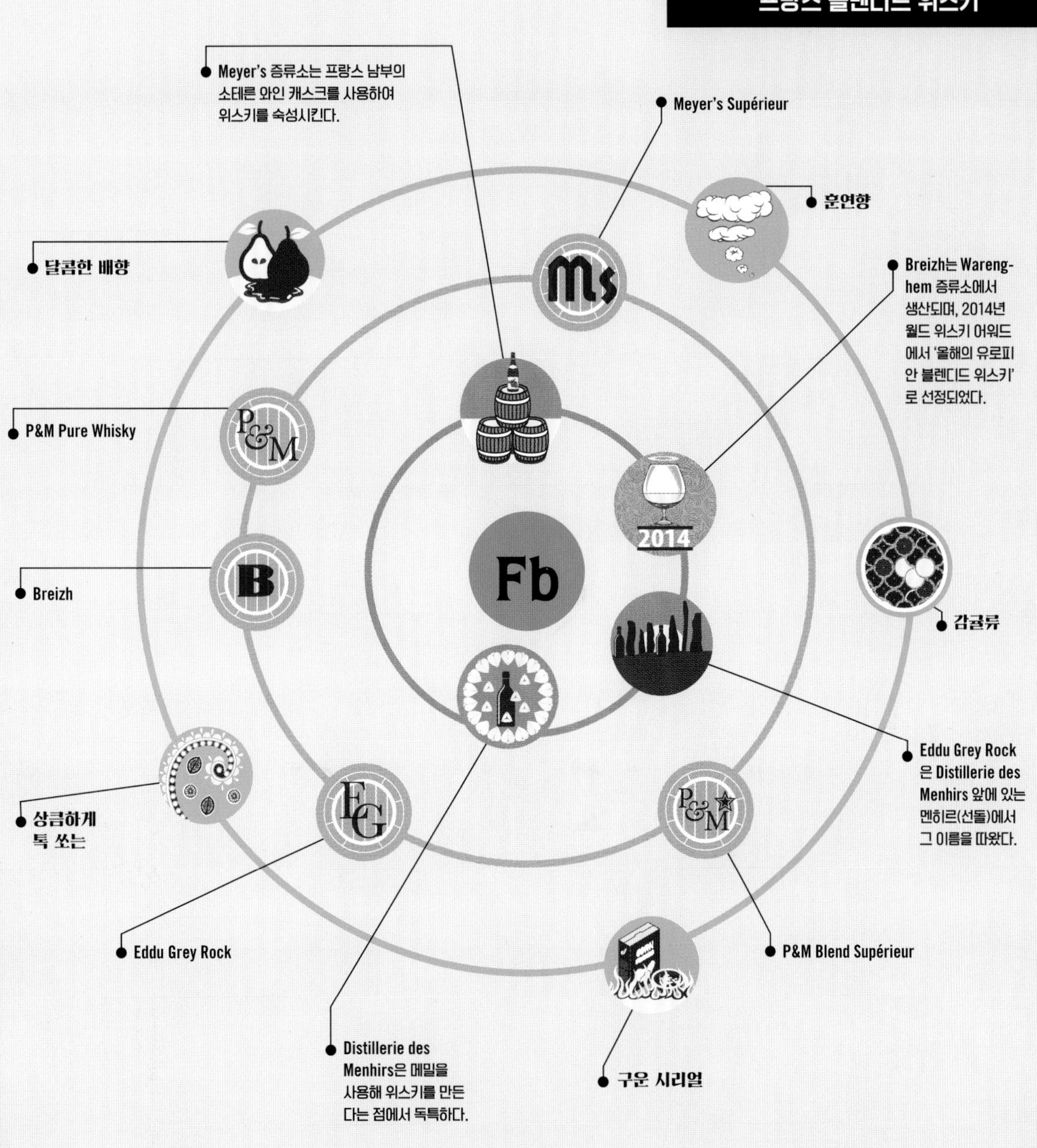
Meyer's 증류소는 프랑스 남부의 소테른 와인 캐스크를 사용하여 위스키를 숙성시킨다.
Meyer's Supérieur
훈연향
달콤한 배향
Breizh는 Wareng-hem 증류소에서 생산되며, 2014년 월드 위스키 어워드에서 '올해의 유로피안 블렌디드 위스키'로 선정되었다.
P&M Pure Whisky
2014
Fb
Breizh
감귤류
Eddu Grey Rock은 Distillerie des Menhirs 앞에 있는 멘히르(선돌)에서 그 이름을 따왔다.
상큼하게 톡 쏘는
Eddu Grey Rock
P&M Blend Supérieur
Distillerie des Menhirs은 메밀을 사용해 위스키를 만든다는 점에서 독특하다.
구운 시리얼

그림 설명 = 테이스팅 노트 = 추천 위스키 = 흥미로운 점

원산지: 인도, 스코틀랜드

알코올 도수: 해당 없음

곡물: 맥아 보리, 기타 그레인 위스키, 당즙

인도 블렌디드 위스키

인도의 블렌디드 위스키 마켓은 이해하기가 조금 어려운 편인데, 이유는 시장 자체가 크고, 체계가 잡혀있지 않기 때문이다. 또 판매되는 위스키의 상당수가 실제로는 전혀 위스키가 아니기 때문이다.

인도에는 두 개의 퍼스트클래스(first class) 싱글몰트 증류소가 있고 세 개의 아직 과정중인 증류소가 있다. 그러나 블렌디드 위스키 쪽은 어쨌든 매우 복잡하다. 스카치 위스키는 인도의 중산층이 마신다. 방대한 인구수의 빈곤층 위스키 애호가들은 세계적인 기업의 블렌디드 위스키인 Mcdowell's 나 Bagpiper, 또 그 외에도 몰라시스 사탕수수로 만든 어린 증류주에 위스키향을 가미한 공업용 증류주를 선택한다. 인도가 무시할 수 없는 큰 시장임에는 틀림없다. 그러나 그들이 블렌디드 위스키라고 생산하는 많은 상품들은 단지 이름만 위스키일 뿐이다. 진짜 위스키는 아니다.

왜 시도해봐야 할까?

인도는 위스키에 목말라하는 나라이지만 스카치 위스키는 대다수의 인도인들에게는 너무 비싸다. 결과적으로 몰라시스 사탕수수로 만든, 달고 싸고 위스키라도 할 수 없는 로컬 위스키들의 과잉이 존재한다.

그나마 Bagpiper나 Mcdowell's 같은 인도 위스키들은 위스키에 바디감과 깊이감을 더해주는 스카치 싱글몰트가 약간 들어있음에도 불구하고 일종의 특이한 수집품에 가깝다.

아마 쉽게 마실 수 있고, 달콤한 술을 찾고 있다면 이것을 좋아할 것이라는 인상으로 어필하고 있는 것 같다. 사실상 전부 특정한 맛이 없고 달달하며 단조롭고 꿀맛이 난다. 싫을 게 없는 맛이며 칵테일로 마시기에도 나쁘지 않다.

원자 구조 도표

인도 블렌디드 위스키

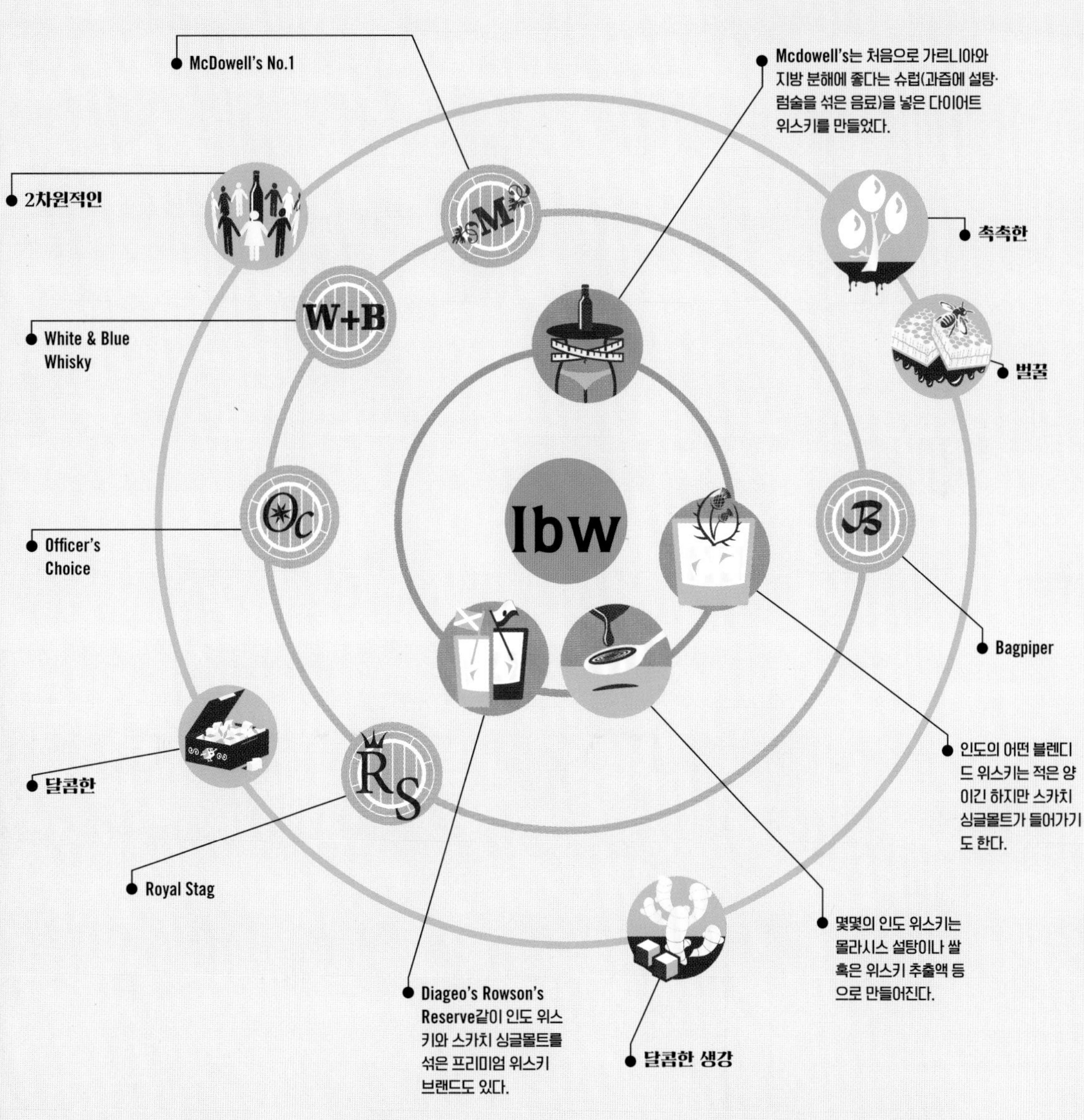

그림 설명 = 테이스팅 노트 = 추천 위스키 = 흥미로운 점

원산지: 남아프리카공화국, 스코틀랜드

알코올 도수: 43%

곡물: 남아공산 맥아 보리, 스코틀랜드산 맥아 보리

남아프리카공화국 블렌디드 위스키

위스키 산업이 작은 나라들 대부분은 블렌디드 위스키를 만들 때 문제에 봉착한다. 그 이유는 질좋은 블렌디드 위스키를 만들기 위해 로컬에서 생산되는 것보다 더 좋고, 다양한 위스키 종류가 필요하기 때문이다.

이런 상황에서 많은 증류소들이 대처하는 방식은 다른 곳에서(보통은 스코틀랜드) 위스키를 사오는 것이다. 남아프리카 공화국의 거대 주류회사 Distell 역시 그런 방식으로 일본의 큰 생산자들을 따라했고, 그에 더 나아가 Bunnahabhain, Fobermory, Deanston 증류소를 소유하고 있는 스코틀랜드 증류사 그룹 Burn Stewart를 아예 인수하기까지 했다. 자사 제품인 Three Ships의 라인과 Bains의 그레인 위스키가 다수의 상을 휩쓴걸 보면 이 회사가 곧 수출시장에서 크게 활약할 것으로 기대된다.

추천 위스키

위스키	설명	등급
Three Ships Premium Select 5 Year Old	코끝에 감도는 구운 오크, 잘 익은 황금빛 과일 그리고 스모크. 산뜻함과 풍부한 과일향이 달콤한 사과즙이 남긴 흔적과 함께 입 안 가득 고인다. 큐민, 파프리카, 세련된 고수향의 피니쉬.	★
Three Ships Bourbon Cask Finish	진한 캔디맛, 바닐라노트, 버번우드향이 감도는, 진한 메이플시럽 풍미에 토피크림이 끝부분에 살짝.	★★

★ 가장 덜 비싼/쉽게 구할 수 있는 ★★ 어느 정도 비싼/구하기 쉽지 않은

원자 구조 도표

남아프리카공화국 블렌디드 위스키

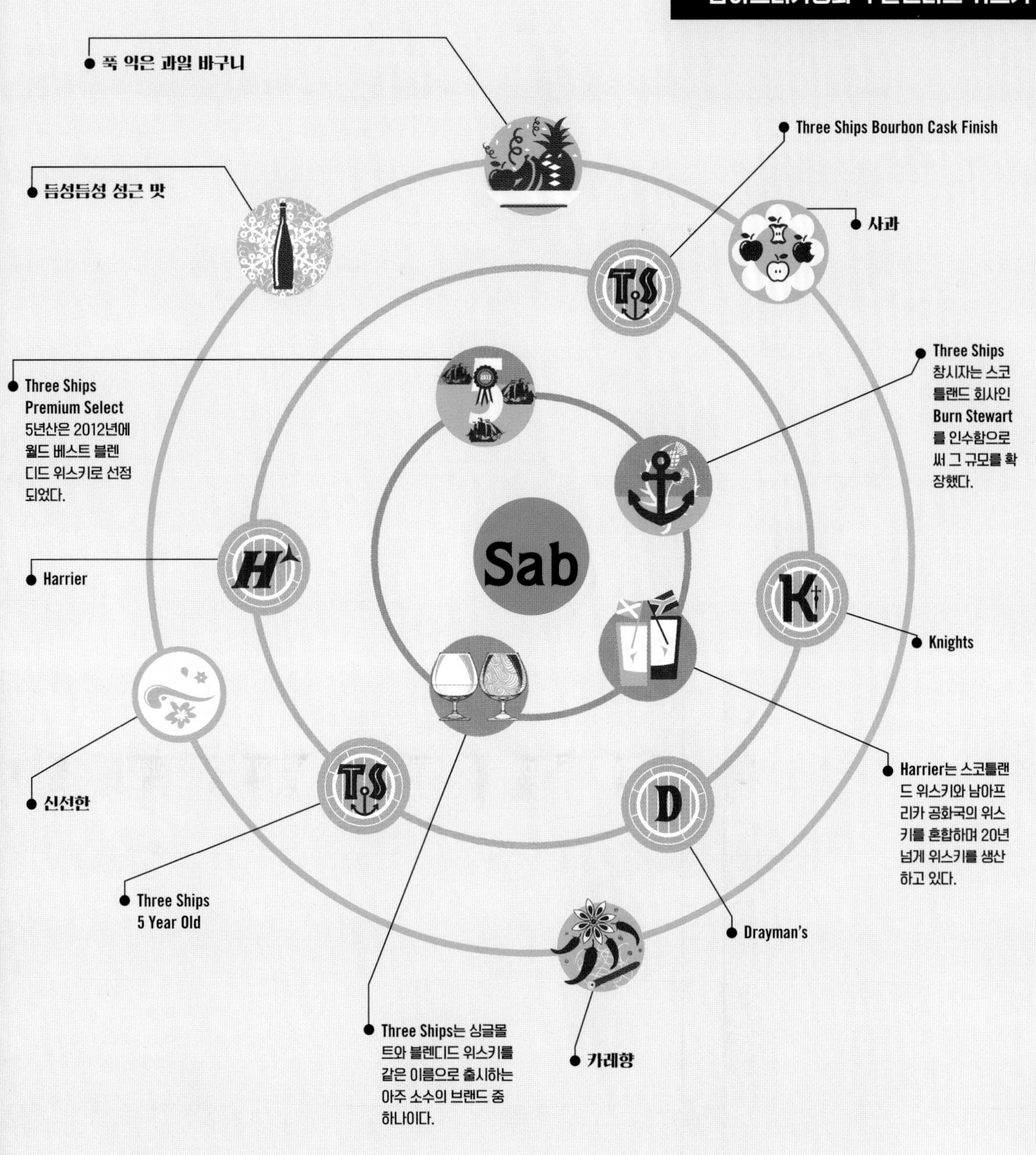

푹 익은 과일 바구니
듬성듬성 썽근 맛
Three Ships Bourbon Cask Finish
사과
Three Ships Premium Select 5년산은 2012년에 월드 베스트 블렌디드 위스키로 선정되었다.
Three Ships 창시자는 스코틀랜드 회사인 Burn Stewart를 인수함으로써 그 규모를 확장했다.
Sab
Harrier
Knights
신선한
Harrier는 스코틀랜드 위스키와 남아프리카 공화국의 위스키를 혼합하며 20년 넘게 위스키를 생산하고 있다.
Three Ships 5 Year Old
Drayman's
Three Ships는 싱글몰트와 블렌디드 위스키를 같은 이름으로 출시하는 아주 소수의 브랜드 중 하나이다.
카레향

그림 설명 = 테이스팅 노트 = 추천 위스키 = 흥미로운 점

원산지: 스페인, 스코틀랜드
알코올 도수: 40%-43%
곡물: 맥아 보리, 기타 그레인 위스키

스페인 블렌디드 위스키

스페인의 위스키 기준은 최근 몇 년 사이에 많이 발전해왔고, 그 성장의 중심에는 Destilerias y Crianza(DYC)가 존재해왔다. 위스키 생산에 있어서 일종의 원-스탑-샵(한꺼번에 여러 가지를 다 쇼핑하고 해결할 수 있는 곳)인 셈이다.

마드리드에서 한 시간쯤 북쪽에 위치하고 있는 DYC 부지에 가면 상당한 크기의 포트스틸 증류소와 증류탑, 수제 진을 포함한 다른 증류주들을 생산하기 위한 중간 사이즈의 다양한 스틸들, 병입공장, 포장지대 등을 볼 수 있다. 하물며 파워풀한 발전기도 자리잡고 있다.

DYC는 Bean Global이 소유하고 있다. 어쩌면 그것이 그들의 블렌디드 위스키가 어떻게 그런 매력적인 거친 느낌이 날 수 있는지를 설명해 줄지도 모른다. 달고 과일향이 풍부할거라 예상하겠지만, 막 면도를 마친듯한 꺼끌꺼끌함과 남성스러운 강한 풍미, 수줍음과는 거리가 먼 Laphroaig와 Ardmore, 매력적인 스카치 몰트의 위엄을 그 안에서 느낄 수 있다. 결과적으로 DYC는 스카치가 아니면서 상당히 훌륭한 블렌디드 위스키를 만드는 셈이다. 그들의 순수 몰트 위스키는 특히 아주 탁월하다.

추천 위스키

DYC Pure Malt	하이랜드 위스키와 비슷하며, 맛의 중앙에 있는 피티한 훈연감을 생각하면 감칠맛 나는 앤쵸비를 넣은 사과 샐러드의 맛까지도 은은하게 연상된다.	★
DYC 5 Year Old	이 위스키는 그레인 위스키를 추가하면서 더 부드러워지고, 더 달콤해졌으며 옅은 배향과 오렌지 노트까지 갖게 되었다. 물론 결국 피트감과 후추향이 이 멋진 위스키를 마무리하지만 말이다.	★★

★ 가장 덜 비싼/쉽게 구할 수 있는 ★★ 어느 정도 비싼/구하기 쉽지 않은

원자 구조 도표

스페인 블렌디드 위스키

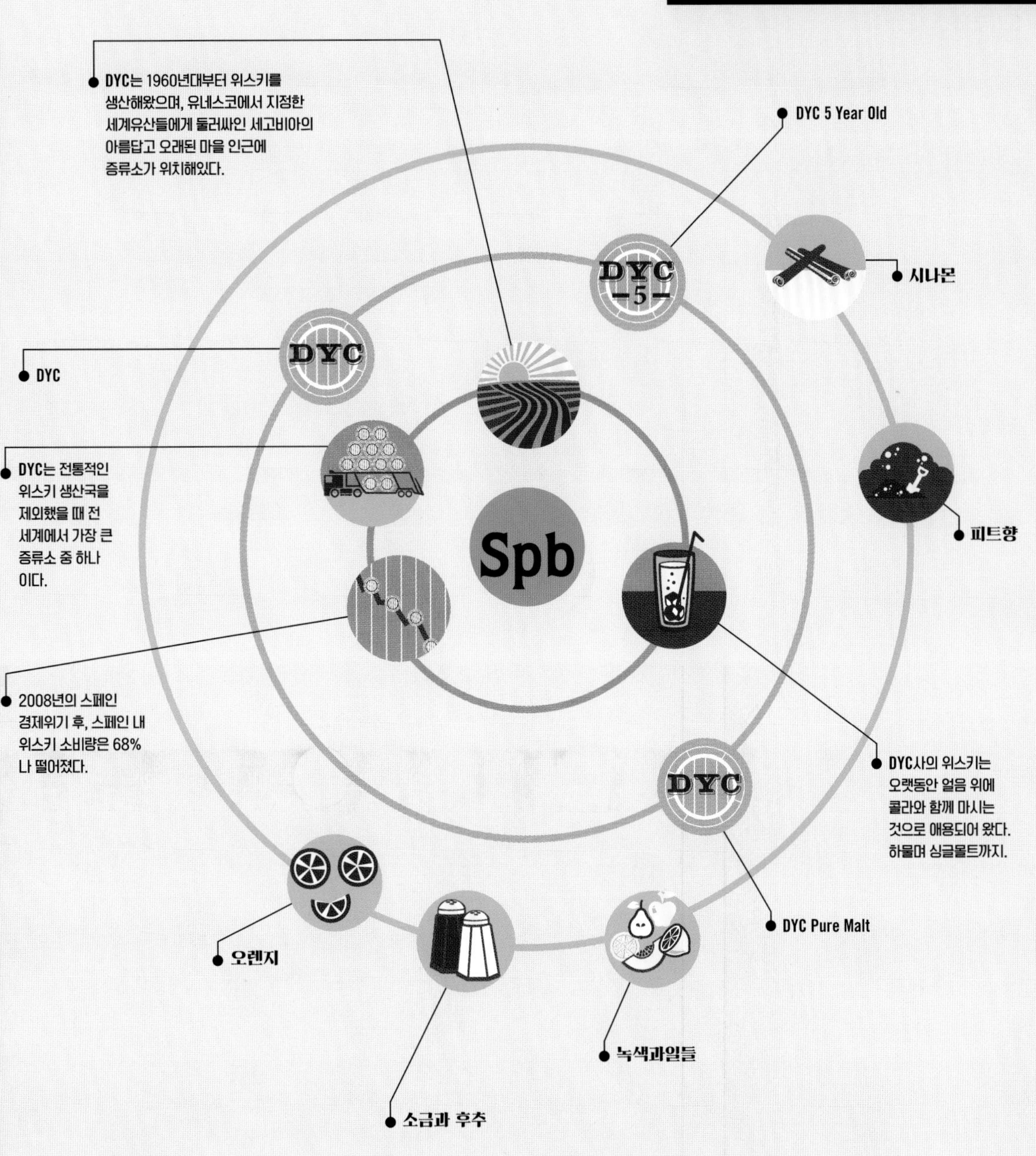

그림 설명	= 테이스팅 노트	= 추천 증류소	= 흥미로운 점

원산지: 캐나다, 미국

알코올 도수: 40%-46%

곡물: 호밀, 맥아 보리, 밀, 버번

캐나디안 블렌디드 위스키

오랫동안 캐나다 위스키 생산자들은 그들의 썩 좋지 않은 국제적 이미지를 의식하지 못하는 듯 했다. 그러나 이를 의식하게 된 후부터, 그들은 놀라운 열정으로 그들의 모습을 채웠고, 그러한 이미지 전환의 노력은 현재 놀라운 보상으로 돌아오고 있다.

Canadian Club은 미국에서 어마어마하게 팔렸고, 그래서인지 잘 팔리는 제조법을 바꾸는데 있어서 약간의 주저함이 있었다. 캐나다에서 이런 안일함에 대항한 첫 번째 인물은 Forty Creek의 John Hill이었다. 그는 11% 까지만 버번이나 과실주 같은 다른 주류를 포함시킬 수 있다는 미국의 주류법을 이용하기 위해 방법을 찾기 시작한 첫 번째 사람이었다. Hall의 행적을 따라 위스키 시장에는 많은 혁신이 시작되었고, 캐나다 위스키를 한 단계 명예롭게 만든 증류가들의 새로운 시대가 열렸다.

추천 위스키

Alberta Premium	당신이 캐나다에서 찾을 수 있는 가장 크고, 가장 풍부하며, 호밀향이 코끝을 자극하는, 리치하고 달콤한 위스키 중 하나.	★
Crown Royal	밀크초콜릿, 캐러멜, 헤이즐넛 한줄기의 리치하고 크리미한 부드러움이 살구, 복숭아 스무디 위에 사뿐히 얹혀진.	★★
Forty Creek Portwood	쨍하고 톡쏘는 빨간 딸기류 노트와 포트를 담았던 나무향이 잘 매치되었다. 중심에는 캐러멜과 바나나 토피향.	★★★

★ 가장 덜 비싼/쉽게 구할 수 있는 ★★ 어느 정도 비싼/구하기 쉽지 않은
★★★ 값이 나가는/매우 귀한

원자 구조 도표

캐나디안 블렌디드 위스키

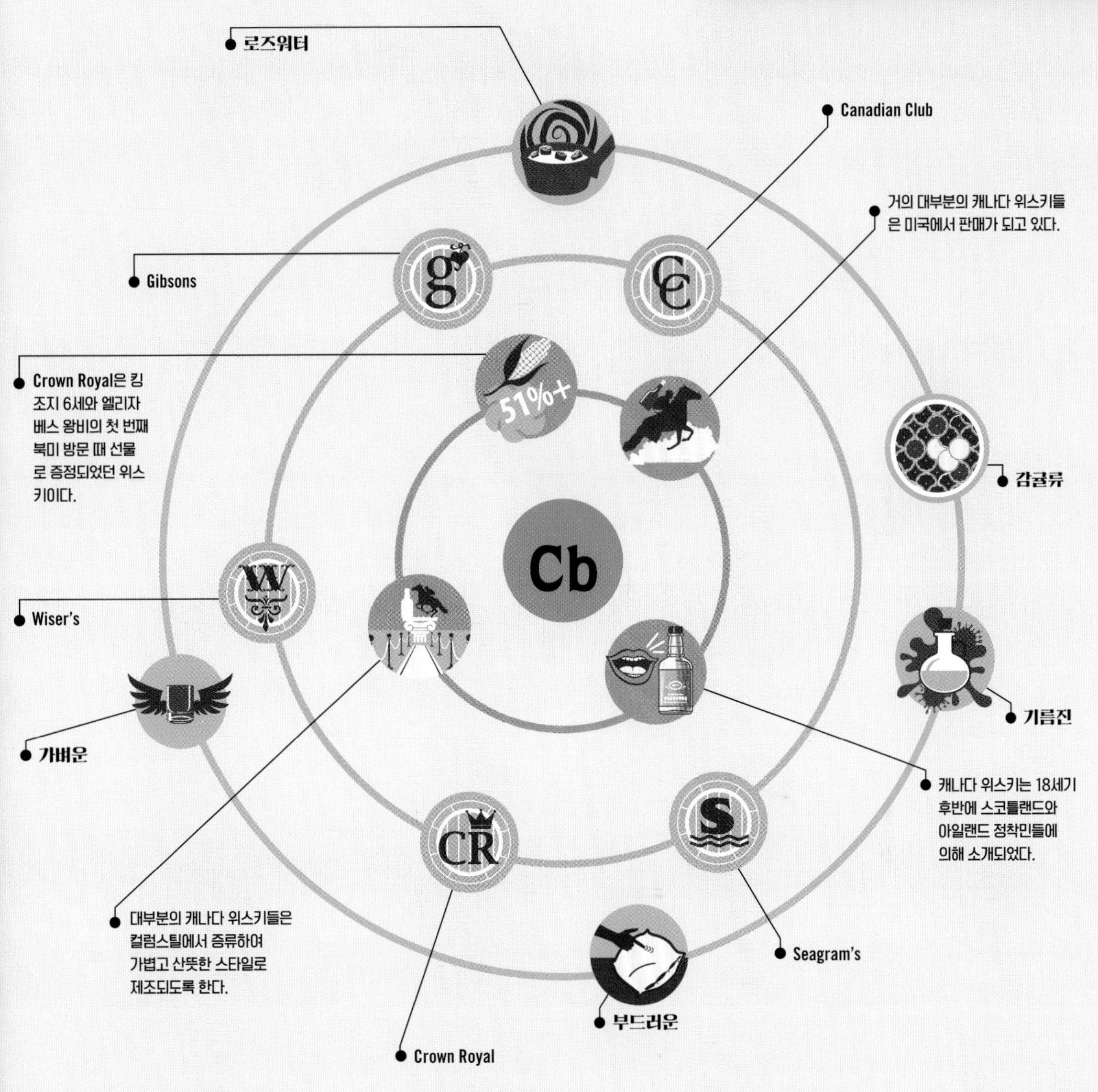

그 림 설 명 | = 테이스팅 노트 | = 추천 위스키 | = 흥미로운 점

BLENDED MALT WHISKY

블렌디드 몰트 위스키

CHAPTER THREE

혼란스러울지 모르지만 블렌디드 위스키와 블렌디드 몰트 위스키는 같은 것이 아니다. 블렌디드 몰트 위스키는 여러 증류소로부터 오직 몰트 위스키들만 가져와 블렌딩한 것이다. 그들은 보수적인 위스키 세계에 열정적이고 혁신적인 실험실 역할을 해왔다.

물론 그들을 종종 함께 묶어 생각하지만(특히 북미지역에서) 블렌디드 몰트 위스키에 대해 알아둬야 하는 첫 번째는 블렌디드 위스키와 다르다는 점이다. 가장 중요한 차이는 "몰트"라는 단어이다. 블렌디드 위스키는 여러 증류소에서 온 몰트 위스키에 그레인 위스키를 추가함으로써 만들어진다. 블렌디드 몰트 위스키는 그레인 위스키가 함유되지 않았고, 단지 여러 증류소의 다양한 몰트 위스키들끼리 섞인 형태이다.

이런 방식으로 만들어진 위스키들은 매우 초창기부터 존재해왔기 때문에 별로 새로울 것은 없다. 하지만 그들을 정의내리는 방식은 새로워졌는데. 전에는 "배티드(Vatted) 몰트 위스키"라고 불렀다. 지금도 어떤 나라에선 그렇게 부르지만 20세기 후반에 소개된 새로운 룰은 "배티드" 대신에 "블렌디드" 몰트 위스키로 부르는 것이다.

이 변화 때문에 배티드 몰트 카테고리 소비가 더 이상 이뤄지지 않는다 라는 논란의 여지가 생겼다. 그 이유는 소비자들은 "블렌디드"라는 말을 듣는 순간 "싱글몰트만큼 좋은 것은 아니다"로 생각하기 때문이다. 하지만 그것이 늘 사실은 아니다. 블렌디드 위스키가 제대로 만들어지면, 그것은 가장 최상의 싱글몰트와 맞먹을 만큼 탁월하다.

블렌디드 위스키들은 종종 독립적인 병입 회사들에 의해 생산되는데 그들은 방대한 양의 증류소들에서 생산된 다양한 범위의 몰트 위스키들을 수집한다. 제한된 양의 몰트 위스키를 여러 가지 섞음으로써 하나의 훨씬 크고 새로운 위스키를 만들게 되는 셈이다. 매우 특별한, 그들만의 위스키 말이다. 다른 점이 또 있다. 물론 몇 년산인지 제시하는 라벨없이 위스키를 생산한다는 것은 요새 흔한 일이 되었지만, 많은 소비자들은 싱글몰트를 사면서 몇 년산인지 알지 못하는 것에 대해 여전히 불편해한다. 블렌디드 몰트 위스키의 경우 그러한 불편함을 직면할 필요가 없으며, 오히려 그런 짐을 내려주는 발판을 제공한다. 서술적인 이름이나, 아예 흔치않은 이름을 사용하는 것이다.

물론 불리한 면도 존재한다. 위스키의 공급량이 적기 때문에, 독립적인 병입업자들은 좋지 않은 질의 캐스크를 사용할지도 모르며, 그것에 다른 것을 넣어 블렌딩하는 방식은 그런 단점을 숨기는 하나의 방법이 되기 때문이다.

블렌디드 몰트 위스키의 새로운 시대는 Compass Box와 Jon, Mark and Robbo를 생산하고, Easy Drinking Whisky 사를 세운 위스키 혁신가이자 연금술사인 John Glaser의 노력에 대한 결과로 시작되었다. Glaser의 접근은 그의 창작물에 사람들이 느끼게 될 맛들을 의미하는 문구를 위스키의 이름으로 짓거나(스파이시한 나무 Spicy Tree, 피트향의 괴물 Peaty Monster, 오크 십자가 Oak Cross), 정서적인 또는 야망을 담은 듯하게 정의된 이름을 지었다(바하마의 엘류세라 섬 Eleuthera, 쾌락주의 Hedonism). 그에 반해 Jon, Mark and Robbo는 기술적인 이름을 더 선호했다(스모키하고 피트향이 짙은 위스키 The Smoky Peaty, 부드럽고 향긋한 그것 The Smooth Fruit One).

최근 몇 년 동안 블렌디드 몰트 위스키는 개혁적이고 독창적인 것를 원하는 젊은 고객층의 마음을 사로잡을 방법을 알아낸 듯 보인다. 블렌디드 몰트 위스키 카테고리가 미래에 더욱 확장될 것임이 매우 자명하나, 희망컨대 그것이 양보다는 질의 발전이길 진심으로 바란다. 모든 위스키 가운데 가장 최고라 추앙받는 전설적인 위스키들 중에는 블렌디드 몰트 위스키도 있다. 그런 이유로라도 이 카테고리는 생존을 넘어 크게 번창해야 한다.

원산지: 스코틀랜드
알코올 도수: 40%-50%
곡물: 맥아 보리 위스키 혼합

과일향이 강한 블렌디드 몰트 위스키

블렌디드 몰트 위스키는 세 가지의 뚜렷한 카테고리로 나뉘는 경향을 보인다. 과일향 가득하고 부드러운 계열, 스파이시한 계열, 스모키하며 피트감이 살아있는 카테고리가 그것이다. 블렌디드 몰트 위스키의 이 세가지 영역을 교차하려는 시도가 없었던 것은 아니었지만 대부분 엉성했다.

그럼에도 불구하고, 과일향이 강한 카테고리 안에는 모든 위스키를 통틀어 최고의 위스키들 중 몇몇이 속해있다. Clan Denny Speyside와 Monkey Shoulder는 많은 Speyside 산 싱글몰트들과 맞먹는다. 하긴 Speyside 싱글몰트의 수준을 생각해보면, 그것들을 담고, 블렌딩한 그 곳의 블렌디드 몰트 위스키 수준이 높다는 것은 그리 놀랄 일이 아니다.

Monkey Shoulder는 전통의 짐을 벗어버리고 모던하며 스타일리쉬한 이미지를 취함으로써 어떻게 새로운 위스키 소비자 층을 고무시키는지 확실히 보여주었다. 열대과일, 파인애플 그리고 바나나가 전통적인 시트러스와 베리 계열의 노트 위에 얹어져 가히 환상적인 향이 펼쳐진다.

추천 위스키

위스키	설명	등급
Monkey Shoulder	Glenlivet과 Balvenie 원액이 혼합된 산뜻하고 깨끗한, 과일의 사랑스러움이 마냥 터지는 위스키.	★
Clan Denny Speyside	입안을 코팅하는 리치하고 풍부한 맛. 이것의 맛은 Speyside 지역의 최고 증류소들을 거치는 그랜드 투어에 비유할 수 있다.	★★
Mackinlay's Rare Old Highland Malt	레몬과 달콤함 사이의 밸런스는 홈메이드 레모네이드의 위스키 버전을 탄생시킨다.	★★★

★ 가장 덜 비싼/쉽게 구할 수 있는 ★★ 어느 정도 비싼/구하기 쉽지 않은
★★★ 값이 나가는/매우 귀한

원자 구조 도표

과일향이 강한 블렌디드 몰트 위스키

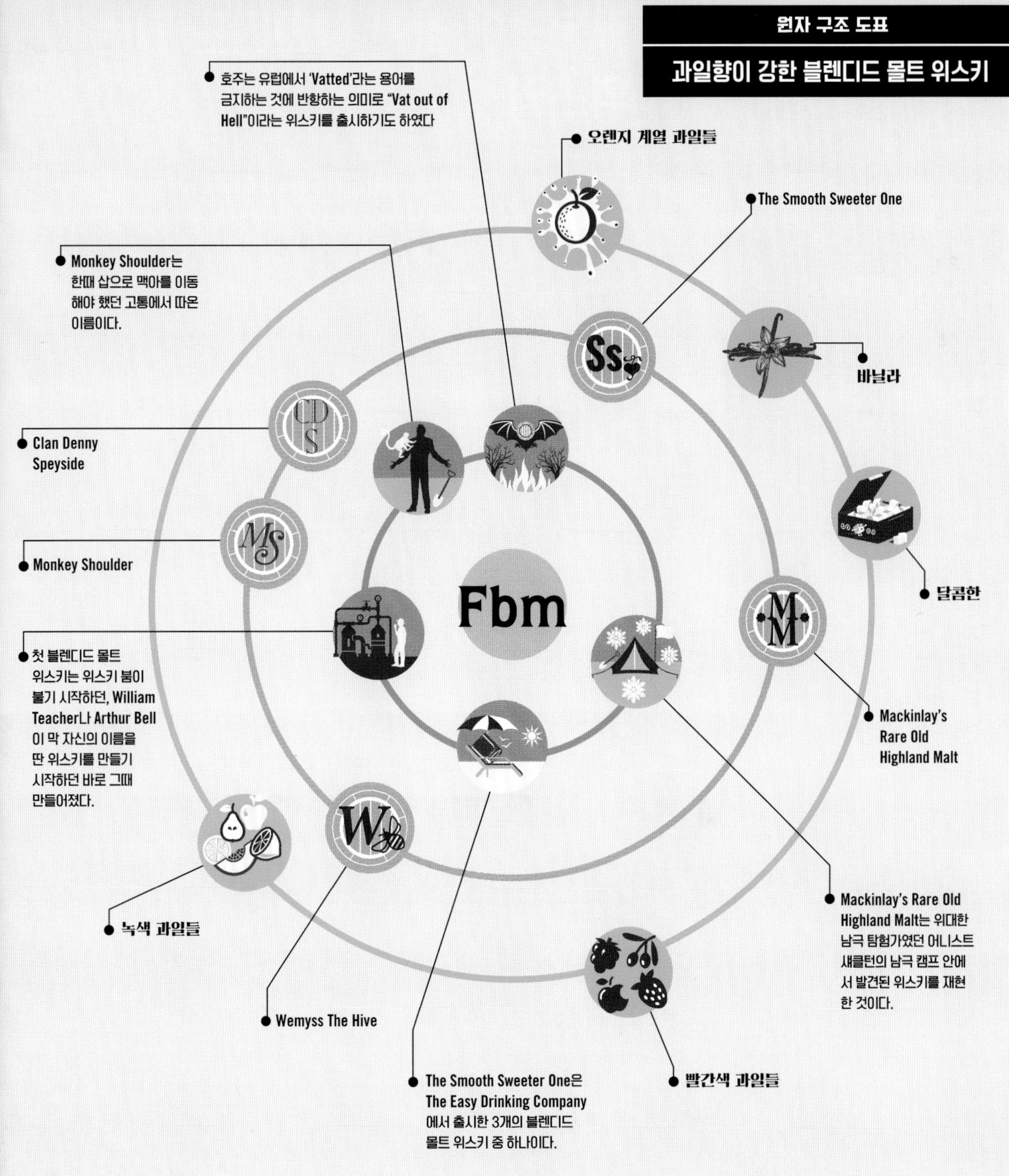

호주는 유럽에서 'Vatted'라는 용어를 금지하는 것에 반항하는 의미로 "Vat out of Hell"이라는 위스키를 출시하기도 하였다
오렌지 계열 과일들
The Smooth Sweeter One
Monkey Shoulder는 한때 삽으로 맥아를 이동해야 했던 고통에서 따온 이름이다.
바닐라
Clan Denny Speyside
Monkey Shoulder
달콤한
Fbm
첫 블렌디드 몰트 위스키는 위스키 붐이 불기 시작하던, William Teacher나 Arthur Bell이 막 자신의 이름을 딴 위스키를 만들기 시작하던 바로 그때 만들어졌다.
Mackinlay's Rare Old Highland Malt
Mackinlay's Rare Old Highland Malt는 위대한 남극 탐험가였던 어니스트 섀클턴의 남극 캠프 안에서 발견된 위스키를 재현한 것이다.
녹색 과일들
Wemyss The Hive
The Smooth Sweeter One은 The Easy Drinking Company에서 출시한 3개의 블렌디드 몰트 위스키 중 하나이다.
빨간색 과일들

그림 설명 = 테이스팅 노트 = 추천 위스키 = 흥미로운 점

원산지: 스코틀랜드
알코올 도수: 43%-50%
곡물: 맥아 보리 혼합

매운맛이 강한 블렌디드 몰트 위스키

본연의 미묘함과 깊이 때문인지 스파이시 계열 블렌디드 몰트 위스키는 가장 흥미로운 위스키 카테고리이다. 특히 달콤하고 과일향이 풍부한 위스키를 좋아하지만 너무 단건 선호하지 않는 사람들에게 인기가 많다.

스파이시 계열의 향신료 풍미는 다양한 형태로 다가오며, 위스키를 마시는 과정의 여러 다른 단계에서 미각적 자극을 제공한다. 언제나 맵거나, 향이 강하지 않고 오히려 종종 달콤하다. 가장 자극적인 풍미는 새 오크통을 사용할 때 생겨난다. 재활용하는 캐스크들은 이런 자극을 차분히 가라앉히는 역할을 한다.

매운 향은 버진오크를 헤드 부분에 부착시킨 캐스크를 사용하면서 생성되거나, 혹은 버진오크 없는 통에서 숙성되는 과정에 매우 스파이시한 위스키를 혼합하면서 생성된다. 가장 훌륭한 스파이시 계열의 블렌디드 위스키인 Johnnie Walker Green Label이나, The Last Vatted Malt는 스모키 계열이나 과일향이 강한 계열의 블렌디드 몰트 위스키로도 분류할 수 있다.

추천 위스키

The Spice Tree	Compass Box는 이런 쪽에 박차를 가한다. 미묘한 생강, 옅은 고추향과 딱 적당한 오크향.	★
Wemyss Spice King 8 Year Old	부드러운 버터스카치와 크림이 콤보 위에 후추 맛이 매력적으로 흩뿌려지는 뒷맛.	★★
The Last Vatted Malt	Compass Box의 또 다른 스모키함, 열대과일, 향신료향이 섬세하게 조화를 이룬 위스키. 만약 이 위스키를 보게 되면 무조건 구매할 것!	★★★

★ 가장 덜 비싼/쉽게 구할 수 있는 ★★ 어느 정도 비싼/구하기 쉽지 않은
★★★ 값이 나가는/매우 귀한

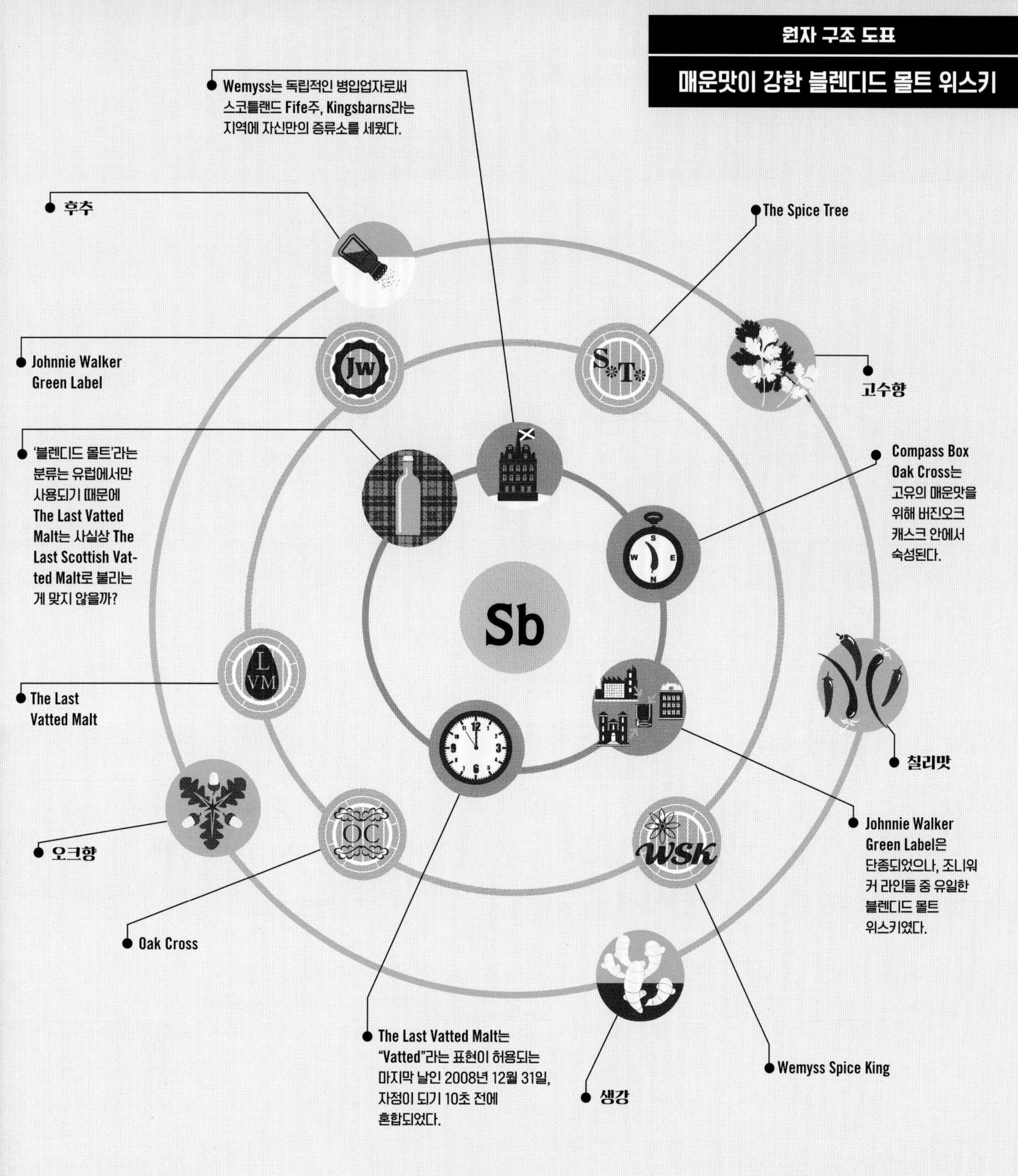

그림 설명 = 테이스팅 노트 = 추천 위스키 = 흥미로운 점

원산지: 스코틀랜드

알코올 도수: 40%-55%

곡물: 맥아 보리 혼합

스모키하고 피트향이 강한 블렌디드 몰트 위스키

블렌디드 몰트 위스키가 스모키함과 피트향을 성공적으로 만들어냈을 때, 그것은 매우 특별한 기쁨이 된다.

그러나 공급이 적은 위스키 특성상, 가끔 싱글몰트로 분류되지 않는 증류주를 섞어서 스모키함과 피트향의 밸런스를 맞추기도 한다.

어리고 미성숙한 증류주는 피트향이 강한 위스키와 혼합되면 그 특성이 숨겨진다. 그러므로 블렌디드 몰트 위스키는 조심스럽게 선택해야 한다. 가능하다면 구입 전에 시음해보라. 놀랍고 환상적인 위스키를 경험하게 될 것이다.

위스키 연금술사들에 의해 창조된 Blue Hanger나 The Big Peat, 그리고 Flaming Heart 같은 위스키들은 전세계 최고의 위스키들과 어깨를 나란히 한다. 자신의 수준에 맞는 피트향 계열 블렌디드 몰트 위스키를 찾아보길. 어떤 것은 피트향이 매우 약하고 간지럽히는 수준으로, 또 어떤 것은 모든 미묘함들이 모여 하나의 펀치로 묵직하게 장전된 느낌마저 들기도 한다. 당신이 정하라. 본조비인가, 아니면 메탈리카인가?

추천 위스키

The Big Peat	나올 때마다 더 나아지고 보통 그해의 최고 위스키들 중 하나이다.	★
Compass Box Flaming Heart	내내 크고 볼드한 느낌. 중심엔 과일향이 자리잡고 있고, 곁으로는 짙은 스모키함과 아름다운 스윗함.	★★
Blue Hanger 9th Release	런던 전문가 Berry Bros and Rudd에 의해 독립적으로 만들어진 이 위스키는 스모키함이 과일향 짙은 블렌디드 몰트에 안착한 느낌. 굉장히 훌륭하다.	★★★

★ 가장 덜 비싼/쉽게 구할 수 있는 ★★ 어느 정도 비싼/구하기 쉽지 않은

★★★ 값이 나가는/매우 귀한

원자 구조 도표

스모키하고 피트향이 강한 블렌디드 몰트 위스키

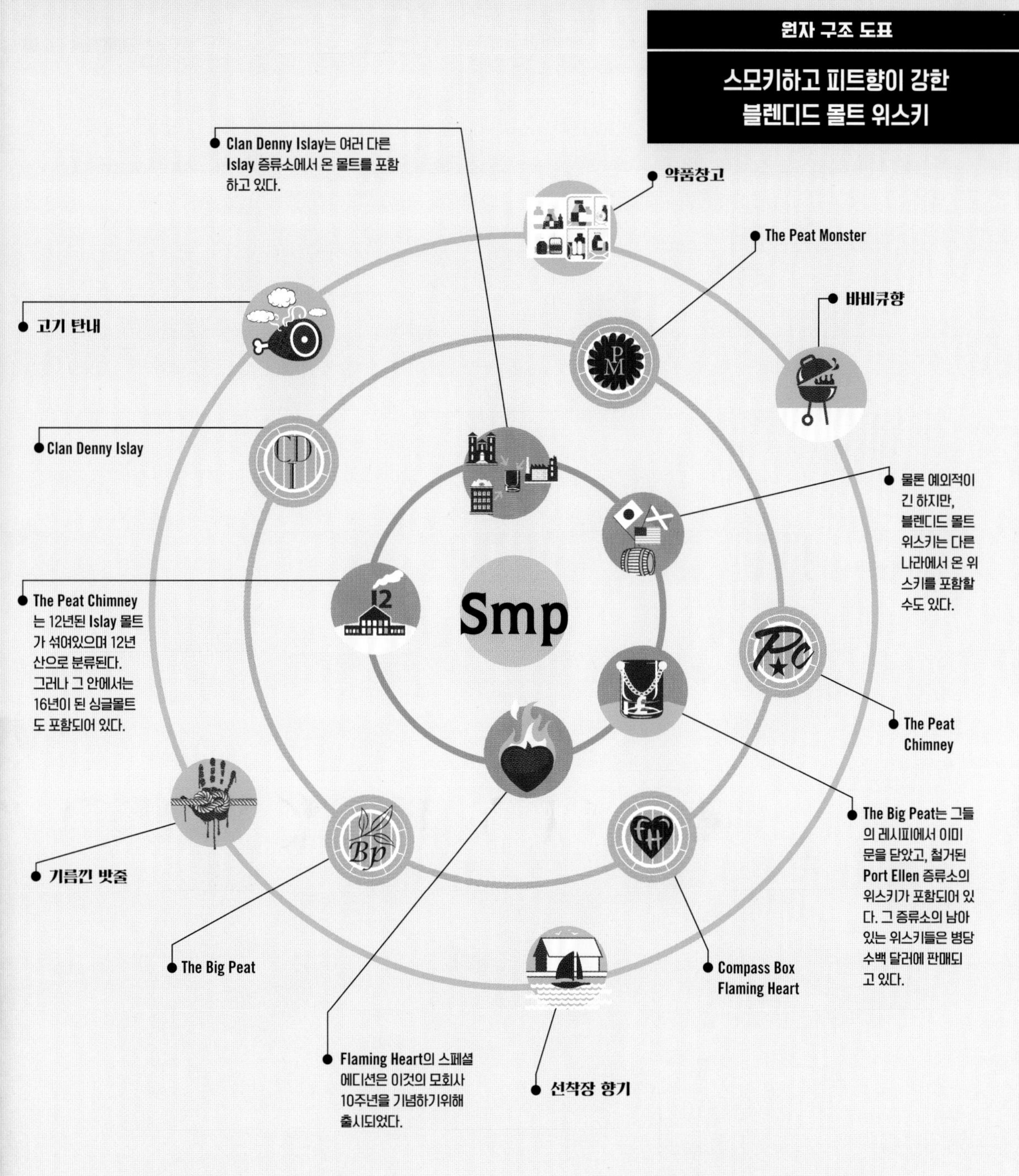

그림 설명 | = 테이스팅 노트 | = 추천 위스키 | = 흥미로운 점

원산지: 일본, 스코틀랜드
알코올 도수: 40%-56%
곡물: 맥아 보리 혼합

일본 블렌디드 몰트 위스키

일본에서 온 블렌디드 몰트 위스키 카테고리는 주요 생산자들이 단지 두 증류소만 가지고 있다는 점에서 일종의 괴짜라고 볼 수 있다. 그들의 블렌디드 몰트 위스키는 스코틀랜드와 비슷하지만 볼륨이 더 큰 편이다.

일본의 증류소들이 넓은 범위의 다양한 스타일의 위스키를 만듦에도 불구하고, 위스키를 혼합할 때 그들은 여전히 위스키를 혼합할 때 싱글몰트 형식을 취한다. 왜냐하면 "싱글(단일)"이란 용어는 증류소를 의미하는 것이지, 그곳에서 생산된 위스키의 스타일 수를 의미하지 않기 때문이다. 그러므로 Nikka와 Suntory 모두 두 가지의 싱글몰트 만을 가지고 있다.

반면 다양성을 갖기 위해 일본은 블렌디드 몰트 위스키 안에 스코들랜드 싱글 몰트 원액을 혼합하기도 한다. 이 과정에서 몇몇의 전문가들은 이 맛살을 찌푸리기도 하지만 그건 크게 중요하지 않다. 스코틀랜드의 싱글몰트 원액을 블렌딩함으로써 소비자들은 크고, 볼드하며 음미할만한 위스키를 마실 수 있게 되었고, 그것을 만드는 일본 생산자의 스킬은 흠잡을 데가 없이 탁월하다. 그리 쉽지는 않겠지만, 이 위스키들은 찾으러 다닐 가치가 충분하다.

추천 위스키

Nikka All Malt Pure & Rich	꿀, 히커리, 그리고 빨간 리커리쉬, 리치하고 복잡한 포푸리, 음미하기에 아주 좋은 위스키.	★
Taketsuru Pure Malt 21 Year Old	Highland Park와 거의 비슷하지만 그 위에 향신료, 스모크, 오크향 꿀, 그리고 과일향이 완벽하게 내려누르는 맛.	★★
Taketsuru Pure Malt 17 Year Old	다양한 맛과 향의 해프닝이 벌어진다. 오크와 리치한 보리가 어마어마하게 진한 과일조림 속으로 혼합되는.	★★★

★ 가장 덜 비싼/쉽게 구할 수 있는 ★★ 어느 정도 비싼/구하기 쉽지 않은
★★★ 값이 나가는/매우 귀한

원자 구조 도표

일본 블렌디드 몰트 위스키

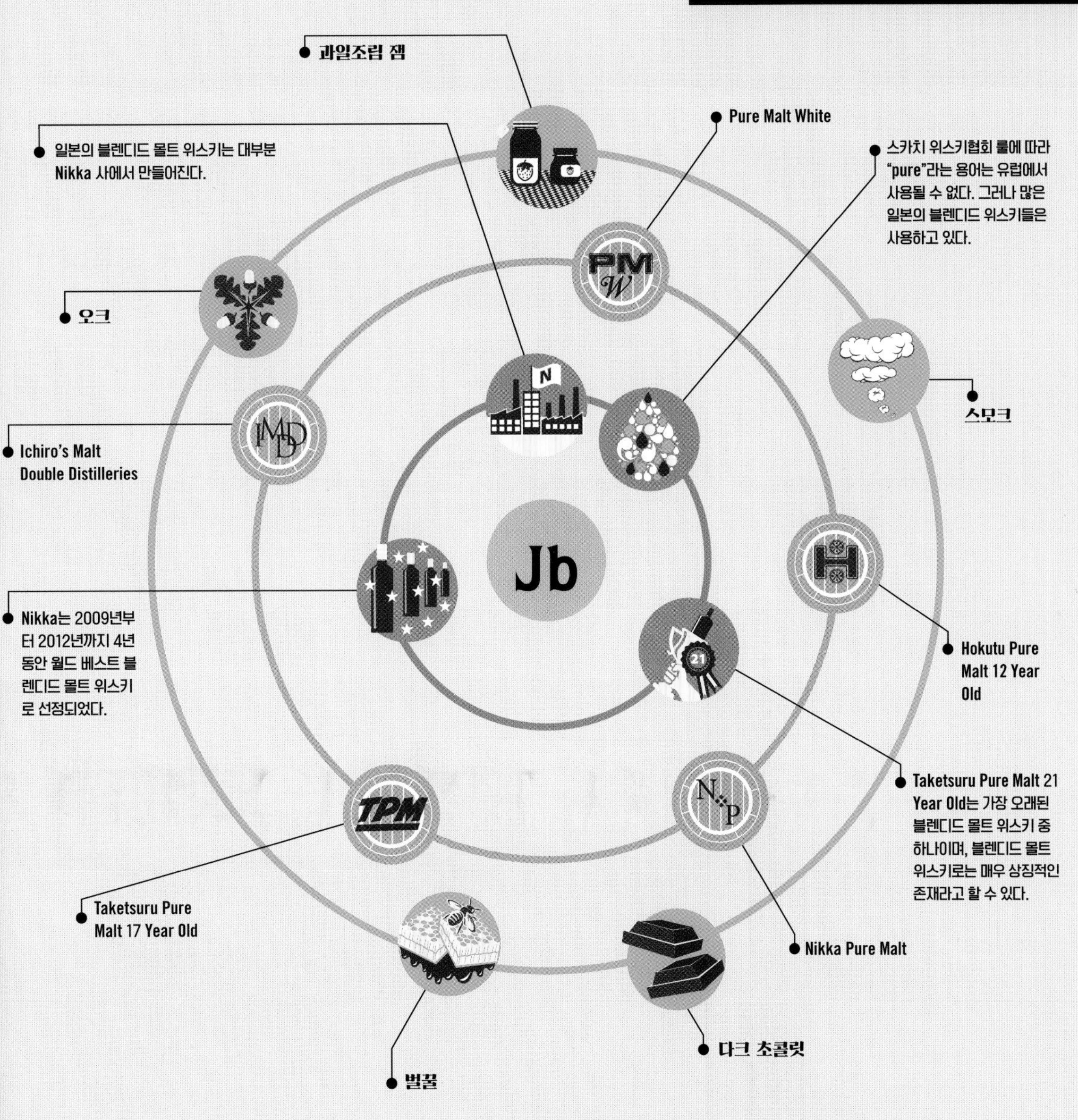

그림 설명 = 테이스팅 노트 = 추천 위스키 = 흥미로운 점

원산지: 아일랜드, 스페인, 스코틀랜드

알코올 도수: 40%-48%

곡물: 다양한 맥아 보리

유럽 혼합 블렌디드 몰트 위스키

아래의 두 위스키는 분명 이 책의 뒷부분에 나오는 위스키계의 반항아(Rebel Whiskies) 부분에 포함될 수도 있지만, 둘 다 블렌디드 몰트 위스키이며 다른 나라의 위스키들을 혼합해서 만들어졌다는 점만 빼면 전통적인 위스키라고 볼 수 있다.

여기 나온 두 위스키에는 공통점이 거의 없다. DYC Pure의 경우 짧은 시간이지만 순한 스페인 몰트 원액과 개성이 강한 두 가지의 스코틀랜드 싱글몰트 원액으로 만들어졌다. 강한 시트러스향과 고유의 피트맛을 가진 Highland 싱글몰트인 Ardmore와 피트향이 강한 위스키 귀족 Laphroaig이 그것이다.

다른 하나는 Teeling의 위스키와 Bruichladdic의 위스키(전면에 달콤한 배, 사과, 바닐라이 감돌고, 스모키함과 스파이시함이 뒤에 머무르는 Islay 지역의 위스키)가 혼합되었다. 이런 혼합은 새로운 장르가 아니다. 위스키에는 몇십 년 전부터 이런 방식의 실험 사례들이 많이 존재해왔다.

추천 위스키

Destilerías y Crianza Pure Malt	★ 이 스페인 위스키는 계속 진화해왔다. 블렌디드 위스키로 시작했고 지금은 10년된 싱글몰트도 찾을 수 있다. 블렌디드 몰트 위스키를 생산하는 과정에서 자신의 싱글몰트와 모회사인 Beam Global의 스코틀랜드 증류소인 Ardmore와 Laphroaig의 위스키를 혼합했다. 가볍고, 꽃향기가 나며, 과일맛의 노트와 탁한 스모키함이 조화를 이루고 있다. 흔치않은 조합이다.
Teeling Hybrid	★★ 아이리쉬 위스키와 스코틀랜드 위스키를 혼합하는 것은 스카치 위스키 연합을 불쾌하게 만들었다. 그러나 Teeling은 이 분야의 독불장군임을 즐긴다. 스코틀랜드스러운 요소로 인해 이 위스키는 달콤한 사과와 Teeling 위스키만의 배향이 대비되는 맛있는 깊이를 갖게 되었다.

★ 가장 덜 비싼/쉽게 구할 수 있는 ★★ 어느 정도 비싼/구하기 쉽지 않은

원자 구조 도표

유럽 혼합 블렌디드 몰트 위스키

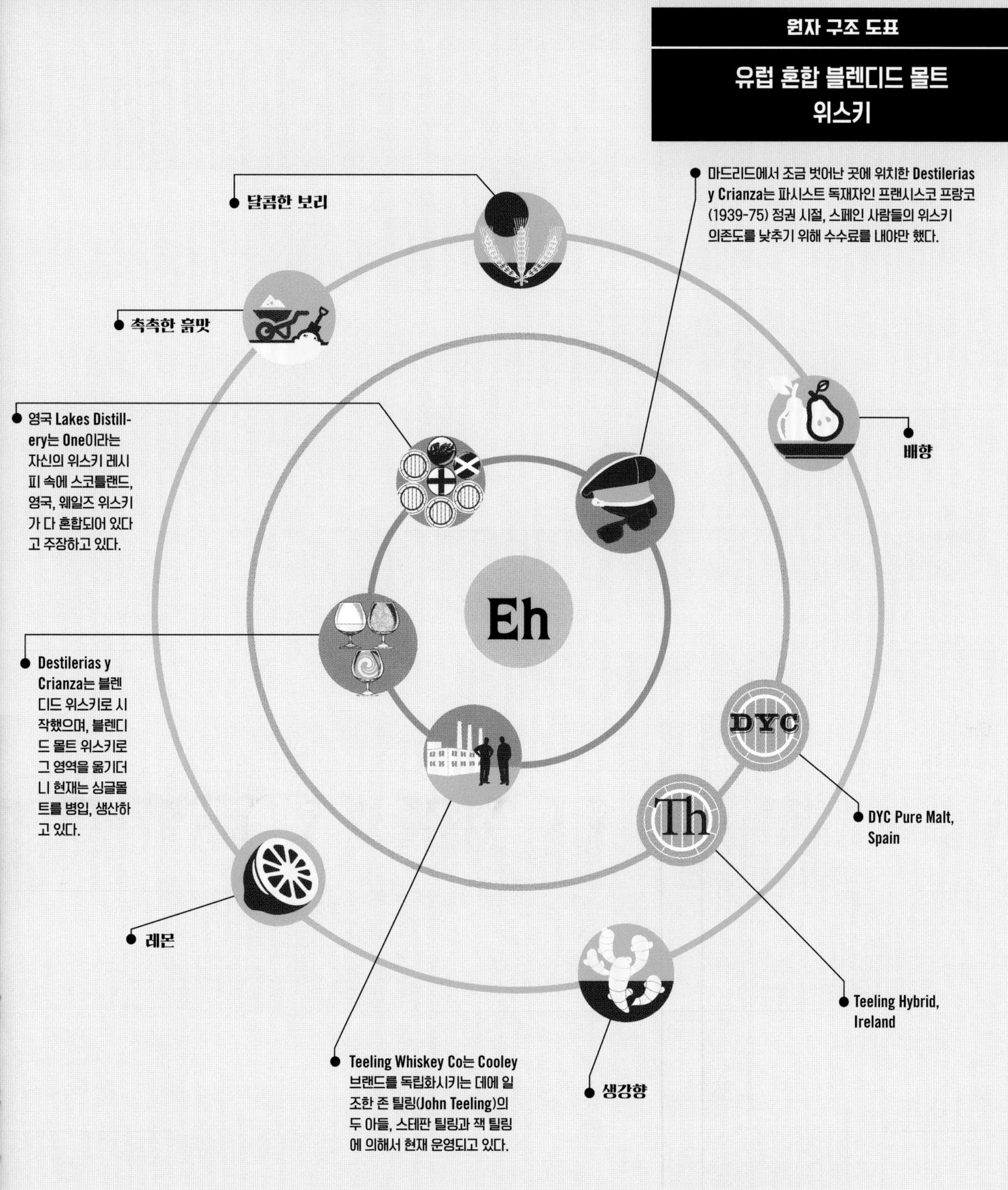

그 림 설 명

= 테이스팅 노트 = 추천 증류소 = 흥미로운 점

BOURBON, CORN, AND TENNESSEE WHISKEY

버번, 옥수수 그리고 테네시 위스키

CHAPTER FOUR

이 스타일들이 그룹으로 묶인 이유는 하나의 공통 재료로 연결되어 있기 때문이다.
바로 옥수수다.
옥수수는 증류하기 전 단계인 발효맥아주로 만들기는 어려운 작물이다.
그러나 대신 세 가지 위스키가 공통적으로 가지고 있는 부드럽고 달콤한 맛이 큰 보상이다.

옥수수 위스키가 덜 복잡한 성향을 가지고 있긴 하지만 오크통 안에서 거의 숙성이 덜 되거나, 아주 오랫동안 숙성시켜야 한다. 테네시 위스키와 버번은 사실 어떤 사람들이 인정하고 싶어 하는 것보다 더 많은 공통점이 있다.

Kentucky 주의 Lousiville 그리고 Tennessee 주의 Lynchburg에서는 이 챕터의 제목만 봐도 발끈하는 사람들이 있을 것이다. 위스키에 관해서라면 두 개의 주는 하여간 앙숙이다.

몇 년 전에 나는 버번에게 있어 영혼의 고향과 같은 곳인 Kentucky 주의 Bardstown에서 열리는 대회에 참석한 적이 있었다. 마치 증류가 친구들이 오랜만에 단합한 것 같은 흥겨운 분위기였다. 딱 두 사람만 빼고.

"저들은 누구야?" "아, 잭 다니엘 사람들이야"

무심한 대답이었다.

Jack Daniel을 버번으로 설명하는 것은 흔한 실수이기 때문에 놀랄 일은 아니다. 증류주를 캐스크에 넣기 전에 숯을 통과해서 숙성시키는 테네시 고유의 방식인 Lincoln Country Process만 빼면 이 두 위스키 스타일은 모든 면에서 공통점이 있기 때문이다. 이 방식은 메이플 나무 숯으로 벽을 만들고 증류주를 그곳에 통과시키며 붓는 방식이다. 그들은 이 과정이 증류주를 그윽하게 만든다고 말한다.

두 스타일 모두 엄격한 룰에 의해 만들어진다. 처음의 엿기름 안에 둘 다 최소한 51% 이상의 옥수수가 함유되어 있어야 한다. 그러나 실제 함유율은 훨씬 더 높다. 둘 다 증류 시 알코올 도수에 관해서는 엄격한 제재 대상이며, George Dickel Tennessee Whiskey의 소유주인 Diageo가 룰을 바꾸고 헌 배럴을 사용할 수 있도록 하기 위해 테네시 주에 소송을 걸었음에도 불구하고, 적어도 이 글을 쓰는 시점에서는 둘 다 버진오크(새 오크)를 그을린 배럴 안에서만 숙성해야 했다.

싱글몰트와 달리 미국의 위스키는 보통 컬럼 스틸이나 컨티뉴어스 스틸을 사용하여 만든다. 매쉬빌(맥아 혼합물)이 물과 섞인 후, 맥주를 만들기 위한 효모가 투입되고, 보리의 겉껍질로 만들어지는 달콤하고 뽀얀 맥즙은 컬럼 속으로 빨려 들어가게 되며 매우 높은 온도의 압축된 스팀을 쐬게 된다. 이 과정을 통해 알코올이 강화된다. 이 모든 것은 컬럼 스틸의 옆 부분에 마치 접시같이 생긴 부분들에 채집된다. 그 결과물인 "화이트 독(White Dog)"이라고 불리는 이 액체는 달콤하고 강렬하긴 해도 싱글몰트만큼 맛이 풍부하진 않다.

캐스크는 나무가 가진 속성을 효과적으로 전달하기 위해 그을려지는데, 그 과정을 통해 원액은 고유의 막대사탕이나 광을 잘 낸 가죽과 같은, 바닐라와 달콤한 향신료의 특성을 가지게 된다. 사람들이 뭐라고 얘기하는지 몰라도, 켄터키에서조차 증류주는 캐스크 안에 들어가는 순간 버번이 되기 시작한다. 2년의 숙성기간이 지나면 완전히 버번이 되는 것이다.

극도의 온도 차이는 스코틀랜드가 절대 따라할 수 없는 빠른 숙성을 가능케 해준다. 그 이유로 버번과 다른 미국 위스키들은 4년산이라도 환상적인 맛이 날수 있으며, 6년 이상이 되면 그 맛이 절정에 이르게 된다.

원산지: 미국, 켄터키
알코올 도수: 40%-72%
곡물: 51% 이상의 옥수수, 맥아 보리. 밀 혹은 호밀
캐스크: Virgin white oak

스탠다드 켄터키 버번

18세기 아일랜드 이민자들에 의해 북미에 들어왔기 때문에 버번은 그 중심지를 켄터키로 잡았다. 그 후로 인기가 좋을 때도 있었고, 그렇지 않을 때도 있었지만 여전히 현재 세계에서 가장 인기가 많은 증류주 중 하나이다.

영화 〈It's wonderful life〉에서 클라렌스가 죠지 베일리를 Nick's Bar에 데리고 갔는데, 클라렌스가 셰리를 달라하자 닉이 그들을 쫓아낸 장면을 기억하는가? 그 바의 뒷 선반에는 버번 외엔 아무것도 없던 것이다. 이제 버번은 전 세계의 가장 스타일리쉬한 바에서 바텐더의 선택에 의해 놓여지는 위스키가 되었다.

옥수수가 주가 되어 다른 곡물들이 혼합되고, 컬럼 스틸에서 만들어진 후 향기롭게 그을린 화이트 오크통에서 숙성시킨 버번은 마치 스카치가 컬링(얼음판 위에서 양쪽 팀이 무겁고 납작한 돌들을 목표물을 향해 미끄러뜨리는 경기)이라면 아이스하키에 비유할 수 있을 것이다. 스트레이트로 마시기에도 좋고, 조금 큰 유리잔에 물을 섞거나, 온더락으로 마시기도 좋다.

추천 위스키

Buffalo Trace	클래식한 입문용 버번. 달콤한 캔디, 리치한 과일, 타바코, 향신료 노트에 오크향 살짝.	★
Woodford Reserve	평균보다 높은 호밀 함유량 때문에 대부분의 버번보다 덜 달고 더 스파이시하다.	★★
Baker's 7 Year Old	초콜릿, 커피, 리커리시가 우디하고 후추향 강한 열대과일 노트에 맞서다가, 이 모든 것이 한 순간에 입안에서 산산이 부서진다.	★★★

★ 가장 덜 비싼/쉽게 구할 수 있는 ★★ 어느 정도 비싼/구하기 쉽지 않은
★★★ 값이 나가는/매우 귀한

원자 구조 도표

스탠다드 켄터키 버번

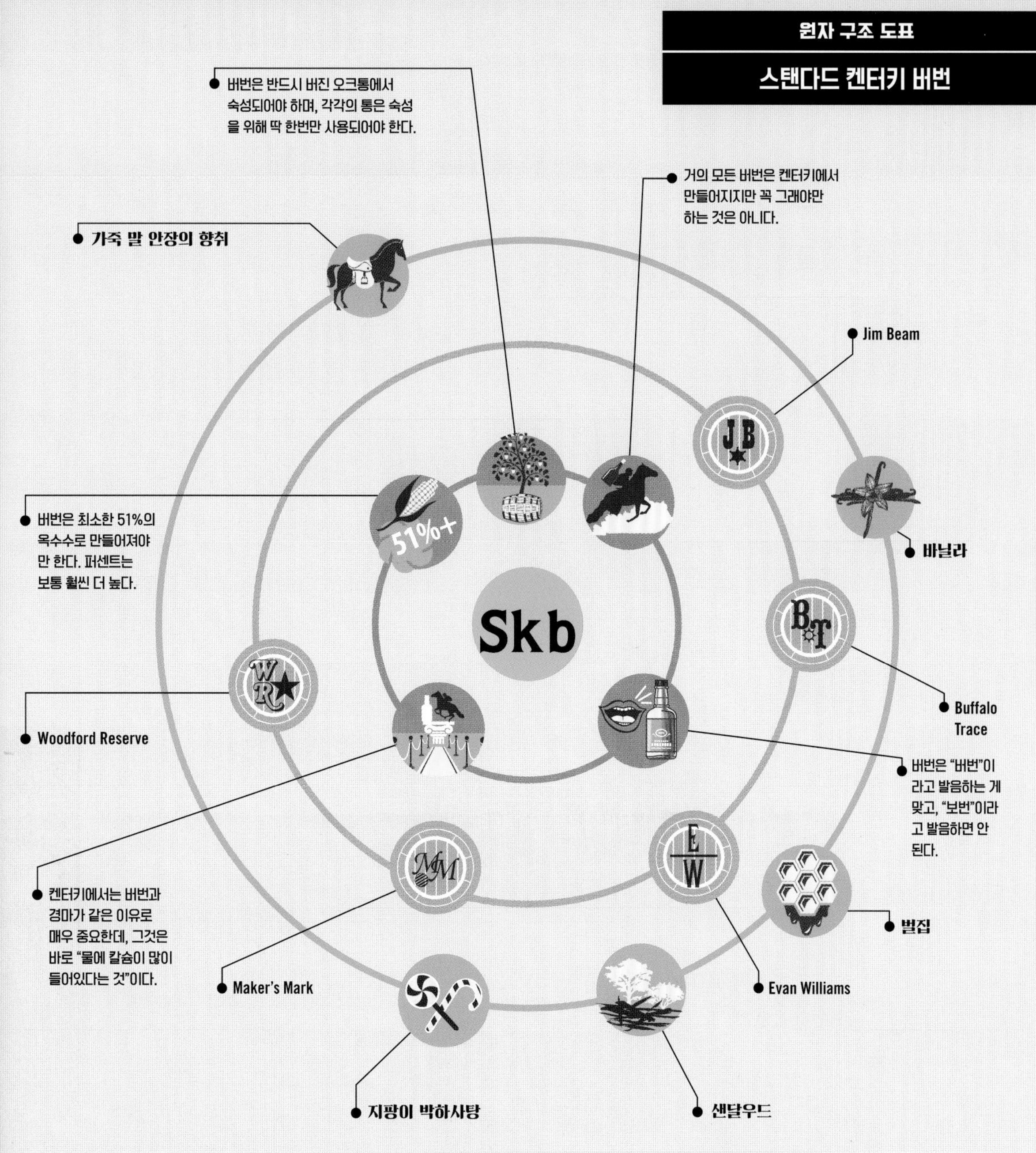

그 림 설 명 | = 테이스팅 노트 | = 추천 증류소 | = 흥미로운 점

원산지: 미국, 켄터키
알코올 도수: 46%-73%
곡물: 51% 이상의 옥수수, 맥아 보리, 밀 혹은 호밀
캐스크: Virgin white oak

프리미엄 켄터키 버번

어떤 요소가 특정 버번을 프리미엄급으로 승격시키는지에 대한 정의는 없다. 그러나 열렬한 지지자들이 찾는, 숙성연도가 오래되고, 한정수량으로 출시된 버번들은 분명히 존재한다.

매해 가을, 켄터키의 최고 증류소들은 그들의 가장 오래되고 귀한 위스키를 리미티드 에디션으로 출시한다. 어떤 것은 20년이 넘기도 했다.

순수주의자들은 8년 이상된 버번은 품질을 보장할 수 없다고 주장하지만, 이 위스키들이 실제로 매우 훌륭하다는 것에는 논쟁의 여지가 없다. George T, Stagg, Eagle Rare 그리고 Evan Williams Special Release는 세계적으로도 최고의 위스키들이다.

그것을 손에 넣을 수 있는 지의 여부는 또 다른 문제다. 이런 희귀한 버번 생산자들은 매년 주류업소와 바들로부터 이 위스키들을 '구경도 못했다'는 불만을 귀가 따갑도록 들을 것이다.

추천 위스키

Blanton's	가죽안장, 꿀, 그리고 가장 영광스런 달콤함의 향연.	★
Eagle Rare 17 Year Old	크고, 기름지며, 스파이시한 풍미는 많은 위스키 애호가들의 의견을 분분하게 하지만 이 위스키만의 대담한 호밀향, 리커리시, 강렬한 과일맛은 꼭 한번 시도해볼 만하다.	★★
George T. Stagg	67% 도수에 가장 복잡미묘한 맛들로 가득찬, 아마도 전세계 최고의 위스키. 얼음없이 마시길.	★★★

★ 가장 덜 비싼/쉽게 구할 수 있는 ★★ 어느 정도 비싼/구하기 쉽지 않은
★★★ 값이 나가는/매우 귀한

원자 구조 도표

프리미엄 켄터키 버번

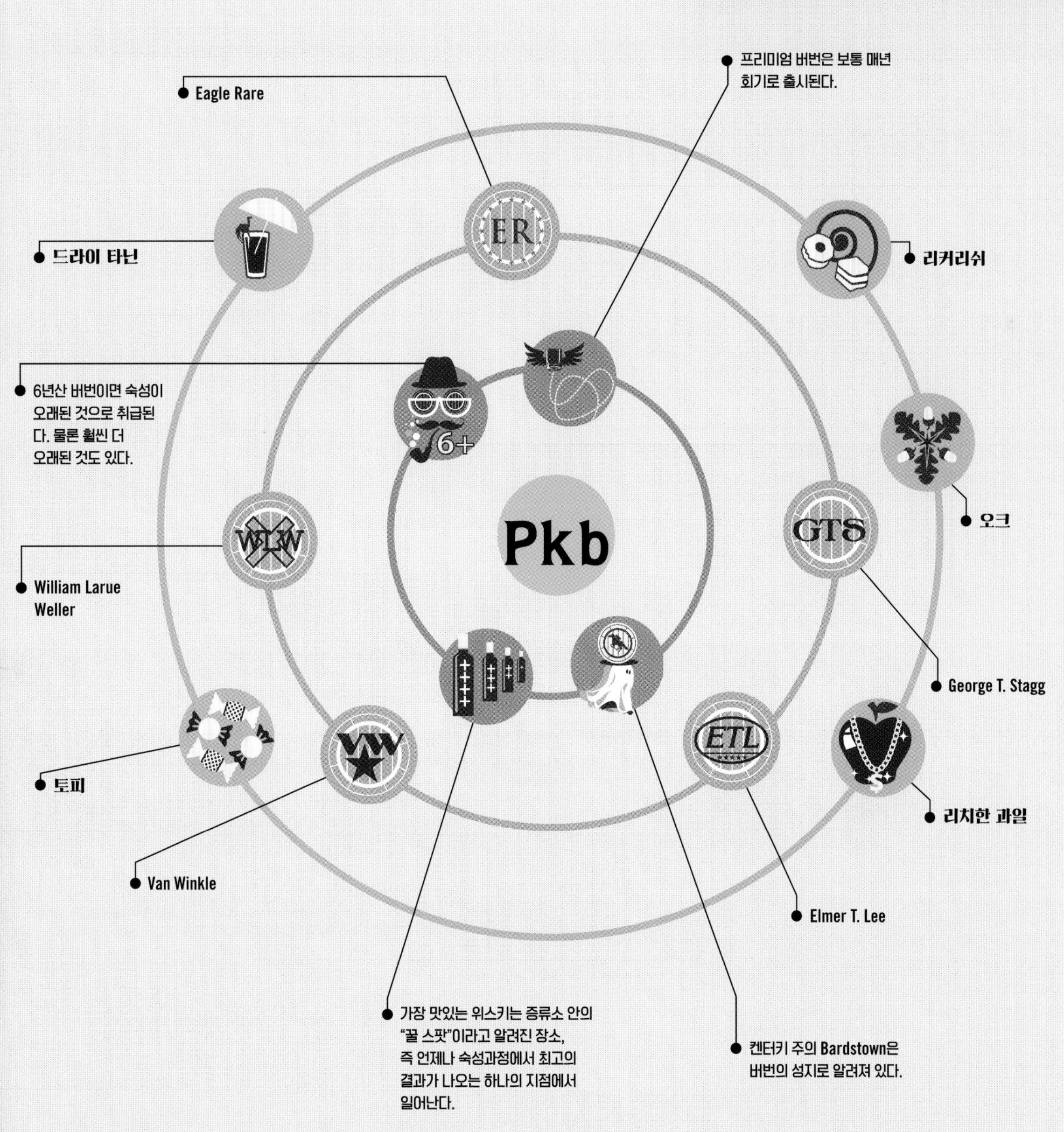

그림 설명	= 테이스팅 노트	= 추천 위스키	= 흥미로운 점

원산지: 미국

알코올 도수: 40%-60%

곡물: 51% 이상의 옥수수, 맥아 보리. 밀 혹은 호밀

캐스크: Virgin white oak

켄터키산이 아닌 버번

버번이 켄터키산이어야 한다고 생각하는 건 흔한 실수이다. 버지니아 같은 미국의 다른 주에서도 탄탄한 버번 전통을 가지고 있으며, 실제로 그들이 생산하는 위스키는 매우 훌륭하다.

켄터키 아닌 지역의 버번이 많이 다른가? 여러 측면으로 볼 때 그렇다. 그들은 더 곡물향이 나며 더 과실맛이 난다. 많은 경우 꿀과 달콤함이 더 강조되고, 바디가 더 가벼운 편이며, 달콤한 시트러스 노트가 있다.

버번은 놀랄 만큼 미묘한 술이지만 스펙트럼 상으로 보면 끝이 가볍다. 마치 밀물이 들어왔다가 나가고, 바위만 남은 모래사장에서 그곳에 사는 다양한 생명체를 볼 수 있는 것 같이. 그러나 이런 보편적인 경향에 예외도 있다. 1792년에 켄터키가 독립한 후로 버지니아에는 버번 성지 위스키들과 어깨를 나란히 할 만한 두 개의 놀라운 위스키가 탄생했다.

추천 위스키

Peach Street Bourbon	건포도, 단 배, 오렌지와 열대과일이 기분 좋음을 자아낸다. 복잡하진 않지만 뒤 끝에 강하게 남는 후추향 펀치와 오크가 균형을 잡아준다.	★
Virginia Gentleman	밀크 초콜릿과 오렌지, 구운 듯한 고소한 타닌이 한 줄기의 달콤한 옥수수향과 섞여서 풍부한 효과가 난다.	★★
John J. Bowman Virginia Straight Bourbon	첫 모금에 히커리와 나무향이 가득하고 토피맛과 그 후의 과일맛이 전체적으로 농익은 느낌을 잘 살린다. 세련된 리커리시의 노트와 함께.	★★★

★ 가장 덜 비싼/쉽게 구할 수 있는 ★★ 어느 정도 비싼/구하기 쉽지 않은
★★★ 값이 나가는/매우 귀한

원자 구조 도표

켄터키산이 아닌 버번

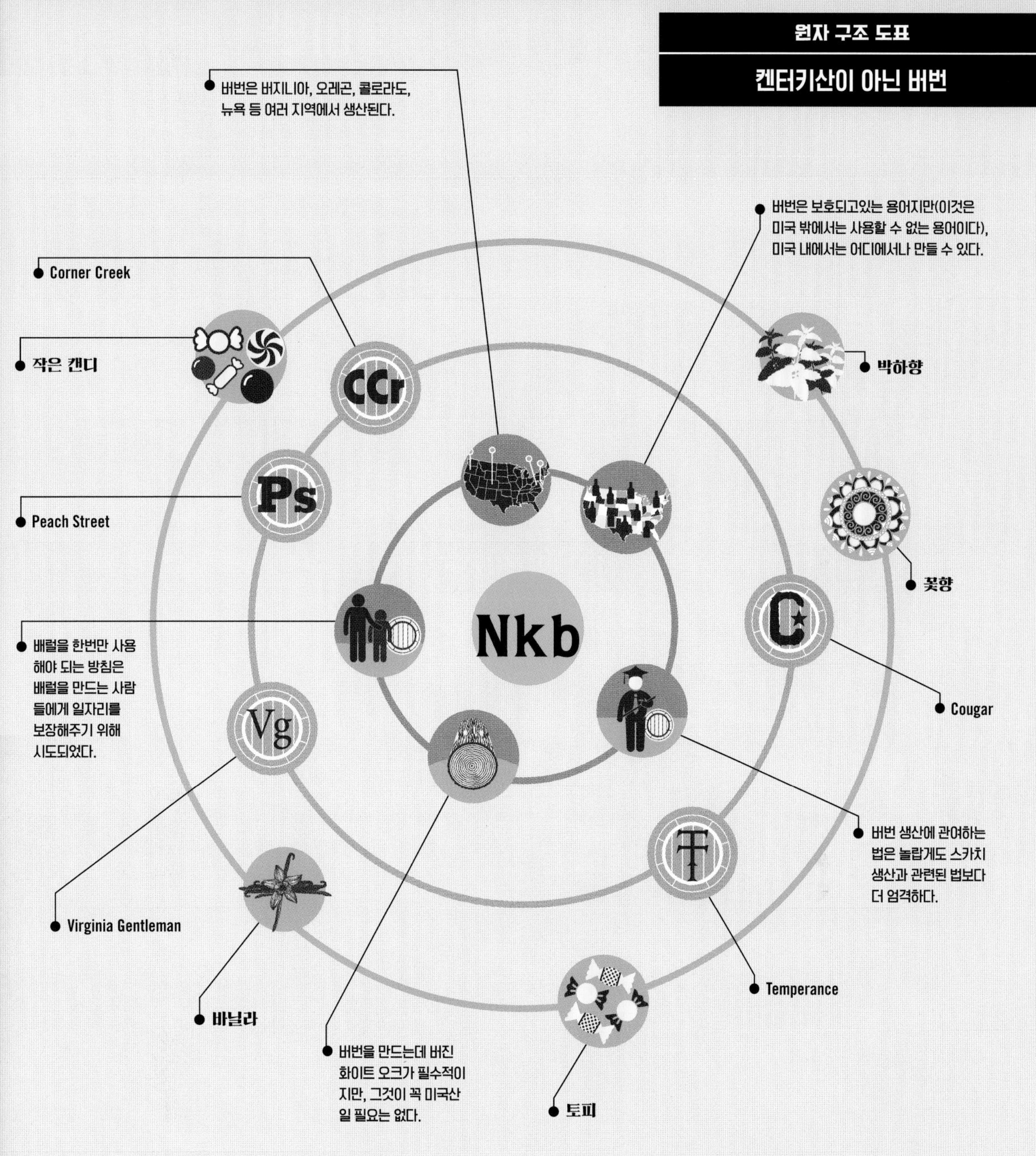

그림 설명 | = 테이스팅 노트 | = 추천 증류소 | = 흥미로운 점

원산지: 미국

알코올 도수: 40%-60%

곡물: 51% 이상의 옥수수, 맥아 보리. 밀 혹은 호밀

캐스크: Virgin white oak

뉴웨이브/수제 버번

미국만 해도 다양한 수제 위스키 증류가들이 급증하고 있기 때문에 수제 증류 혁명에 발맞추기란 여간 쉽지 않다. 그들이 제조하는 대부분은 그다지 훌륭하지 않지만 그 중 몇몇은 매우 영리하게 만들어졌다.

수 세대를 걸친 경험을 지닌 켄터키의 증류가들은 특히 신세대 위스키 생산자들이 만드는 버번에 대해 그것들이 너무 2차원적이고, 어리고, 균형이 맞지 않다고 콧방귀를 뀐다. 그러나 그 이야기에 대해서 신세대 증류가들은 오히려 그들이 핵심을 놓친다고 입을 모은다. 새로운 증류가들은 더 젊고, 덜 마초스러운 고객층을 끌기 위해 가볍고, 재밌고, 다른 미각적 포인트를 지닌 위스키를 생산하는 것이다.

아마 그들이 맞을지도 모른다. 뉴욕이나 로스앤젤레스의 스타일리시한 바에서는 이런 몇몇의 신세대 위스키들의 수요가 이미 엄청나게 늘어나고 있다.

추천 위스키

Cedar Ridge Reserve	Iowa의 첫 번째 소규모 증류소에서 만든 버번. 75% 이상의 옥수수 함유량 덕에 많은 다른 버번들에 비해 더 부드럽고, 더 달콤하고, 더 풍부한 맛에 더 매끄러운 풍미가 완성되었다.	★
McKenzie	풍부한 아로마향, 가볍고 밸런스가 잘 맞으면서 정교하다. 이미 명성이 자자하다.	★★
Breckenridge	비교적 옥수수 함유량이 적고 호밀 함유량이 비슷한 정도로 들어있는, 매우 풍미가 진하고 고유의 독특한 개성이 있는 스파이시한 위스키.	★★★

★ 가장 덜 비싼/쉽게 구할 수 있는 ★★ 어느 정도 비싼/구하기 쉽지 않은
★★★ 값이 나가는/매우 귀한

원자 구조 도표

뉴웨이브/수제 버번

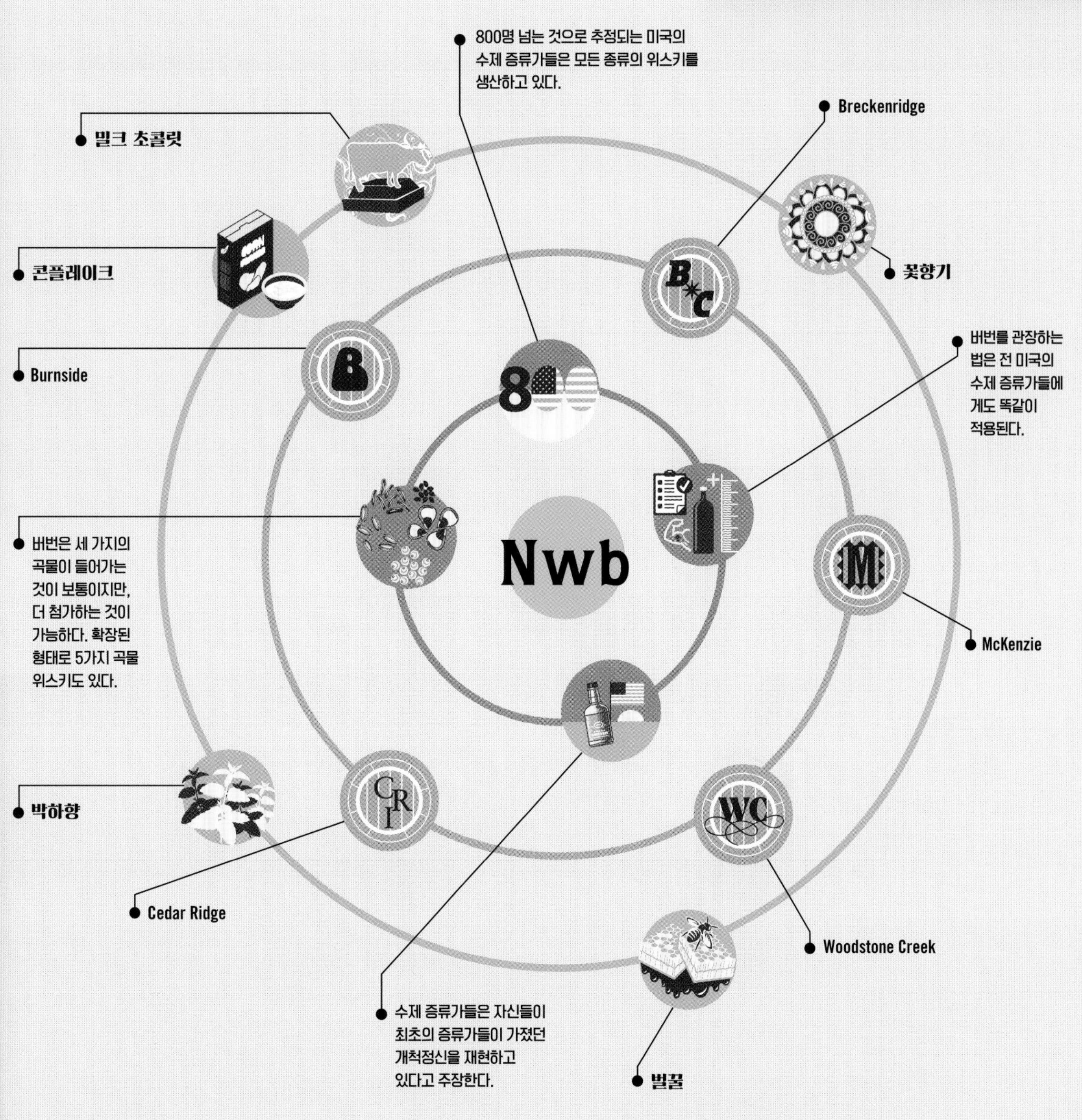

그림 설명 = 테이스팅 노트 = 추천 증류소 = 흥미로운 점

원산지: 미국

알코올 도수: 40%-60%

곡물: 옥수수, 밀, 맥아 보리, 호밀

캐스크: Virgin white oak

베이비 버번

위스키에는 언제나 교묘한 속임수 같은 것이 있어왔고, 특히 미국 위스키는 더더욱 그래왔다. 당연히 새로운 수제 증류가들은 그런 은폐된 면을 이용하는 데에 누구보다 빨랐다. 하지만 그 과정에서 어둠 속에 빛을 밝히는 역할도 한 셈이다.

나는 무엇이 본인들이 만드는 위스키를 구성하는지 조차 잘 모르는 켄터키 버번 산업의 두 어른을 알고 있다. 이 카테고리의 위스키는 정확히 그들을 손가락질 한다. 베이비 버번은 어린 버번이며, 종종 2년산 이하이다. 그러나 엄밀히 말하면 캐스크에 들어가자마자 버번이 될 수 있으므로 이것도 분명 버번이다.

이 위스키는 거칠고, 나무즙향이 나며, 세련되지 않고 어린 맛이 난다. 그러나 생산자들은 바로 그게 베이비 버번의 존재 의미라고 한다. 고객층은 역시 아직 세련되거나 여물지 않은, 바로 이 위스키를 닮았다.

추천 위스키

Lewis Redmond Aged 10 Months	높은 옥수수와 밀 함유량은 부드럽고, 달콤하고, 꿀이 코팅된, 동시에 독특한 고소함까지 갖춘 위스키를 만든다.	★
Balcones Baby Blue	호불호가 갈리는 맛. 아마 데킬라를 마시는 사람들에게 좀 더 맞지 않을까? 나무즙향, 달콤하고 과일맛이 풍부함	★★
Hudson Baby Bourbon	이 성공적인 위스키 역시 버번이다. 가볍지만 부드러운 바닐라향, 오크, 향신료 맛의 조합은 숙성된 증류주의 풍미를 소개시켜주는 전단계 역할을 완벽히 한다.	★★★

★ 가장 덜 비싼/쉽게 구할 수 있는 ★★ 어느 정도 비싼/구하기 쉽지 않은
★★★ 값이 나가는/매우 귀한

원자 구조 도표

베이비 버번

어떤 이유에서 베이비 버번이라고 부르게 되었는지에 대한 명확한 이야기는 없지만, 확실한건 베이비 버번도 일반 버번과 같은 방식으로 증류된다는 것이다.

Hudson Bay Baby Bourbon

버번은 배럴에 들어가면서부터 버번이라고 불릴 수 있다. 그러므로 "베이비"라는 용어는 그저 상업적인 술책에 지나지 않는다.

어리고 촉촉한 즙

기름맛

캐러멜

Bb

Balcones Baby Blue

박하향

Lewis Redmond는 사우스캐롤라이나 주의 Dark Corner 증류소에서 만들어진다.

Lewis Redmond Bourbon Aged 10 Months

Hudson Bay 베이비 버번은 100% 그 지역에서 자란 옥수수로 만들어진다.

통 옥수수

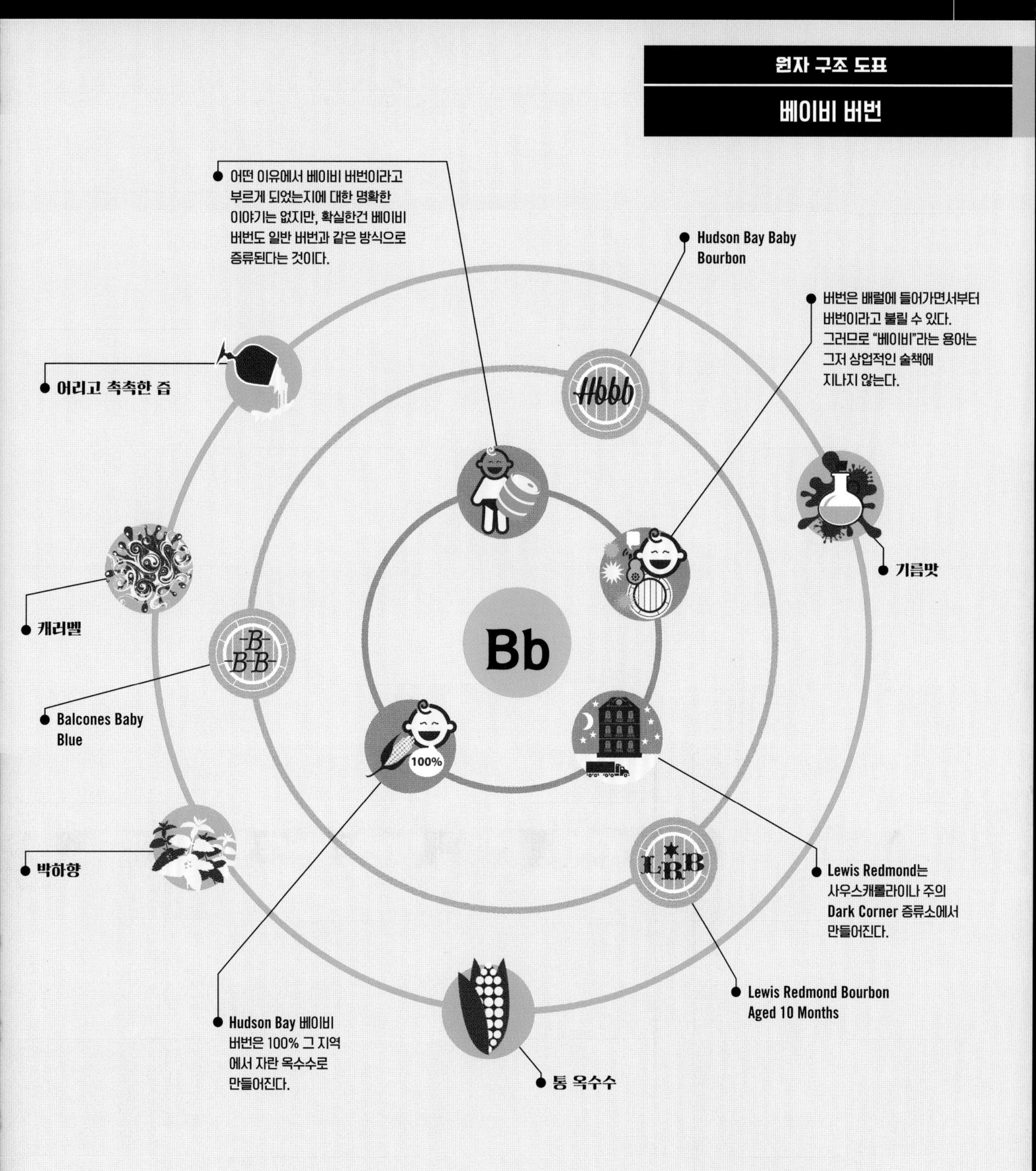

그 림 설 명
= 테이스팅 노트
= 추천 증류소
= 흥미로운 점

원산지: 미국, 켄터키
알코올 도수: 40%-45%
곡물: 옥수수, 맥아 보리. 호밀
캐스크: Virgin white oak

테네시 위스키

테네시 위스키와 버번은 하나의 중요한 제조과정으로 인해 구분된다. 테네시에서는 새로 만들어진 위스키를 그을린 메이플 나무로 만든 벽 위에 부어서 통과시킨다. 이것은 Lincoln Country 과정이라고 부르는데. 테네시 사람들은 이것이 버번을 연화시킨다고 주장한다.

만약 그것이 술의 특성까지 바꾼다면, 버번이라고 보긴 힘들 것이다. 그러나 테네시 사람들은 별로 신경을 안 쓰는 눈치다. 이곳의 주전선수는 전세계에서 가장 수요가 높은 증류주 중 하나이며, 클래식한 컨트리 보이 이미지와 반항적인 락스타의 이미지를 동시에 지니고 있는 "잭 다니엘"이다.

잭에 대해 콧방귀를 뀌는 사람들은 뭘 몰라도 한참 모르는 것이다. Single Barrel Jack은 기가 막히게 잘 만들어졌으며, 무엇보다 진한 브라운 빛의 높은 도수를 가진 술이 전 세계적으로 어마어마하게 팔린다는 것은 잭 다니엘이 이룬 상당한 업적이다. 정당하게 평가하자.

추천 위스키

Jack Daniel's Old No. 7	히커리향이 강한 라인이며 바닐라와 향신료 맛 사이에서 금세 퍼지는 리커리시 맛이 마치 깜짝 선물과도 같은 위스키.	★
George Dickel Superior No. 12	잭 다니엘만큼 달진 않지만, 은은한 오크향, 타닌, 후추, 그리고 시트러스 노트.	★★
Jack Daniel's Single Barrel	만약 No.7이 롤링스톤즈라면 이 싱글 배럴 라인은 Ron Wood의 솔로 콘서트 같다. 가변적이지만 전체적으로 한 성격하는.	★★★

★ 가장 덜 비싼/쉽게 구할 수 있는 ★★ 어느 정도 비싼/구하기 쉽지 않은
★★★ 값이 나가는/매우 귀한

원자 구조 도표
테네시 위스키

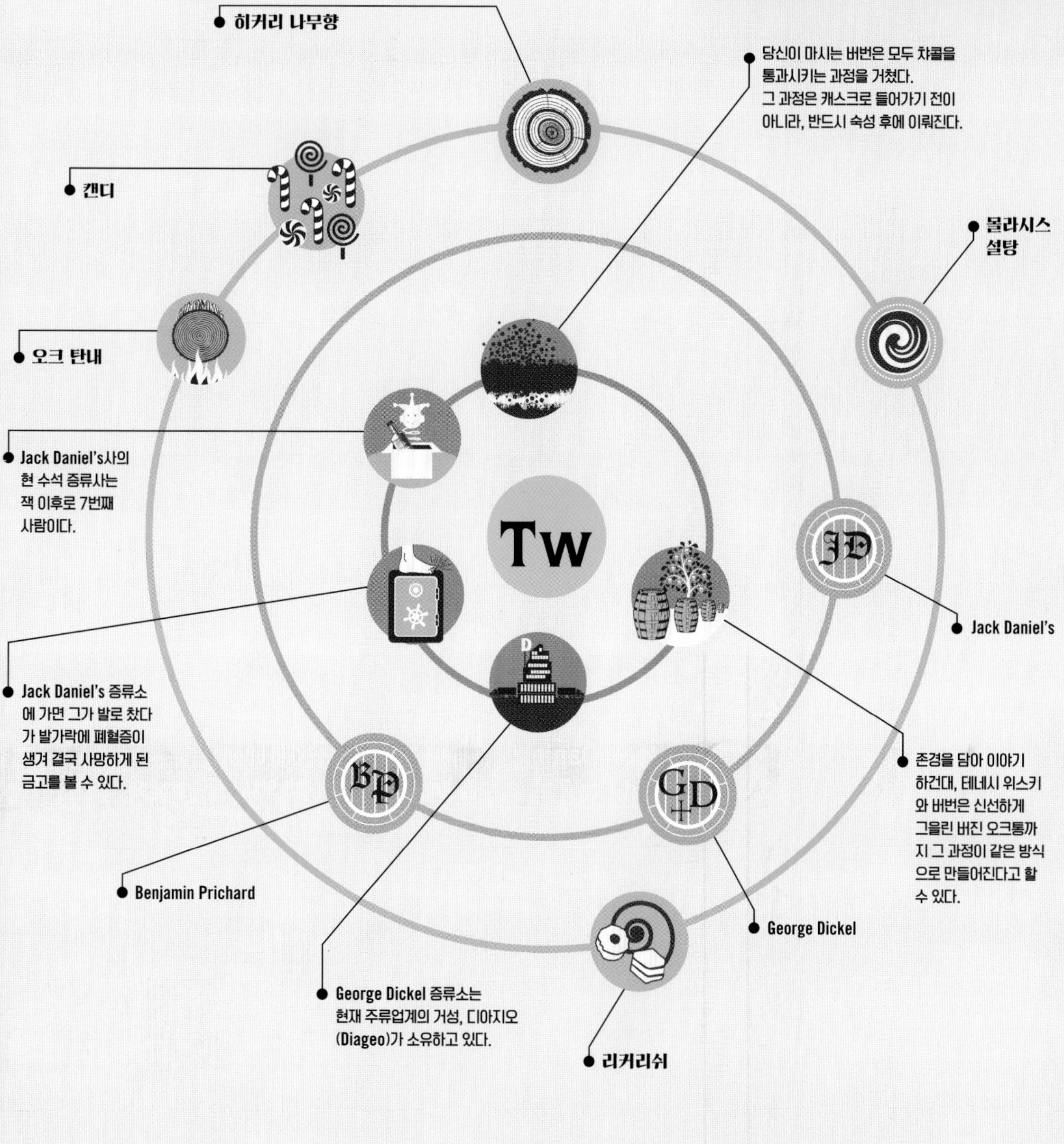

Tw

히커리 나무향

당신이 마시는 버번은 모두 차콜을 통과시키는 과정을 거쳤다. 그 과정은 캐스크로 들어가기 전이 아니라, 반드시 숙성 후에 이뤄진다.

캔디

몰라시스 설탕

오크 탄내

Jack Daniel's사의 현 수석 증류사는 잭 이후로 7번째 사람이다.

Jack Daniel's

Jack Daniel's 증류소에 가면 그가 발로 찼다가 발가락에 폐혈증이 생겨 결국 사망하게 된 금고를 볼 수 있다.

존경을 담아 이야기하건대, 테네시 위스키와 버번은 신선하게 그을린 버진 오크통까지 그 과정이 같은 방식으로 만들어진다고 할 수 있다.

Benjamin Prichard

George Dickel

George Dickel 증류소는 현재 주류업계의 거성, 디아지오(Diageo)가 소유하고 있다.

리커리쉬

그림 설명

● = 테이스팅 노트　● = 추천 증류소　● = 흥미로운 점

원산지: 미국

알코올 도수: 45%-50%

곡물: 옥수수, 맥아 보리, 밀, 호밀

캐스크: Virgin white oak

켄터키 옥수수 위스키

요즘 우리는 위스키에 관해서 한계점에 도달했다. 명확하게 구분이 되지 않은 영역들이 많아지고, 무슨 위스키가 어떤 카테고리에 속해야 하는지에 대해서도 혼란의 여지가 많다. 여기에서 소개하는 위스키들 역시 같은 레시피로 만들었지만 마케팅을 위해 다르게 포장된 위스키들이다.

이 위스키들을 분리해서 나누는 주된 이유는 그것이 높은 옥수수 함유율(버번보다 훨씬 높은)을 가졌음에도 불구하고 오크통 안에서 몇 달, 혹은 몇 년 동안 숙성된 점이 확실히 다른 옥수수 위스키들과 구별되기 때문이다. 결과로만 보면 옥수수가 베이스인 증류주는 모두 달콤함과 바닐라향이 공통적이다. 하지만 날카로운 후추향, 그리고 타닌이 내리꽂히는 감성을 보면 이 위스키들은 오히려 유럽의 그레인 위스키에 더 가깝다.

추천 위스키

Dixie Dew	놀랍도록 정교하고, 리치하며 켄터키 옥수수 위스키의 과일향 버전이라고 할 수 있다. 이 장르를 소개하기에 최적의 위스키.	★
J.W. Corn	초콜릿과 바닐라 아이스크림과 충분한 양의 메이플 시럽의 만남.	★★
Hirsch Selection Special Reserve	4년 동안 중후하게 숙성된, 나이만큼 리치하며 구운 오크향을 불러오지만 여전히 달콤한 노트.	★★★

★ 가장 덜 비싼/쉽게 구할 수 있는 ★★ 어느 정도 비싼/구하기 쉽지 않은
★★★ 값이 나가는/매우 귀한

원자 구조 도표

켄터키 옥수수 위스키

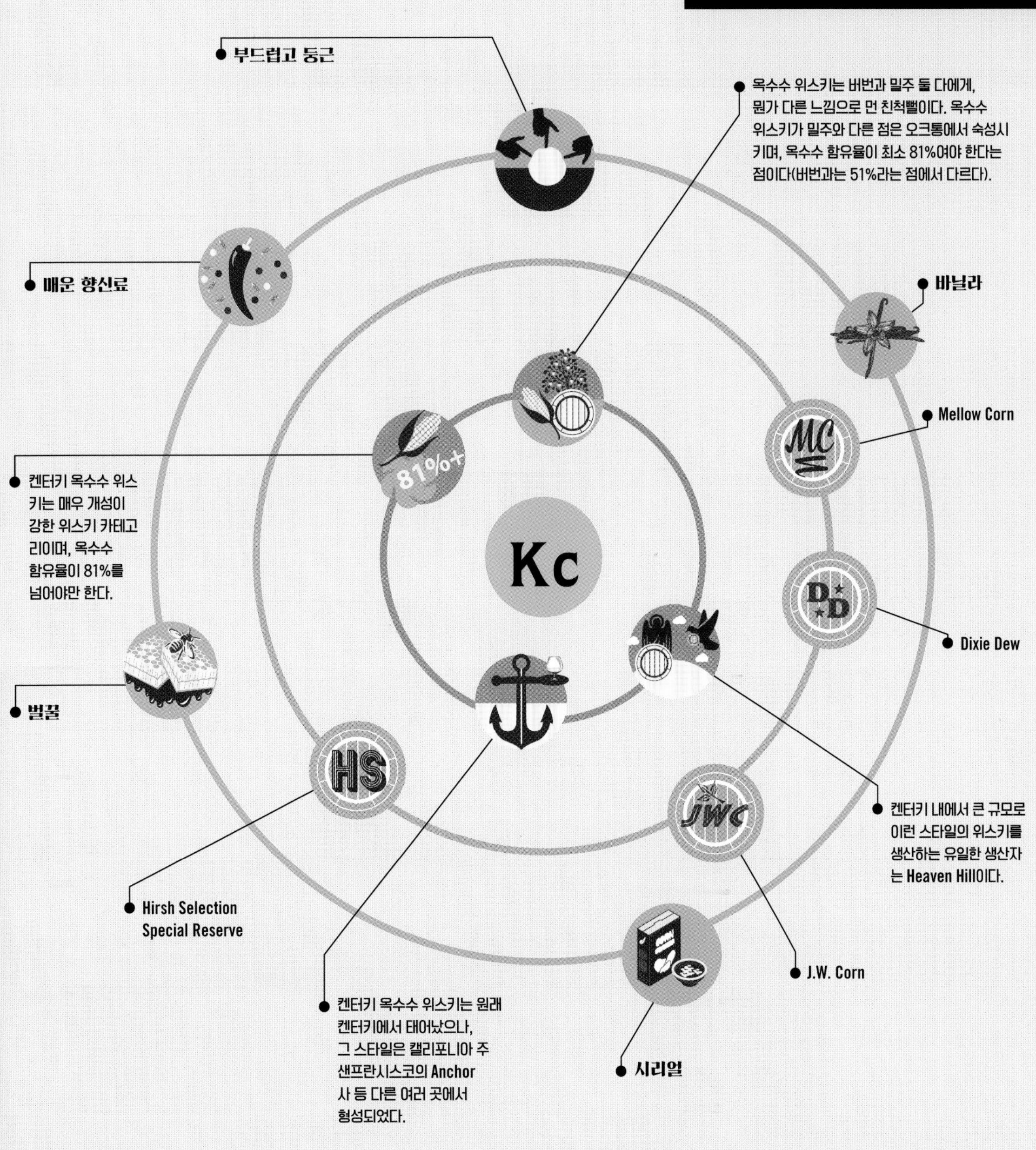
부드럽고 둥근
옥수수 위스키는 버번과 밀주 둘 다에게, 뭔가 다른 느낌으로 먼 친척뻘이다. 옥수수 위스키가 밀주와 다른 점은 오크통에서 숙성시키며, 옥수수 함유율이 최소 81%여야 한다는 점이다(버번과는 51%라는 점에서 다르다).
매운 향신료
바닐라
Mellow Corn
MC
81%+
켄터키 옥수수 위스키는 매우 개성이 강한 위스키 카테고리이며, 옥수수 함유율이 81%를 넘어야만 한다.
Kc
DD
Dixie Dew
벌꿀
HS
JWC
켄터키 내에서 큰 규모로 이런 스타일의 위스키를 생산하는 유일한 생산자는 Heaven Hill이다.
Hirsh Selection Special Reserve
J.W. Corn
켄터키 옥수수 위스키는 원래 켄터키에서 태어났으나, 그 스타일은 캘리포니아 주 샌프란시스코의 Anchor 사 등 다른 여러 곳에서 형성되었다.
시리얼

그림 설명 = 테이스팅 노트 = 추천 증류소 = 흥미로운 점

원산지: 미국

알코올 도수: 40%-50%

곡물: 옥수수, 맥아 보리, 밀, 호밀

캐스크: Virgin white oak

기타 옥수수 위스키/밀주

미국의 수제 증류가들 속에서 옥수수 위스키는 르네상스를 맞이하고 있다. 왜냐하면 이것은 예전의 밀주, 80년대 미드 〈듀크스 오브 하자드〉의 소년 이미지, 불법 귀중품을 싣고 주 경계선을 향해 달리는 빠른 차를 연상시키기 때문이다.

마케팅 책임자의 야망으로 인해 이 위스키는 젊은 이미지를 갖게 되었다. 그리고 별 숙성기간이 필요치 않기 때문에 금방 마실 수 있는 준비가 되어 있으며, 그것은 "빨리, 빨리" 세대에게 안성맞춤이었다. 뭘 더 바라냐고? 글쎄, 신개념 밀주를 둘러싼 모든 광고나 떠들썩함을 보면, 처음 접하는 사람에게 이것은 예전의 밀주 그대로 완벽하게 재현한 '프리미엄 밀주'라고 할 수 있다. 이 술은 달콤하고 심플하지만, 최악을 만나면 복통을 일으킬 만큼 질이 낮다. 누가 만드느냐에 따라 천차만별이지만, 요새 어린 친구들은 그런 것마저 좋아하는 눈치다. 그러나 위스키라면 이래야 한다라는 최소한의 기본마저 지키지 않는 상품이라면? 나는 노땡큐다.

추천 위스키

Georgia Moon Corn Whiskey	30일 이하로 숙성된 거의 알코올이 적셔진 단 옥수수를 먹는 느낌. 정말 거의 그렇다. 달고, 즐길만하고, 심플하다.	 ★
Kings County Moonshine Whiskey	옥수수 위스키를 만들 때는 별로 신비로운 구석은 없다. 맛은 한방이며, 그때 확실히 원하는 지점을 건드려야 한다. 이것은 달콤하고 기름진 옥수수 본연의 맛이며, 바로 그 과정을 매우 현명하게 해낸 위스키.	★★
McMenamins White Dog	"White Dog" 중 숙성기간이 없는, 마치 알코올맛 팝콘처럼 사랑스러운 선물!	 ★★★

★ 가장 덜 비싼/쉽게 구할 수 있는 ★★ 어느 정도 비싼/구하기 쉽지 않은

★★★ 값이 나가는/매우 귀한

원자 구조 도표

기타 옥수수 위스키/밀주

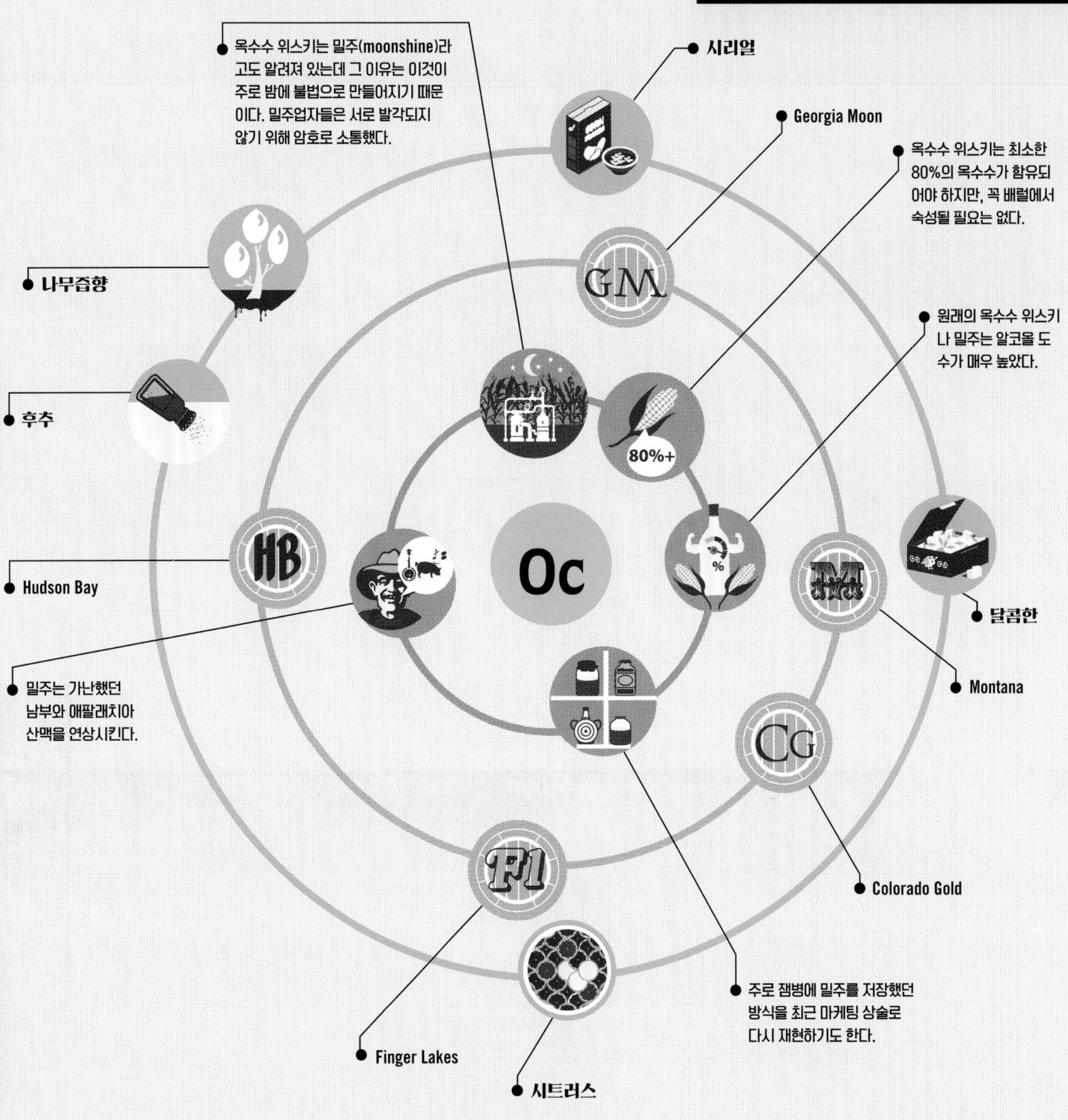

그림 설명 = 테이스팅 노트 = 추천 증류소 = 흥미로운 점

WALDVIERTLER WHISKY J.H.
ORIGINAL RYE-WHISKY
MILLSTONE
DUTCH SINGLE RYE WHISKY
100 RYE WHISKY
FORTY CREEK
40
JOHN K. HALL
PORT WOOD RESERVE
SAZERAC
18
BOTTLED-IN-BOND
100 PROOF
RITTENHOUSE
STRAIGHT RYE WHISKY
BOTTLED-IN-BOND

RYE WHISKY

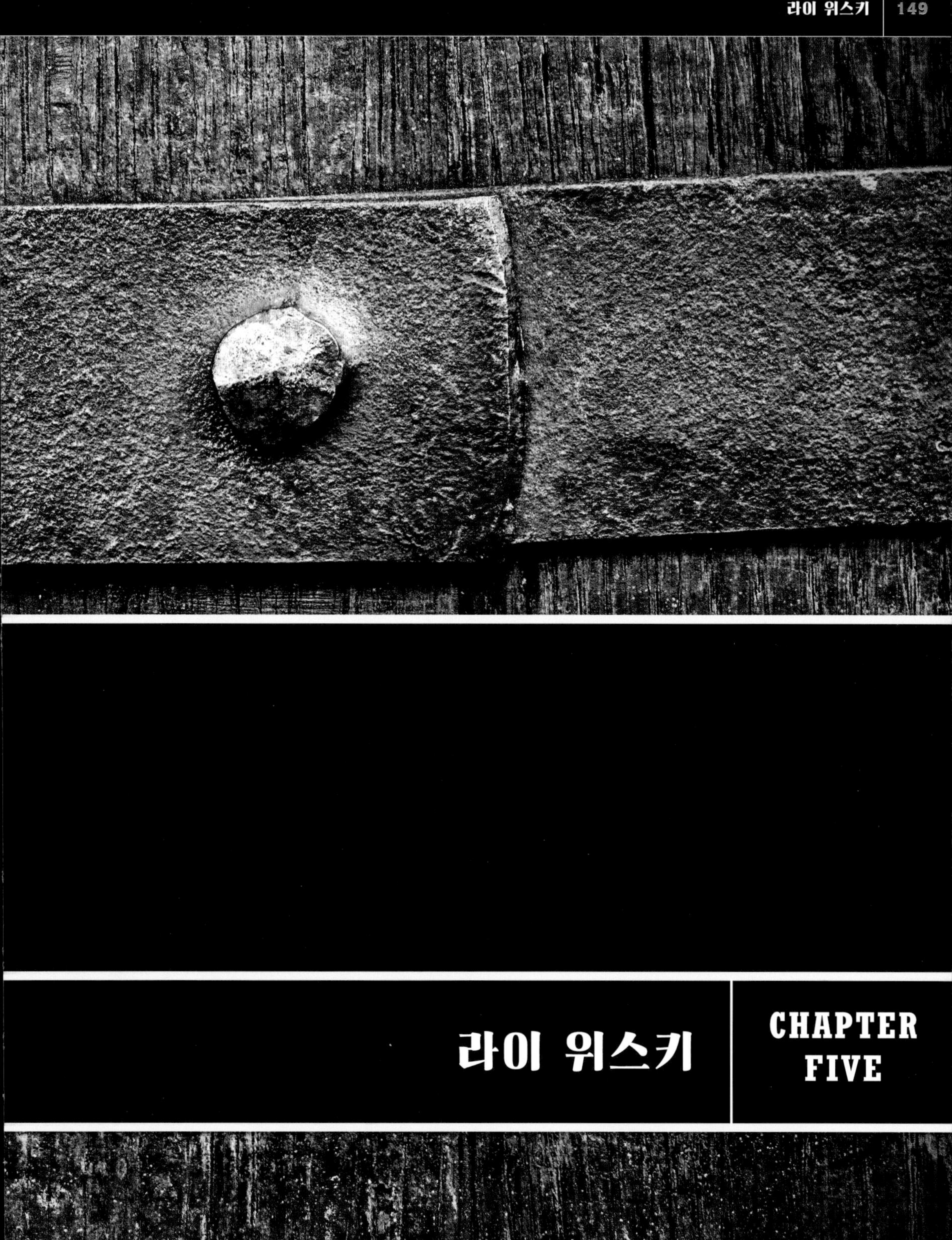

라이 위스키

CHAPTER FIVE

라이(호밀) 위스키는 여러 가지 모습일 수 있지만 대표적으로 정의하는 스타일은 풀바디의 스파이시한 풍미의 미국산일 것이다. 바로 카우보이들의 위스키였다. 노골적으로 크고 묵직한 맛을 자랑하는 이 위스키는 미국의 역사 그 자체가 짙게 배어있다. 많은 칵테일의 베이스로도 현재 지속적인 인기를 얻고 있다.

위스키는 어떤 곡물로도 만들어질 수 있지만, 몇몇 종류의 곡물은 다른 것들에 비해 제조과정이 쉬운 편이다. 발아된 보리가 대부분의 위스키 엿기름에 사용되는 이유도 보리가 발아하기 쉽고, 전분과 당이 알코올로 전환되는 과정에서 훌륭한 촉매 역할을 하기 때문이다. 그러나 위스키를 100% 다른 곡물로 만드는 것 또한 가능하며, 라이 위스키가 그런 케이스이다. 물론 최근에 다시 유행하기 시작했지만 호밀은 위스키 생산과정에 있어서 늘 난해한 존재이다.

이제 막 시작하는 사람들을 위해 말하자면, 라이 위스키라는 용어는 캐나디안 위스키의 부드럽고 마시기 좋은 호밀맛부터, 북미의 다른 지역에서 생산하는 거침없고 스파이시한 맛의 위스키까지 꽤 넓은 범위의 스타일과 맛의 종류를 아우른다.

다른 그레인 위스키들도 그렇지만, 라이 위스키 역시 다양한 지역에서 다양한 성격으로 나타난다. 예를 들어 네덜란드의 라이 위스키와 호주의 라이 위스키는 매우 다르다. 호밀은 위스키를 만들기 어렵기로 악명높은 곡물이다. 호밀은 약간 벽지 바를 때 쓰는 풀처럼 끈적하고 질척이는 젤로를 만들고, 이는 증류기를 막히게 한다. 꽤 많은 양의 이산화탄소 방울들이 그 호밀 젤로 덩어리에서 흘러나와 사방에 터지고 또 튄다. 그러니까 한마디로 증류 과정에서 예측 불가능한 괴물을 만나는 것이다.

그리고 어느 정도 작업이 이뤄졌다 하더라도, 또 다시 지저분해지고 헤매는 과정을 반복하기 □문에 최종 결과물이 어떻게 나올지를 예측하는 일은 대단히 어렵다. 한 인터뷰에서 네덜란드의 증류가 Patrik Zuidam은 그가 어떻게 아버지를 설득해서 비교적 비싼 호밀에 투자하게 되었는지 이야기한 적이 있다. 투자를 받은 후 2년간 숙성된 결과물은 너무나 한심했다. 그는 패배를 인정하며 모든 게 돈 낭비였다는 사실을 아버지께 알려야할지, 아니면 이 라이 위스키를 2년 정도 더 그냥 내버려 둘 것인지 결정하기 힘들었다. 결국 그는 후자를 선택했고, 그건 좋은 선택이었다. 왜냐하면 지금 그의 증류소가 생산하는 위스키들은 환상적이기 때문이다.

그게 바로 라이 위스키의 핵심이다. 모든 성공한 미국 라이 위스키들이 그렇듯이, 작업만 성공적이면 그 결과물은 한마디로 굉장하다. 그리고 가장 성공적으로 만들어졌을 때의 라이 위스키는 그 어떤 위스키 스타일도 따라올 수 없는 상상 너머의 무엇이 된다.

증류와 숙성을 거치면서 라이 위스키는 쓰임새도 다양해진다. 탄력있는 근육질의 "사내" 같다는 평을 듣곤 하지만 얼음없이 스트레이트로 마시거나, 얼음과 함께 언더락 스타일로 마실 때는 고유의 담백한 후추향이 나기도 한다. 그 노트 덕에 칵테일 베이스로도 수요가 높다. 역사와 유래가 있는 전통적인 술과 칵테일이 다시 인기를 끌면서 미국 라이 위스키의 수요가 급증했고 지금은 어느 전문샵을 가든 찾기가 거의 불가능해졌다.

아마도 가장 라이 위스키를 선호했고, 환영하는 나라들은 독일, 오스트리아 그리고 스위스일 것이다. 풍족한 원료가 있고 증류가들이 자신만의 고유한 위스키를 만들기 위해 호밀을 오랫동안 사용해온 나라들이다. 리히텐슈타인의 Marcel Telser 역시 오랫동안 호밀로 작업해왔다.

원산지: 미국
알코올 도수: 40%-64%
곡물: 호밀, 맥아 보리
캐스크: Virgin white oak

스탠다드 아메리칸 라이 위스키

라이 위스키를 보기란 쉽지 않겠지만, 만약 찾게 된다면 쟁여놓기 바란다. 왜냐면 현재 라이 위스키는 어떤 종류든 간에 높은 수요를 보이고 있고, 바 매니저나 바텐더, 칵테일을 연구하는 믹스올로지스트들 사이에서 특히 인기가 높기 때문이다.

라이 위스키는 세 가지로 유형을 나누고 있긴 하지만, 이 포괄적인 범주 안에는 상당히 많은 다양성이 존재한다. 특히 미국에서는 더더욱 그렇다. 호밀은 100퍼센트의 함유율로도 증류가 가능하지만 법에 의해 51퍼센트까지만 허용되고 있다. 풍미의 다양성은 거기에서 온다. 알코올 범위와 숙성 시간도 다양한 편인데 당연히 맛에 영향을 끼친다. 가끔 몇몇 보기 드물게 훌륭한 라이 위스키가 덜 알려진 수제 증류소에서 나오는 경우를 보면 스탠다드와 프리미엄 위스키의 차이는 어딘지 기준이 없어 보일 때가 있기도 하다.

추천 위스키

Sazerac Rye 6 Year Old	미국 위스키로써 딱 좋은 숙성나이. 크고, 과감하지만 너무 복잡하지 않은 좋은 입문용 위스키.	★
Templeton Rye	많은 다른 라이 위스키보다 덜 라이 위스키스럽다. 금주법 시절에 알카포네가 즐기던 비밀 레시피를 바탕으로 했다고 알려져 있다. 달콤하고, 부드러운 면이 약간 캐나다 라이 위스키 같기도 하다.	★★
Rittenhouse 100 Proof	다른 라이 위스키들 보다 과일향이 풍부한 위스키. 다양한 과일이 하나 가득 담긴 것 같은 부케에 맞서는 강렬한 스파이시향 또한 굉장하다.	★★★

★ 가장 덜 비싼/쉽게 구할 수 있는 ★★ 어느 정도 비싼/구하기 쉽지 않은
★★★ 값이 나가는/매우 귀한

원자 구조 도표

스탠다드 아메리칸 라이 위스키

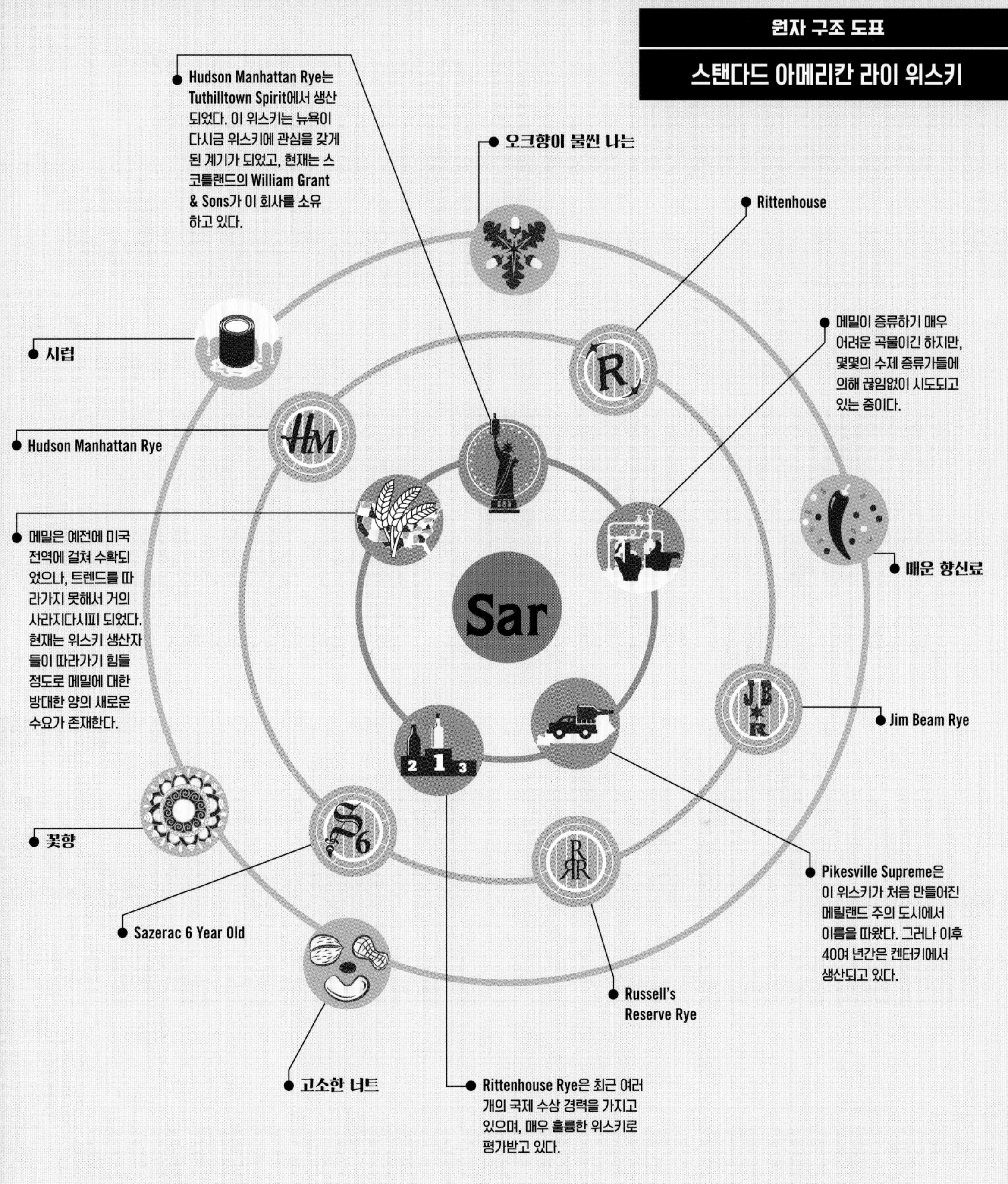

그림 설명 = 테이스팅 노트 = 추천 증류소 = 흥미로운 점

원산지: 미국
알코올 도수: 45%-65%
곡물: 호밀, 맥아 보리, 밀
캐스크: Virgin white oak

프리미엄 아메리칸 라이 위스키

이 카테고리는 전 세계에서 가장 흥미롭고, 혁신적이고, 중요한 몇몇 위스키를 포함하고 있다. 안타깝게도 그것은 가장 찾기 어려운 위스키들을 의미하기도 한다. 물론 그럼에도 불구하고 찾아다닐 가치는 충분하지만.

Anchor Brewing은 Old Potrero라는 이름으로 뛰어난 위스키들을 생산해왔다. Pappy Van Winkle은 증류소들 사이에서 전설적인 이름이며, Rittenhouse, Thomas Handy, Sazerac은 미국의 증류주 산업 발전에 중요한 역할을 담당해왔다.

Anchor는 시간을 거꾸로 감으로써 Old Potrero의 생산 라인에 혁신을 가져왔다. 세 종류 모두 150년이나 된 레시피로 생산되었다. 이 위스키들을 구하기란 거의 불가능하다. 그러나 만약 당신이 이중 어떤 것이라도 구할 수 있을 만큼 운이 좋다면, 강렬하고 볼드하고 절대로 잊을 수 없는 위스키 경험이 될 것이라고 기대해도 좋다.

추천 위스키

Sazerac Rye 18 Year Old	타닌과 칠리의 맛이 마치 한 여름의 시원한 슬리퍼같은 위스키. 중심은 다크하지만 꽃향과 허니 노트가 주변을 감돈다.	★
Thomas Handy Sazerac	펀치같은 라이 위스키. 졸인 사탕, 과일, 향신료 풍미가 칠리, 테라곤, 너트맥과 민트와 함께 일렬로 늘어서 있다.	★★
Old Potrero 18th Century Style Whiskey	기름진 히커리 노트, 정향, 후추, 애너셋(아니스로 맛을 들인 리큐어), 토피, 살구 등 정교하고 세련되기 이를 데 없다.	★★★

★ 가장 덜 비싼/쉽게 구할 수 있는 ★★ 어느 정도 비싼/구하기 쉽지 않은
★★★ 값이 나가는/매우 귀한

원자 구조 도표

프리미엄 아메리칸 라이 위스키

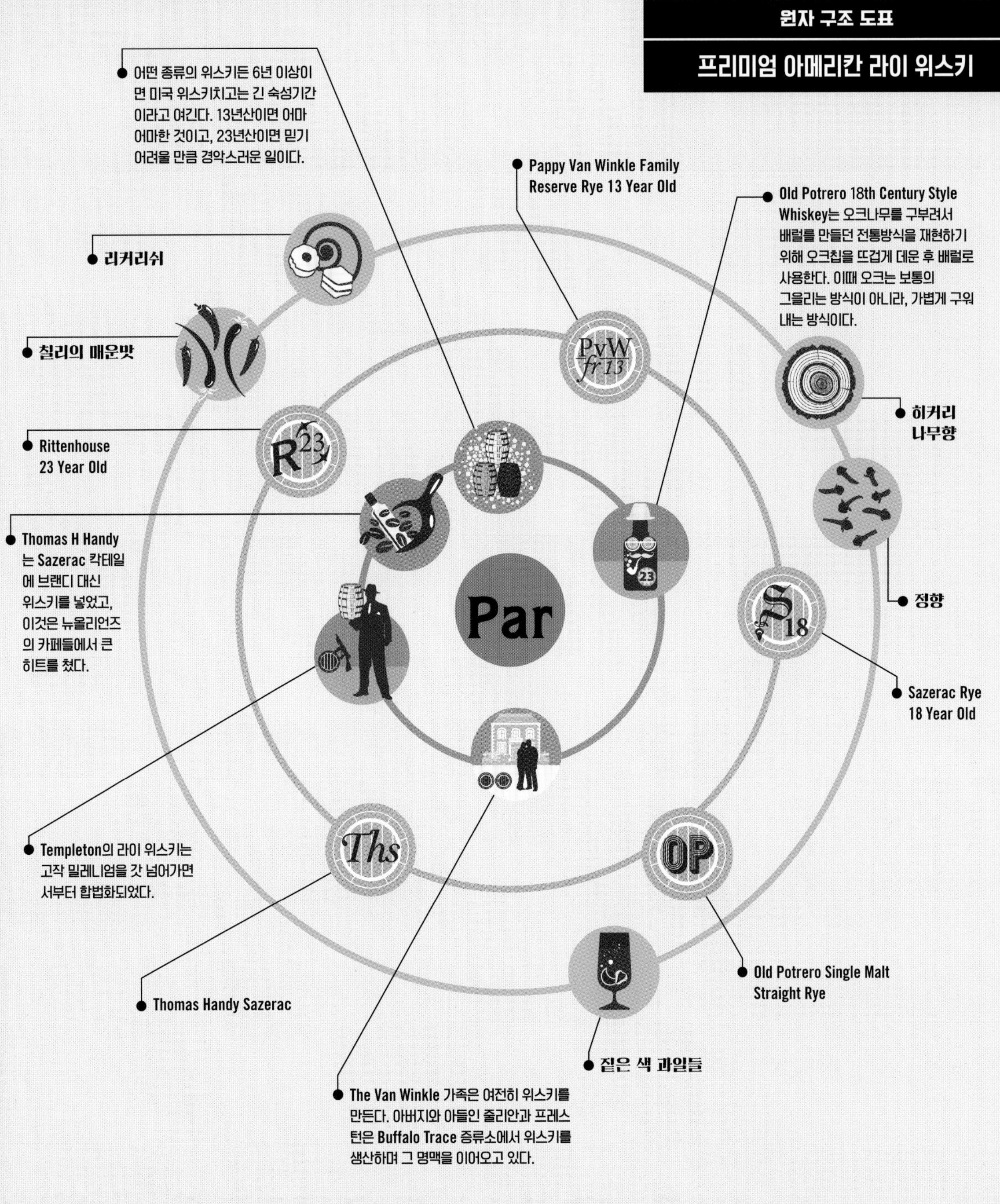

그림 설명	= 테이스팅 노트	= 추천 위스키	= 흥미로운 점

원산지: 켄터키 영향을 받은 캐나다

알코올 도수: 40%-45%

곡물: 호밀, 밀, 맥아 보리

캐스크: Virgin white oak

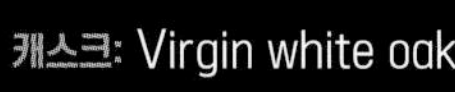

캐나디안 블렌디드 라이 위스키

대부분의 캐나디안 위스키는 블렌디드 위스키이기 때문에, 캐나디안 블렌디드 라이 위스키는 이 책의 7장 "위스키 계의 반항아" 섹션에 포함시킬 수도 있었다. 그러나 그것은 전세계에서 가장 특별하고, 지역에 국한되어 있으며, 또한 불합리하게 무시받아온 위스키 중 하나인 캐나디안 위스키에게 몹쓸 처사였을 것이다.

전세계의 많은 다른 부분들도 마찬가지이겠지만, 비교적 작은 생산자들 사이에서 생겨나는 새로운 관심은 캐나다의 위스키에 대한 고질적 비판에 긍정적 활기를 불러일으켰다. 물론 쉽지는 않다. 가장 상업적인 브랜드들 중 대부분은 미국 회사가 소유하고 있으며, 북미 취향에 맞게 단조로운 음료에 초점을 맞춰왔다. 게다가 캐나디안 위스키의 룰은 11퍼센트의 수입원액을 허용하고 있고, 켄터키산 원액 및 버번도 그것에 포함된다. 최근 들어 굉장히 멋지고 흥미로운, 새로운 위스키들이 캐나다에서 생산되고 있음을 볼 수 있다. 캐나다 위스키가 맛있을 때는 정말 맛있다.

추천 위스키

Alberta Premium	미묘하지만 꽤 강하게 건드리는, 고기 육즙의 감칠맛이 정교한 위스키. 캐나디안 위스키가 전해주는 한잔의 충고.	★
Crown Royal Special Reserve	또 하나의 강렬한 위스키, 하지만 이번에는 리치한 열대과일와 호밀의 고소한 기름짐이 방울방울 터지는 느낌이다.	★★
Forty Creek Port Wood Reserve	Forty Creek에서 만든 거라면 어떤 위스키든 아주 잘 만들어졌다고 해도 과언이 아니겠지만, 시간이 지날수록 와인과 이 라이 위스키 사이에서 고민이 오갈 것이다. 거부가 불가능한 맛.	★★★

★ 가장 덜 비싼/쉽게 구할 수 있는 ★★ 어느 정도 비싼/구하기 쉽지 않은
★★★ 값이 나가는/매우 귀한

원자 구조 도표

캐나디안 블렌디드 라이 위스키

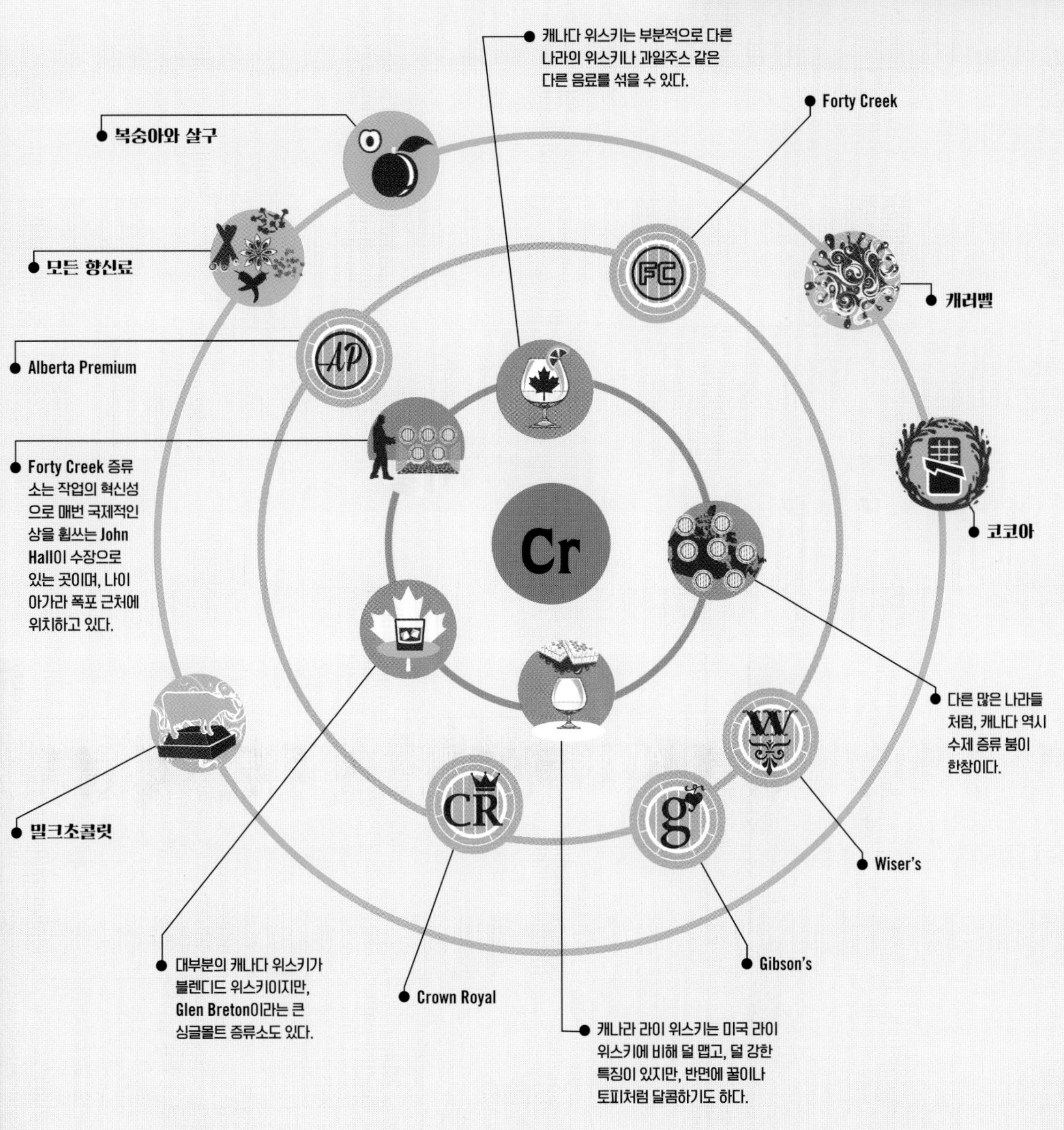

그림 설명 ● = 테이스팅 노트 ● = 추천 위스키 ● = 흥미로운 점

원산지: 미국, 독일, 네덜란드
알코올 도수: 40%-60%
곡물: 호밀
캐스크: Virgin white oak

싱글몰트 라이 위스키

어떤 사람들은 100퍼센트의 라이 위스키는 불가능하다고 말한다. 발아된 호밀은 발아된 보리가 하는 것과 같은 역할을 할 수 없다는게 그들의 주장이며, 그것은 알코올 속의 당과 전분에 관한 언쟁을 불러일으켰다.

그럼에도 불구하고 몇몇의 증류소들은 100퍼센트의 발아 호밀이라고 주장하는 위스키를 생산한다. 물론 이때 100퍼센트 발아 호밀의 정의란, 사용되는 호밀은 전부 발아되었음에도 불구하고 사용되는 곡물이 꼭 호밀만은 아닐 가능성도 포함되어 있다.

그게 중요한가? 여기 소개된 위스키들이 당신이 맛본 것 중 가장 정교하고, 흥미롭고, 맛있다는 것을 깨닫는 순간, 그것은 그리 중요치 않다. 그 맛을 알게 된 순간부터 평생을 따라다니는 짐이 생길 것이다.

오로지 호밀만으로 위스키를 생산한다는 것은 매우 힘든 일이다. 하지만 그 결과는? 캐나다산부터 켄터키, 멀리 네덜란드산까지, 굉장히 인상적인 위스키들이 탄생한다.

추천 위스키

Zuidam Millstone 100 Rye	향신료 맛은 버터스카치와 토피, 바닐라 향의 넘치는 풍미에 조용해진다.	★
Alberta Premium	입안을 풍미로 가득 채우고, 맛의 무지개빛 향연을 피우는 동안 여러 갈래로 그 맛을 뿜어대는 빅뱅 위스키.	★★
Old Potrero Hotaling's	내장요리부터 설탕절임한 과일까지, 위스키계의 스모가스보드(온갖 음식이 다양하게 나오는 스웨덴의 뷔페식 식사). 만약 당신이 이것을 시도할 만큼 용감하다면 넘치는 맛의 향연을 경험하게 될 것이다.	★★★

★ 가장 덜 비싼/쉽게 구할 수 있는 ★★ 어느 정도 비싼/구하기 쉽지 않은
★★★ 값이 나가는/매우 귀한

원자 구조 도표

싱글몰트 라이 위스키

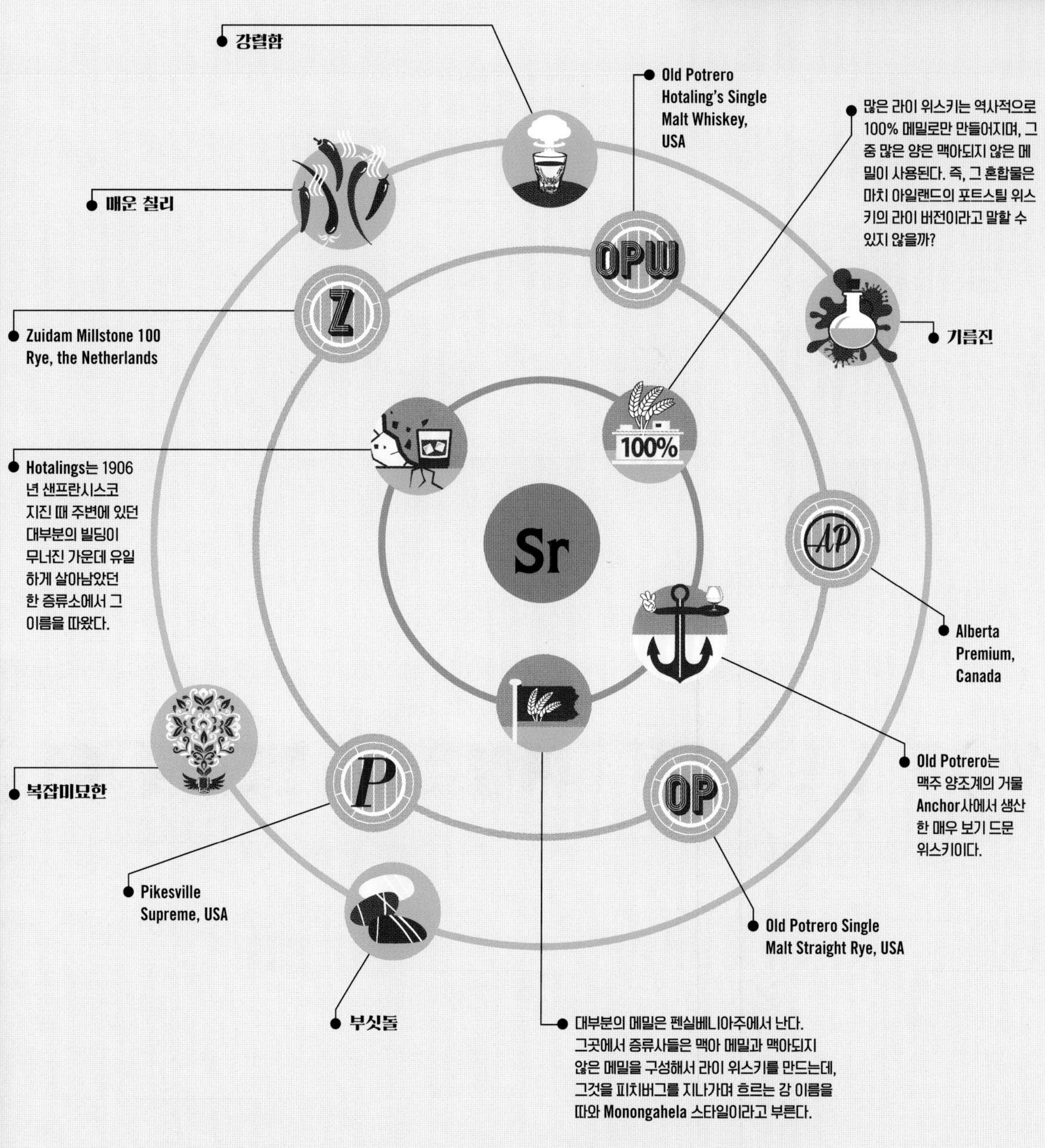

그림 설명

= 테이스팅 노트 　 = 추천 위스키 　 = 흥미로운 점

원산지: 오스트리아
알코올 도수: 41%-45%
곡물: 호밀, 밀, 맥아 보리
캐스크: Virgin white oak

오스트리안 라이 위스키

미국의 라이 위스키가 강렬함과 진한 과일향, 향신료 맛으로, 네덜란드 라이 위스키가 부드러운 토피와 바닐라, 버터스카치로 정의된다면 오스트리안 라이 위스키는 그 둘의 중간쯤이라고 할 수 있다. 놀랄 만큼 다양한 스타일을 창조하면서 말이다.

중앙 유럽의 다른 지역, 특히 호밀을 미국을 포함한 다른 나라로 수출하는 독일에서도 라이 위스키를 만날 수 있다. 그러나 최고의 라이 위스키는 오스트리아에 있다. 그들의 라이 위스키는 달콤함부터 감칠맛까지, 전채요리부터 디저트까지, 향이 매운 후추 맛부터 초콜릿과 너트가 뿌려진 아이스크림 맛까지 그 사이를 넘나든다. 다른 독일계 국가들처럼 많은 오스트리안 위스키들도 지역 소비만을 위해 매년 잠깐씩, 마치 우리를 놀리듯이 소량만 출시된다. 이것 때문에 오스트리안 라이 위스키를 찾기란 보통 어려운 일이 아니다. 그럼에도 불구하고 시도를 할만한 가치는 충분히 있다.

추천 위스키

위스키	설명	등급
Roggenhof Waldviertler J.H. Rye Whisky	기름지고, 강렬하고, 진한 너트향이 고소하면서 동시에 샤프하고, 특유의 살짝 탄맛이 감돈다.	★
Whisky Alpin Single Malt Rye	명백한 과일, 오크 노트로 천천히 시작되다가 강렬한 과일향의 바디와 진한 향신료 풍미로 뛰어오른다. 마치 긴꼬리를 남기며 강하게 발사되는 로켓처럼.	★★
Haider Original Rye Whisky	가장 어렵지 않게 접근할 수 있는 라이 위스키중 하나. 꿀, 통조림 과일과 히커리, 리커리시.	★★★

★ 가장 덜 비싼/쉽게 구할 수 있는 ★★ 어느 정도 비싼/구하기 쉽지 않은
★★★ 값이 나가는/매우 귀한

원자 구조 도표

오스트리안 라이 위스키

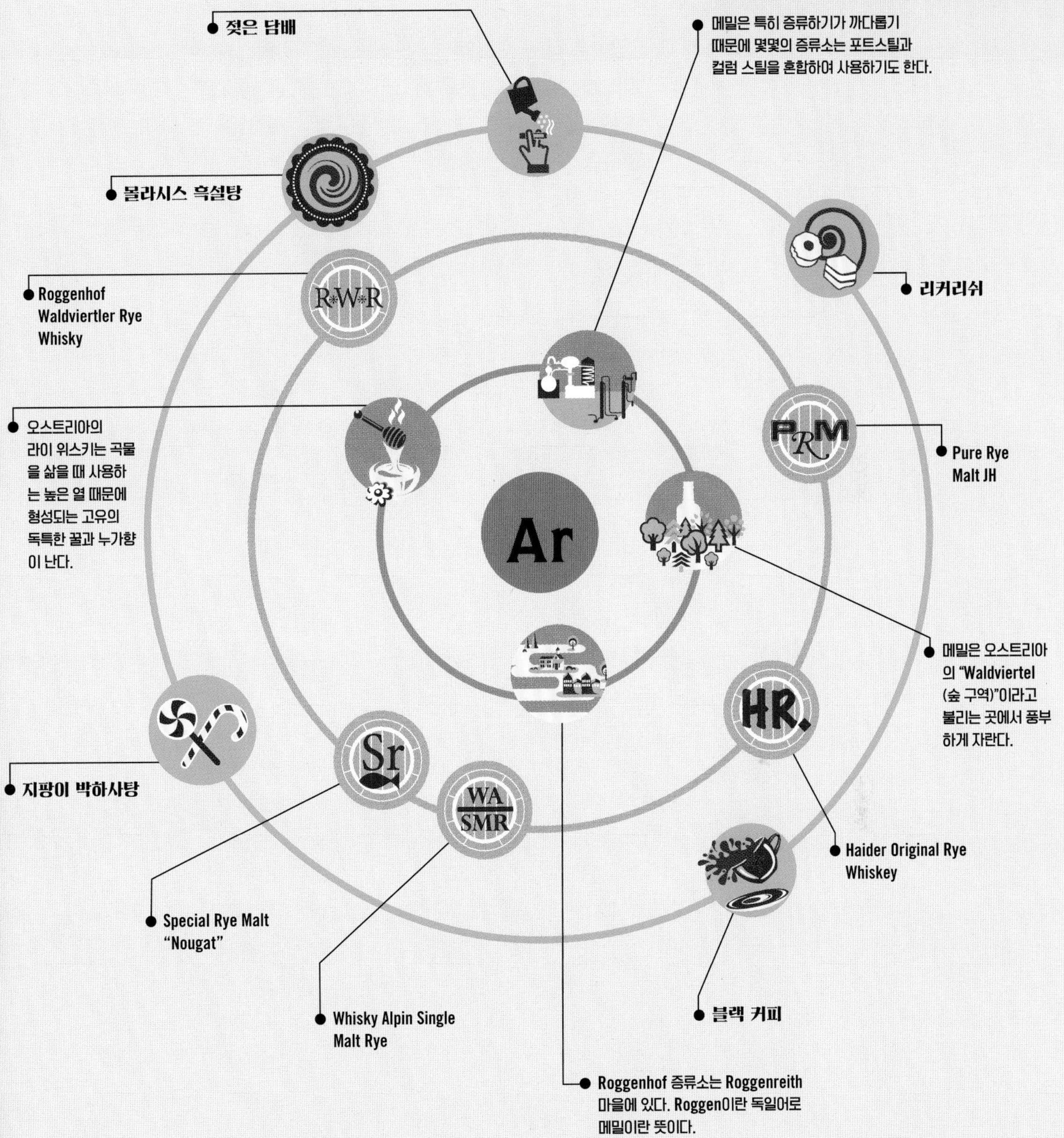

젖은 담배

메밀은 특히 증류하기가 까다롭기 때문에 몇몇의 증류소는 포트스틸과 컬럼 스틸을 혼합하여 사용하기도 한다.

몰라시스 흑설탕

리커리쉬

Roggenhof Waldviertler Rye Whisky

R W R

오스트리아의 라이 위스키는 곡물을 삶을 때 사용하는 높은 열 때문에 형성되는 고유의 독특한 꿀과 누가향이 난다.

PRM

Pure Rye Malt JH

Ar

메밀은 오스트리아의 "Waldviertel(숲 구역)"이라고 불리는 곳에서 풍부하게 자란다.

HR.

지팡이 박하사탕

Sr

WA SMR

Haider Original Rye Whiskey

Special Rye Malt "Nougat"

Whisky Alpin Single Malt Rye

블랙 커피

Roggenhof 증류소는 Roggenreith 마을에 있다. Roggen이란 독일어로 메밀이란 뜻이다.

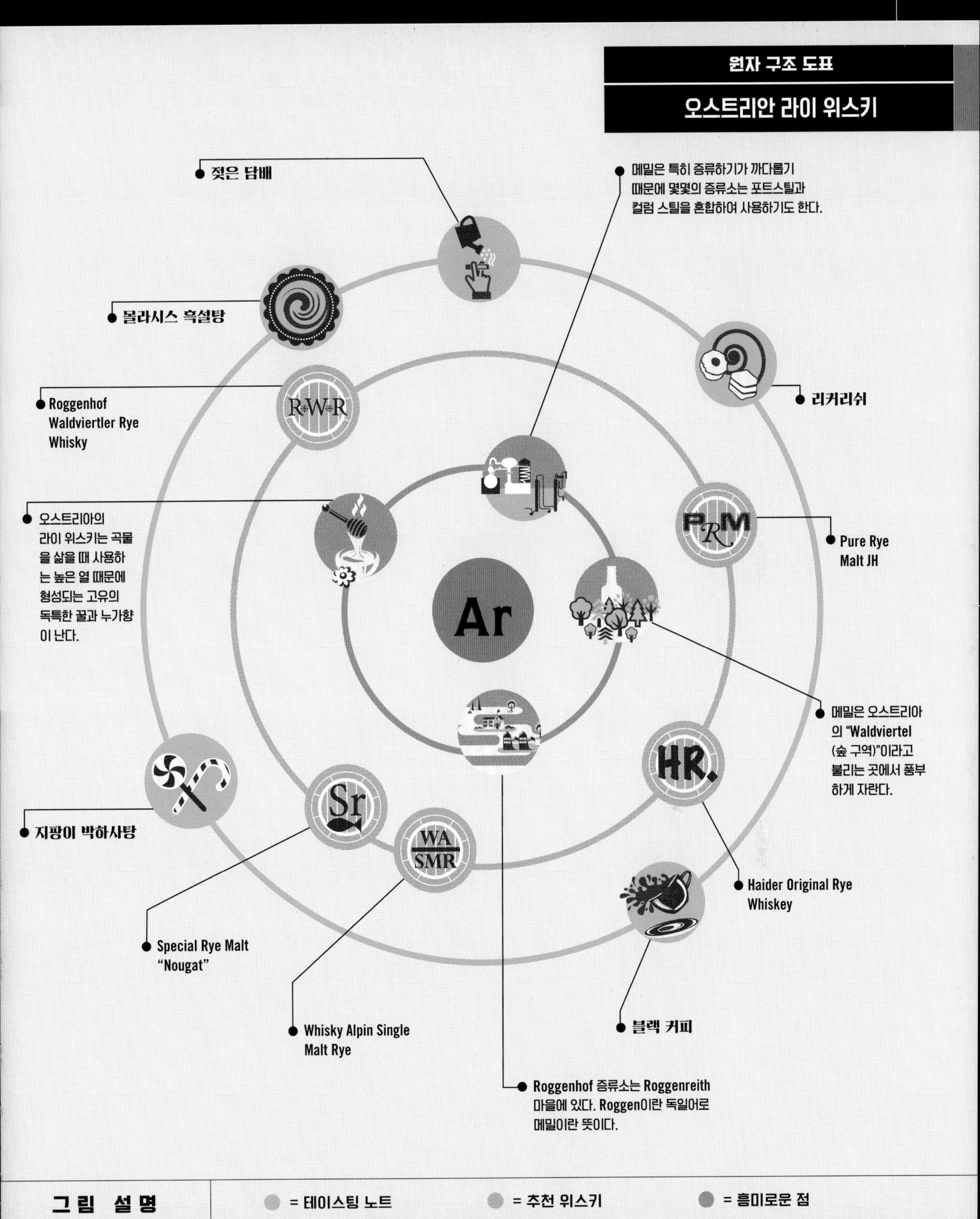

그 림 설 명	= 테이스팅 노트	= 추천 위스키	= 흥미로운 점

원산지: 네덜란드
알코올 도수: 40%-50%
곡물: 호밀
캐스크: Virgin white oak

네덜란드 라이 위스키

네덜란드의 라이 위스키는 다른 라이 위스키들과 다르다(여기서 의미하는 네덜란드의 라이 위스키란 아주 유능한 위스키 제조자인 Patrick Zuidam의 Zuidam 증류소에서 나온 라이 위스키를 의미한다). 담백한 캐나디안 라이 위스키와 스파이시하고, 더 과일향 강한 미국 라이 위스키 중간쯤에 속할 것이다.

Zuidam이 창조하는 맛의 중요한 부분은 버진 오크에서 나온다. 그러나 이 증류소는 이미 스파이시한 맛 위에 스파이시한 풍미를 더하는 방식을 사용하지 않는다. 오히려 메이플 시럽, 캐러멜, 바닐라 아이스크림, 농익은 과일 등의 리치한 풍미를 접목하는 놀라운 방정식을 위스키에 적용했다. 이것은 젊은 층의 소비자들과 자신이 위스키를 별로 안좋아한다고 생각하는 사람들에게 매력적이었다. 그들은 틀림없이 합법적인 음주연령이 되자마자 맥주나 와인을 잔뜩 마신 후에 블렌디드 스카치 위스키를 마셨을 것이고, 물론 그렇게 마신 술이 속을 편하게 했을 리가 없을 것이다. Zuidam은 마치 버번이 스카치와 다른 것처럼, 많은 면에서 스카치와 뚜렷하게 구별된다.

추천 위스키

Zuidam Dutch Rye Aged Five Years	전혀 예상치 않은 방향으로 전환되지만, 중심부의 히커리 향과 달콤하고 찐득한 바디는 이것을 마치 선물처럼 기분좋게 만든다.	★
Discovery Road Smile	소프트한 으깬 과일의 잔향위에 달콤한 캐러멜과 토피가 얹혀진, 궁극의 디저트 위스키.	★★

★ 가장 덜 비싼/쉽게 구할 수 있는 ★★ 어느 정도 비싼/구하기 쉽지 않은

원자 구조 도표

네덜란드 라이 위스키

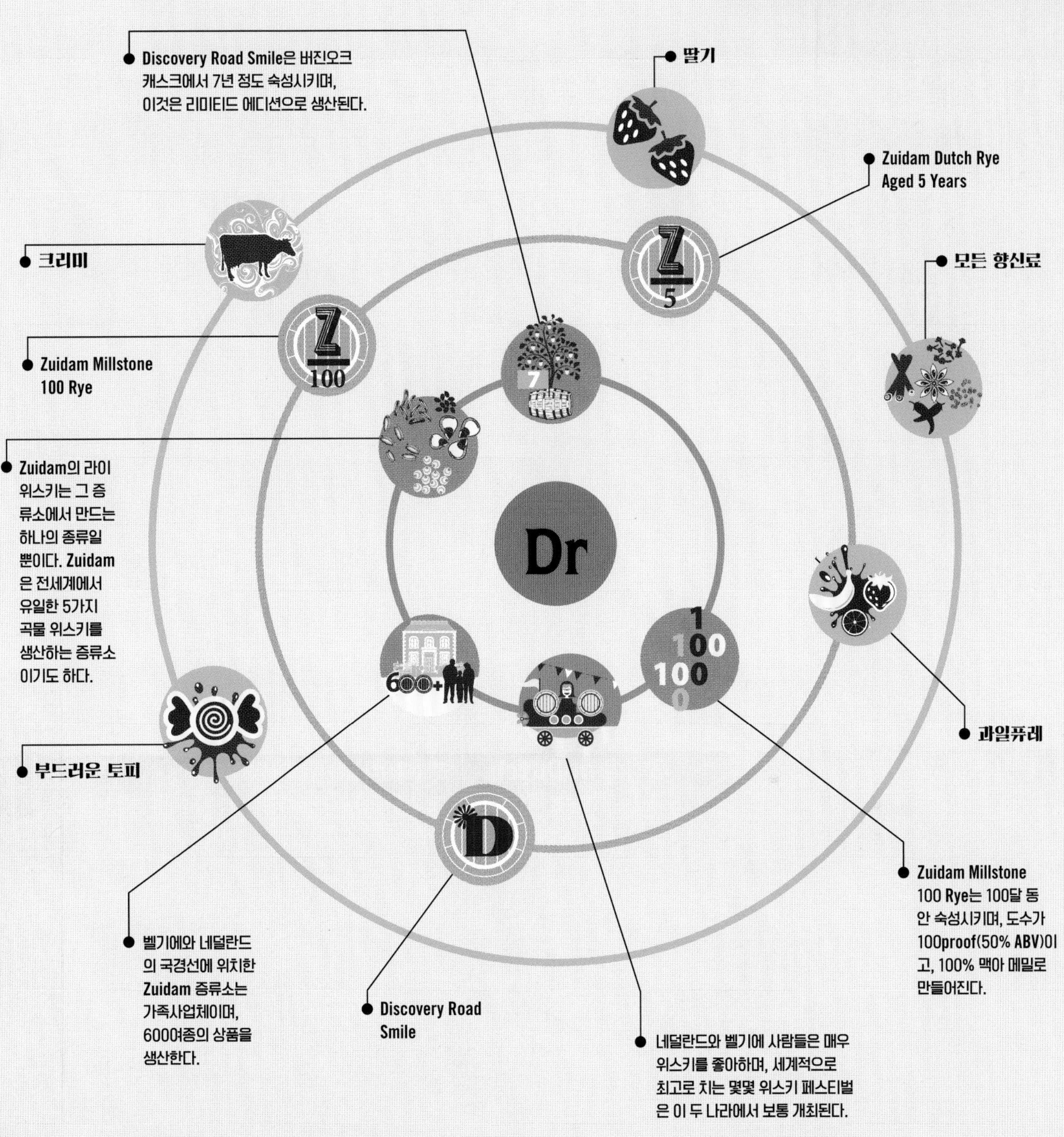

그림 설명 = 테이스팅 노트 = 추천 위스키 = 흥미로운 점

원산지: 독일, 리히텐슈타인

알코올 도수: 45%-55%

곡물: 맥아 호밀, 맥아 보리, 밀, 귀리

캐스크: Virgin white oak

다른 유럽의 라이 위스키

전통적으로 위스키는 어디든 곡물이 자라는 곳에서 만들어졌다. 그것이 남는 곡물을 사용하고 곡물의 수명을 늘리는 합리적인 방법이었기 때문이다. 그러므로 대부분의 로컬 위스키에는 그들이 지역적으로 기르는 곡물들이 반영되었다.

독일은 세계적으로 호밀을 기르는 데에 있어서 최고의 장소이며, 증류기술과 곡물을 북미와 그 주변 지역에 수출하는 등 여러 세대를 걸쳐 위스키 산업에 호밀을 사용해왔다. 그러나 종종 독일 위스키는 타지역의 맥주공장이나 증류소에서 사용했던 캐스크 속에서 저장되어 있는 경우가 있으며, 그 결과가 항상 균일하게 나오는 것은 아니다. 그럼에도 불구하고 라이 위스키에서만큼은, 현재 매우 믿음직스럽게 출시되는 몇 개의 좋은 상품이 있다. 특히 Marcel Telser는 매년 더 확실하고 탄탄하게 성장하고 있는 증류가로 보인다.

추천 위스키

Telser Single Cask Pure Rye, Liechtenstein	★ 여전히 매우 젊고 발전하고 있지만, 후추향 만큼이나 강한 과일향 노트에 잘 다듬어진 달콤한 마무리.
Fränkischer Rye Whisky, Germany	★★ 풍물시장 같은 위스키. 많은 노이즈와 바쁘게 터지는 작은 소란들, 마시기에 조금 부담스러울 수도 있을 만큼, 전부 다 합쳐놓으면 약간 정신이 나갈 것 같은 위스키.

★ 가장 덜 비싼/쉽게 구할 수 있는 ★★ 어느 정도 비싼/구하기 쉽지 않은

원자 구조 도표
다른 유럽의 라이 위스키

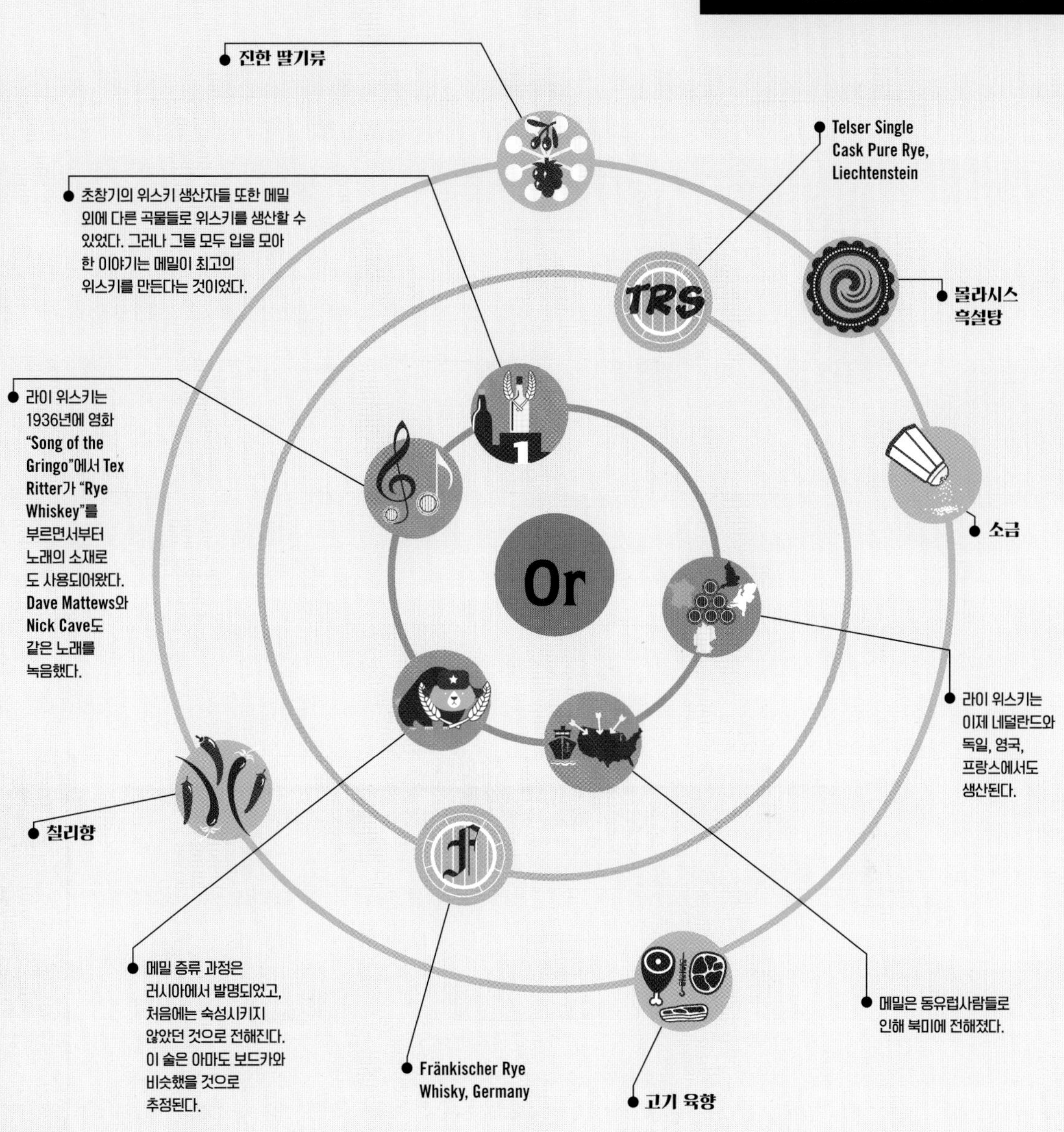

그 림 설 명 = 테이스팅 노트 = 추천 위스키 = 흥미로운 점

OTHER GRAIN WHISKIES

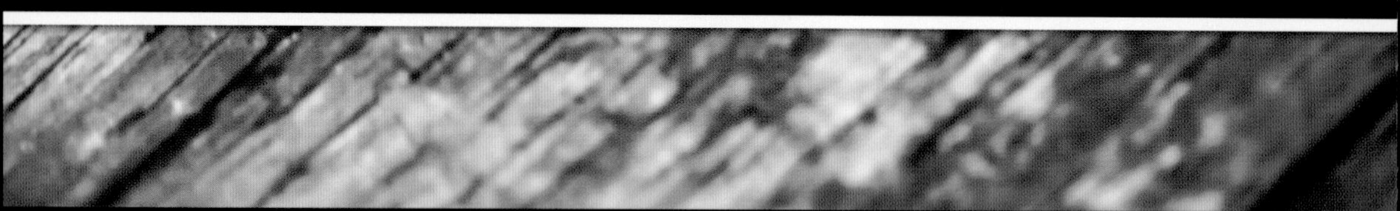

그레인 위스키

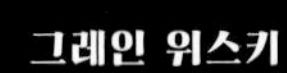

CHAPTER SIX

지난 160여 페이지에서 전세계 대부분의
주류 위스키들이 다뤄졌다.
그렇다면 책 전체의 1/4에 해당하는
나머지 50여 페이지는 잘 알려지지 않았고,
소수만 즐겨왔던 위스키들에
헌사하는 게 적절하지 않을까?

이것은 공평한 의견이다. 그리고 그 대답은 세부분으로 나뉜다. 그러나 그에 앞서, 비율에 대한 감을 가지는 것은 필수적이겠다. Speyside에는 60개가 넘는 증류소들이 있고, 셀 수 없이 많은 위스키들이 생산된다. 그러나 이 책에서 그 지역은 오직 4페이지만을 할애받았다. 아마 14페이지 정도 더 자신을 소개해 달라고 당당하게 요구한대도 이상할 것이 없다. 그러나 그렇게 한 이유는 이 책이 위스키의 특성보다는 풍미를 기반으로 쓰였기 때문이다. 만약 이 책이 위스키의 특성을 일순위로 다뤘다면 주류 지역의 수백 가지 위스키라 할지라도 20페이지 안팎으로 요약이 끝났을 것이다. 다음의 50페이지에서 우리가 만나게 될 위스키들은 굉장히 독특하거나, 아니면 매우 특별한 엘리트 회사에 속해있는 경우이다.

그래서 이 비교적 덜 알려진 위스키들을 소개하는 3가지 이유에 대해 얘기하겠다.

첫째, 이 영역은 위스키에게 새로운 미지의 세계를 가져다 준 존재다. 물론 하나의 작은 미국 그레인 위스키를 전체 Speyside 페이지의 절반 분량 할당하는 것이 조금 이상해보일지는 모르겠지만 이것은 독자들을 위한 확장된 개념의 특별대우이다. 이것으로 인해 '위스키의 맛과 향'이라는 거대한 퀼트에 하나의 패치워크가 추가되기 때문이다.

둘째, 점점 더 많은 수제 증류가들이 혁신적인 위스키 생산에 힘을 쓸 것이라는 것은 꽤 자명한 일이다. 일반적인 영역을 다루는 위스키 가이드의 홍수에 시달리는 진정한 위스키 팬이라면, 이 카테고리는 그들 사이에 최고의 흥밋거리를 제공할 것이다.

마지막 핵심인 셋째, 〈다른 그레인 위스키〉 영역이야말로 우리가 실눈을 뜨고 수정구슬 속을 들여다보듯이 위스키의 미래가 보이는 점이기 때문이다. 이것은 과거의 문서가 종종 묘사하듯이 위스키가 전통이란 이름으로 손발을 묶고 숨 막히게 하는 존재가 아니라 진화하고 발전하는 존재임을 볼 수 있는 드문 기회를 제공한다.

이 책의 마지막인 다음 챕터 〈위스키계의 반항아〉는 위스키를 사회로부터 용인되는 경계선에서 조금씩 영역을 넓히고, 그렇게 선을 넘은 채로도 얼마든지 있을수 있는 존재로 보고 있다. 반면 이번 챕터는 좀 더 관습적이다. 흔히 볼 수 있는 방식은 아닐지라도, 완전하게 룰을 어기지 않고 시도하는 위스키 스타일이다. 가장 명백한 사실은 그레인 위스키들은 몇몇 나라들에서 생산되며 일반적으로 블렌디드 스카치 위스키에 섞을 추가액으로 사용된다는 것이다. 물론 단독으로도 굉장히 환상적인 맛이다.

밀 위스키 같이 지금은 손을 대지 않는 영역이지만 위스키 역사에서 중요한 스타일도 있다. 그리고 아이리쉬 포트스틸 위스키와 같이 과거에서 영감을 얻은 위스키 메이커들에 의해 다시 부상하는 스타일도 있다. 나의 아이리쉬 친구는 최근 막 수제 증류소를 열었는데, 그곳에서는 수백 년 전의 레시피로 소량의 배치(위스키를 한번에 제조하는 회기)만 제조하며, 대부분은 포트스틸 방식 범주에 들어간다. 한 세대 전만 해도 이런 과정은 돈키호테 식의 괴짜 방식이나, 실패로 가는 지름길이라고 여겨졌다. 하지만 현대의 맥락으로는 상당히 재빠른 상업적인 조치로 여겨진다.

위스키는 한 잔의 술, 그 이상이다. 위스키는 매우 빠르게 변화하는 비즈니스이다.

원산지: 미국
알코올 도수: 42.5%-45.5%
곡물: 밀, 옥수수, 맥아 보리
캐스크: Virgin white oak

아메리칸 밀 위스키

밀을 재료로 괜찮은 위스키를 만드는 것이 얼마나 어려운지 사람들은 많이 이야기한다. 몇 안 되는 시도만이 성공했고, 몇 안 되는 수제 증류가들만이 이 카테고리에 속하게 되었다.

밀 위스키는 고유의 성격을 가진 카테고리이며 "밀화된 위스키"와는 다른 개념이다. "밀화된 위스키"란 버번을 더 부드럽고 달콤하게 만들기 위해 밀의 함유량을 비교적 높일 때 적용하는 용어이다. 밀 위스키에서 밀의 함유량은 최소 51% 이상이어야 하며, 일반적으로 그보다 높다.

밀 위스키는 부드럽고, 달콤하며 마치 쿠키처럼 잘 구워진 듯한 향이 나는 경향이 있다. 밀 위스키가 최고의 수준일 때는 아주 맛있다. Bernheim은 Heavenhill로 밀 위스키 영역에 새로운 고객층을 끌어오는 성공을 맛보았다.

추천 위스키

Heaven Hill Bernheim Original	가장 상업적으로 성공한 밀 위스키. 첫맛부터 끝맛까지 완전히 맛있다. 달콤하고, 과일향이 진하며 쉽게 넘어가는 맛.	★
McKenzie Wheat Whiskey	촉촉함이 남다르다. 벌집 한 조각을 베어 문 듯한 진하고 맛있는 중심에 짧게 끝나는 피니쉬.	★★
Dry Fly	꿀과 오렌지 마멀레이드 한 숟갈을 바른 브라운 버터 토스트, 그리고 찾아오는 스파이시함.	★★★

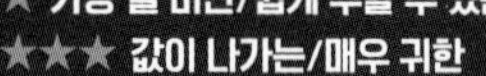

★ 가장 덜 비싼/쉽게 구할 수 있는 ★★ 어느 정도 비싼/구하기 쉽지 않은
★★★ 값이 나가는/매우 귀한

원자 구조 도표

아메리칸 밀 위스키

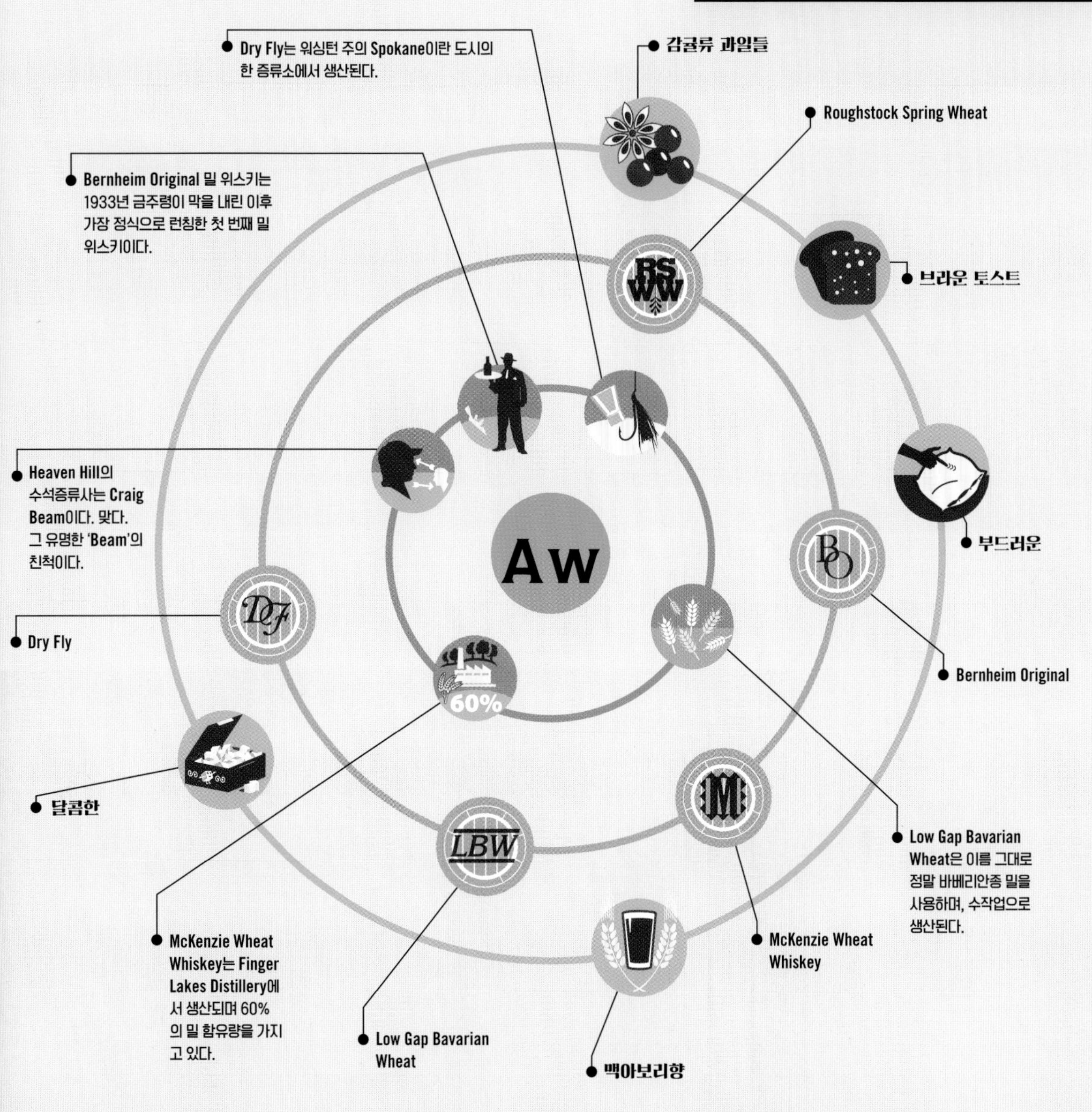

그림 설명 = 테이스팅 노트 = 추천 위스키 = 흥미로운 점

원산지: 스코틀랜드
알코올 도수: 40%-75%
곡물: 밀, 옥수수, 호밀
캐스크: Ex-Bourbon

스코틀랜드 그레인 위스키

그레인 위스키란 발아된 보리가 아닌 다른 곡물로 만든 위스키를 의미한다. 이것은 싱글몰트 위스키를 만들던 방식과는 완전히 다른 방법으로 만들어진다.

발효맥아즙을 포트스틸에서 끓이는 대신, 아주 높은 온도의 고압으로 알코올과 물을 분리하는 컬럼 속으로 넣는다. 싱글몰트보다 맛이 덜 강한 증류주를 만들기 위한 작업이다. 그레인 위스키는 블렌디드 위스키를 만들기 위해 싱글몰트 위스키에 섞던 것이다. 그러나 실제로 따로 판매가 가능하며, 종종 그렇게 하고 있다. 40년도 넘은 뛰어난 그레인 위스키에서 고유의 특별한 버번 노트가 느껴지기도 한다. 현재 많은 업계 사람들은 이 카테고리가 수면 밖으로 나와서 햇빛을 봐야 한다고 목소리를 높이고 있다.

추천 위스키

Berry's Own Selection North British 2000	포도, 후추, 사과향의 젊은 그레인 위스키.	★
Clan Denny Port Dundas 33 Year Old	설탕, 향신료, 우유, 다크초콜릿. 위스키의 매콤한 칠리 초콜릿 버전.	★★
Duncan Taylor Octave series	캔디, 설탕범벅, 부드러운 과일, 리커리쉬, 거기에 미묘한 오크향까지. 아름다운 셀렉션의 그레인 위스키	★★★

★ 가장 덜 비싼/쉽게 구할 수 있는 ★★ 어느 정도 비싼/구하기 쉽지 않은
★★★ 값이 나가는/매우 귀한

원자 구조 도표

스코틀랜드 그레인 위스키

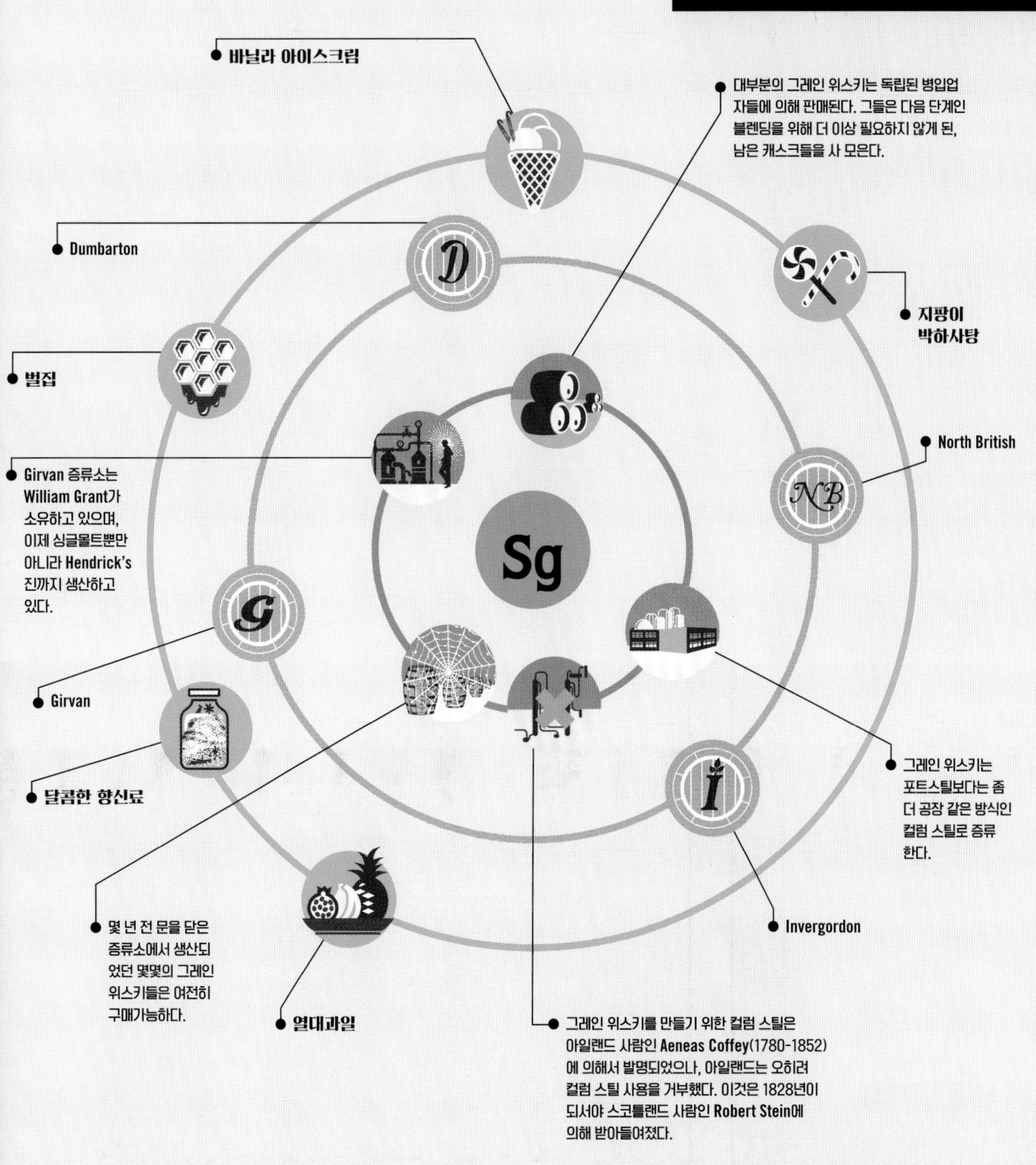

그림 설명 | = 테이스팅 노트 | = 추천 증류소 | = 흥미로운 점

원산지: 아일랜드

알코올 도수: 43%-58%

곡물: 맥아 보리, 맥아 되지 않은 기타 곡물

캐스크: Ex-Bourbon, Ex-Sherry, Ex-Marsala

아이리쉬 싱글포트스틸 위스키

당신은 "싱글포트스틸 위스키"를 들었을 때 뭔가 제조 방식이나 코퍼 포트스틸 관련된 용어라고 생각할 지도 모른다. 그러나 여긴 아일랜드다. 그들은 뭐든지 다르게 한다.

아일랜드에서 저 용어는 일단 모든 싱글몰트 위스키를 제외한 것을 의미한다(몰트 위스키가 아니므로 –역). 그리고 포트스틸에서 제조되는 위스키 중 그레인 위스키가 아닌 다른 스타일 위스키 역시 제외된다. 아이리쉬 포트스틸 위스키는 발아된 보리와 다른 발아되지 않은 곡물을 분쇄된 형태로 섞어놓은 곡물믹스가 핵심이다. 여기서 "다른 발아되지 않은 곡물"이란 말에 주목해라. 사람들이 종종 헷갈리는데, "발아되지 않은 보리"라는 의미는 결코 아니다(보리는 발아된 보리를 사용한다. 다만 함께 섞이는 다른 곡물들이 발아되지 않았다는 의미이다 –역). 이 용어는 법에 의해 정의될 만큼 중요하다. 이 방법으로 증류된 위스키는 페놀향이 강하고, 풍미가 진하며 기름지다. 최고의 포트스틸 위스키들은 정말 기쁨 그 자체라고 할 수 있다.

추천 위스키

Green Spot	마시기 쉽고, 산뜻하다. 여름의 풋사과와 배향이 향기롭지만, 충분한 바디감과 향신료 풍미가 확실한 맛을 선사한다.	★
Redbreast 12 Year Old Cask Strength	정말 잘 만든 포트스틸 위스키의 완벽한 예. 강한 성격과 정교함, 강렬함 그리고 도전적인 느낌까지.	★★
Midleton Barry Crockett Legacy	파프리카와 시나몬 노트를 순간 멈추게 하는 황홀한 바닐라 노트가 대담하고 밝고 아름답다.	★★★

★ 가장 덜 비싼/쉽게 구할 수 있는 ★★ 어느 정도 비싼/구하기 쉽지 않은
★★★ 값이 나가는/매우 귀한

원자 구조 도표

아이리쉬 싱글포트스틸 위스키

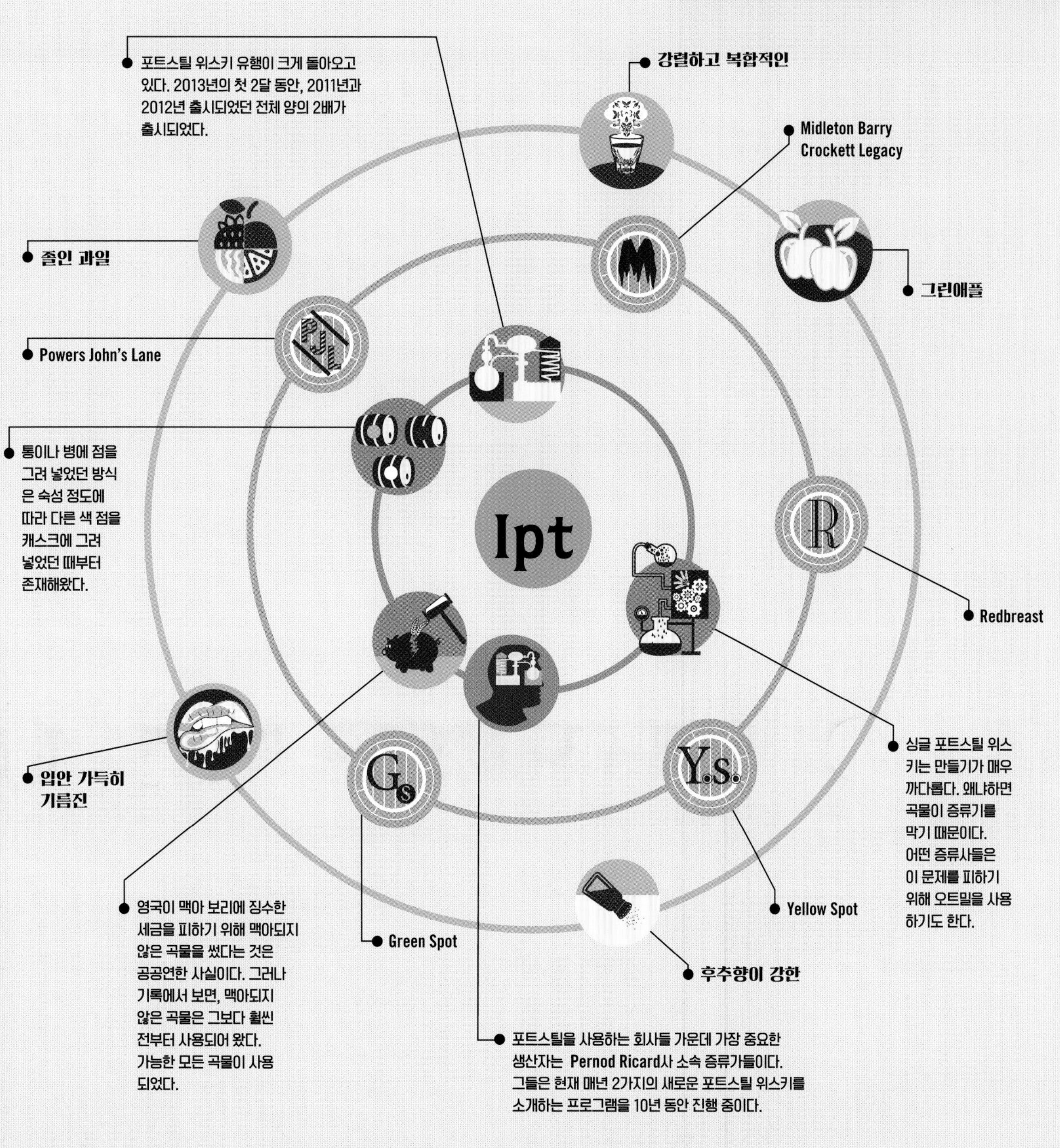

그림 설명 = 테이스팅 노트 = 추천 위스키 = 흥미로운 점

원산지: 아일랜드
알코올 도수: 40%-46%
곡물: 밀, 옥수수, 호밀, 귀리
캐스크: Ex-Bourbon

아이리쉬 그레인 위스키

풍부한 미네랄과 피트향, 감칠맛을 지닌 스카치 싱글몰트와 아일랜드의 달콤한 그레인 위스키 간에 차이점은 크다. 물론 싱글몰트의 경우, 아일랜드에서는 싱글몰트를 세 번 증류하는 경향이 있어서 그 둘의 차이가 훨씬 덜하지만 말이다.

그러나 Teeling 가족이 처음에는 Greenore라는 이름으로 Cooley에 처음 출시했고, 나중엔 본인의 이름으로 출시했던 한정수량의 그레인 위스키는 찾아 다닐만한 가치가 있다. 왜냐하면 그 위스키들은 같은 지역의 곡물들이라도 나무통에서 언제 숙성시켰느냐에 따라 달라질 수 있음을 보여주기 때문이다. 확신하건대 그중 최고는 15년산이다. 보통의 아이리쉬 그레인 위스키가 가지고 있는 달콤함은 타닌과 향신료 풍미로 인해 고삐가 단단히 당겨져 있다. 그러나 더 오래 숙성된 버전과 달리, 살짝 얹혀진 스카치 풍미에서만큼은 그 고삐가 적절하게 풀어진다.

추천 위스키

Greenore 8 Year Old	꿀과 바닐라를 중심으로 달콤하다. 여름 위스키로 좋으며, 입문용 위스키이다.	★
Greenore 15 Year Old	사과, 바닐라 그리고 배향이 오크노트와 약간의 번득이는 향신료 풍미로 단단히 중심이 잡혀있다.	★★
Greenore 18 Year Old	쫄깃하며, 과일향 짙은 노트가 코를 먼저 찌르고, 빵! 칠리페퍼와 오크 타닌이 당신의 입안을 때린다. 그리고 나서 달콤한 맛부터 드라이한 맛까지 풍미의 무지개를 던져준다.	★★★

★ 가장 덜 비싼/쉽게 구할 수 있는 ★★ 어느 정도 비싼/구하기 쉽지 않은
★★★ 값이 나가는/매우 귀한

원자 구조 도표

아이리쉬 그레인 위스키

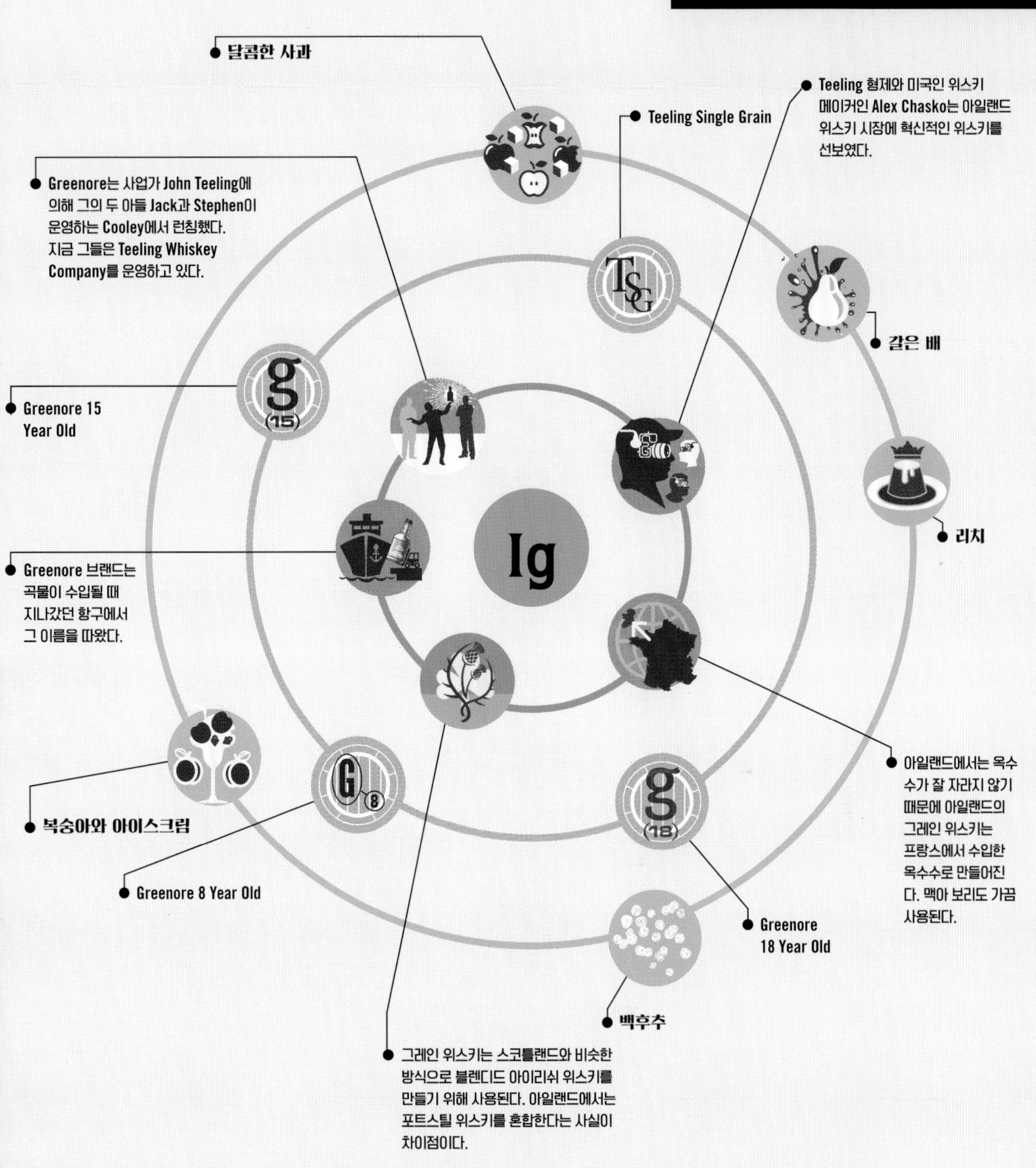

그 림 설 명 | = 테이스팅 노트 | = 추천 위스키 | = 흥미로운 점

아이리쉬 포트스틸과 몰트 위스키

원산지: 아일랜드

알코올 도수: 40%-53%

곡물: 맥아 보리와 맥아 되지 않은 보리

캐스크: Ex-Bourbon

블렌드라고 하지만 실제 블렌드가 아닌 것은? 지금부터 소개할 위스키들은 다 거기에 해당한다. 어떤 사람들은 이 판단에 동의하지 않을지도 모른다. 그러나 그들 역시 아이리쉬 포트스틸과 몰트 위스키를 포함한 "블렌드"라는 용어의 정의를 찾느라 끙끙거린다.

블렌디드 아이리쉬 위스키는 포트스틸 위스키와 그레인 위스키의 혼합체이다. 즉, 포트스틸 위스키와 싱글몰트 위스키의 혼합체는 또 다른 이름을 붙여야한다. 그리고 포트스틸 위스키가 옥수수나 밀 등 발아되지 않은 다른 곡물을 의미할 수 있기 때문에 점점 더 혼란스러워진다. 이 카테고리는 두 증류소에서 생산된 위스키의 혼합체이다. 그러므로 주장컨대 이것은 블렌디드 몰트 위스키이다. 물론 발아되지 않은 원료가 있기 때문에 완전히 몰트 위스키라 볼 수는 없지만.

이 위스키를 뭐라 부르든 간에, Bernard Walsh에 의해 생산된 창조물들은 아이리쉬 위스키의 훌륭한 예다.

추천 위스키

The Irishman Rare Cask Strength	놀라운 묵직함에도 불구하고 이것은 쉽게 마실 수 있는 위스키이며, 꿀과 바닐라, 리커리쉬 그리고 푸른 과일 등이 조화를 이루며 매우 맛이 좋은 편이다.	★
Writer's Tears	시트러스 향과 함께 포트스틸만의 리치함, 입안을 감싸는 맛있는 오일 그리고 달콤하며 씁쓸한 세련된 조화.	★★

★ 가장 덜 비싼/쉽게 구할 수 있는 ★★ 어느 정도 비싼/구하기 쉽지 않은

원자 구조 도표

아이리쉬 포트스틸과 몰트 위스키

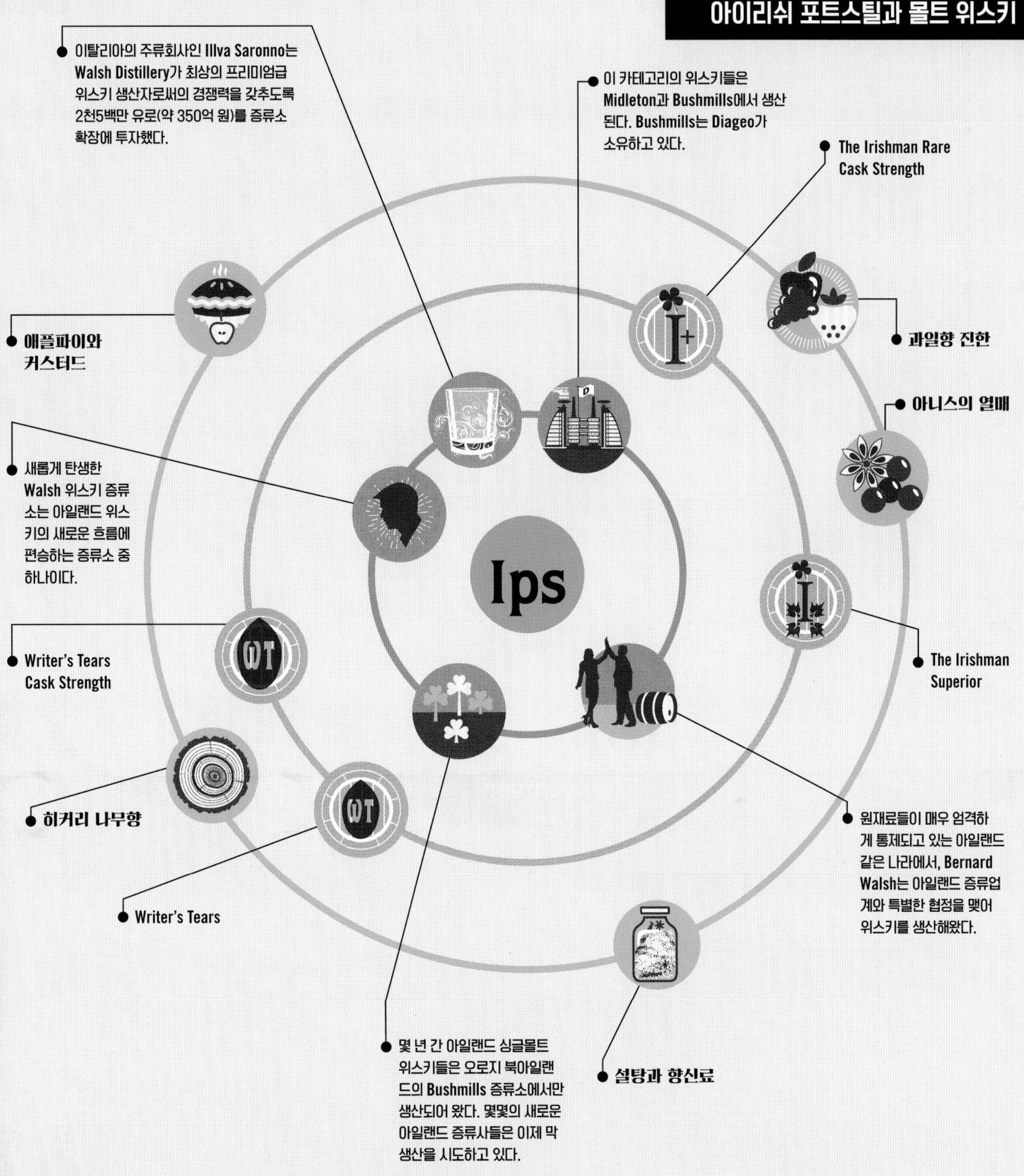

그 림 설 명 | = 테이스팅 노트 | = 추천 위스키 | = 흥미로운 점

원산지: 일본
알코올 도수: 45%-65.5%
곡물: 옥수수, 밀, 맥아 보리
캐스크: Ex-Bourbon

일본 그레인 위스키

만약 당신이 여기에 오기까지 깊은 관심을 보였다면, 어쩌면 싱글 그레인 위스키에 사용된 곡물의 리스트에 뭔가 모순이 있다는 것을 눈치챘을지도 모른다.

여기에 나열된 위스키들 중 하나는 마지막 챕터에 속해야 한다는 주장이 있다. 이 범주에 어긋나기 때문이다. Nikka Coffey Grain은 발아된 보리를 사용하지만 컬럼 스틸로 한다. 그러므로 어떤 면에서는 싱글몰트라고 볼 수도 있지만, 스카치 위스키 연합의 룰에 따르면(일본 증류가들은 이것의 법적 대상이 아니지만) Coffey still에서 만들어졌다면 싱글몰트 위스키가 아니라고 지정되어 있다. 그래서 그레인 위스키가 되었다.

이 두 위스키 모두 셰리몰트와 결합되었고, 보통 미국 위스키의 맛을 연상시킨다. Nikka Coffey Grain이 여러 정의를 넘나드는 것처럼 이들은 하나 이상의 카테고리에 걸쳐 있다.

추천 위스키

Nikka Coffey Grain	리치한 풀바디가 입안을 가득 코팅한다. 달콤하고 꿀을 바른 듯하면서 사이드로 부드러운 고소함과 바닐라의 향이 감돈다.	 ★
Kawasaki Single Grain	크고, 짙은 풍미, 진한 셰리향의 위스키. 딸기 혹은 블랙커런트 잼을 연상시키는 산뜻하고 달콤한 노트.	 ★★

★ 가장 덜 비싼/쉽게 구할 수 있는 ★★ 어느 정도 비싼/구하기 쉽지 않은

원자 구조 도표

일본 그레인 위스키

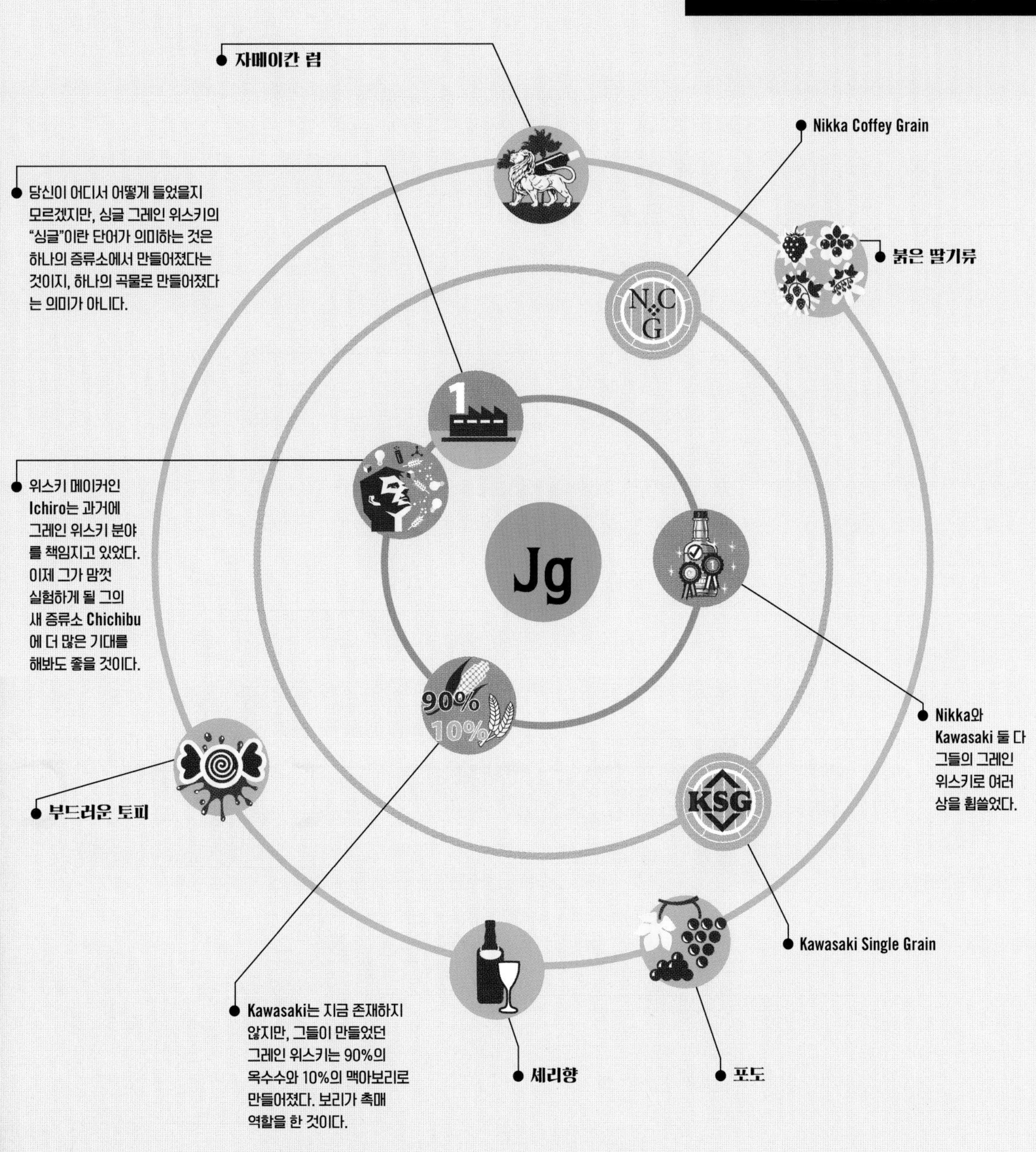

자메이칸 럼
Nikka Coffey Grain
붉은 딸기류
당신이 어디서 어떻게 들었을지 모르겠지만, 싱글 그레인 위스키의 "싱글"이란 단어가 의미하는 것은 하나의 증류소에서 만들어졌다는 것이지, 하나의 곡물로 만들어졌다는 의미가 아니다.
N C G
1
위스키 메이커인 Ichiro는 과거에 그레인 위스키 분야를 책임지고 있었다. 이제 그가 맘껏 실험하게 될 그의 새 증류소 Chichibu에 더 많은 기대를 해봐도 좋을 것이다.
Jg
Nikka와 Kawasaki 둘 다 그들의 그레인 위스키로 여러 상을 휩쓸었다.
90%
10%
부드러운 토피
KSG
Kawasaki Single Grain
Kawasaki는 지금 존재하지 않지만, 그들이 만들었던 그레인 위스키는 90%의 옥수수와 10%의 맥아보리로 만들어졌다. 보리가 촉매 역할을 한 것이다.
셰리향
포도

그림 설명 = 테이스팅 노트 = 추천 위스키 = 흥미로운 점

원산지: 남아프리카공화국
알코올 도수: 43%
곡물: 옥수수, 밀
캐스크: Ex-Bourbon

남아프리카공화국 그레인 위스키

Bain's는 다수의 상을 탄 경력이 있으므로 단독으로 소개할만한 가치가 있다. 만약 하나의 위스키가 그레인 위스키의 고유한 성격과 특성을 증명한다면, 바로 이 위스키가 제격일 것이다.

그레인 위스키는 싱글몰트 보다는 덜 내추럴한 풍미를 지녔고, 마지막 맛을 결정짓는 요소로써 나무의 특성이 훨씬 더 지배적이라고 할 수 있다. 그렇다면 만약 남아프리카공화국의 그레인 위스키와 호주의 그레인 위스키를 똑같이 Jim Beam 배럴에 넣고 숙성시킨다면, 과연 아주 큰 차이가 있을까? 답은 "물론!"이다. Brain's Cape Mountain Single Grain Whisky는 Cape Moutain에서 온 물을 사용하며, 그들은 꿀을 바른 듯한 부드러운 위스키를 생산하기 위한 곡물 혼합물 방식을 개발했다. 굉장히 인상적인 위스키이다. 그리고 다행히 점점 찾기 쉬워진다.

왜 시도해봐야 할까?

한 위스키가 업계를 끌고나가는 위스키 전문가들에 의해 탑 그레인 위스키로 선출되려면 꽤 특별해야 될 것이다. Brain's 가 그렇다. 그리고 2013년에 받은 표창은 그저 긴 줄의 상과 의미있는 많은 칭송 중의 하나일 뿐이다. 이 위스키의 지난 여정을 보면, 대부분 이 증류소의 싱글몰트에 가려워진 삶이었다. 그러나 Bain's는 그레인 위스키 부문에 전형적으로 부드럽고, 달콤하고, 기름진 특성과 함께 굉장히 매력적으로 샤프하고 묵직한 풍미를 가져오는, 어떤 특별한 방법을 고안했다. 굉장히 수준높은 위스키이다.

원자 구조 도표

남아프리카공화국 그레인 위스키

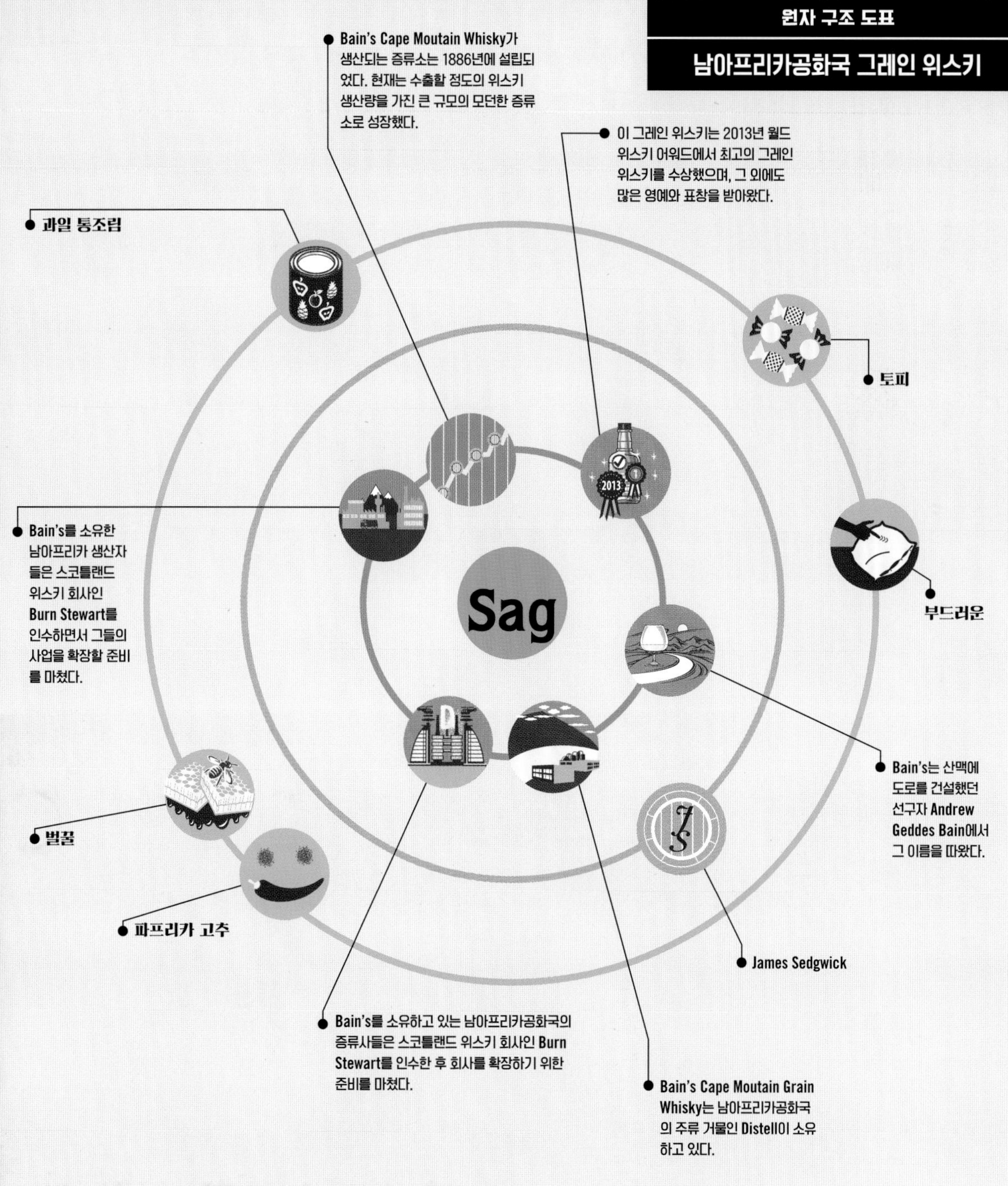

그림 설명 = 테이스팅 노트 = 추천 증류소 = 흥미로운 점

원산지: 독일, 오스트리아, 스위스

알코올 도수: 40%-43%

곡물: 귀리, 밀, 옥수수

캐스크: Ex-Bourbon

유럽의 귀리와 다른 곡물 위스키

물론 "다른 곡물 위스키"라고 말하긴 했지만, 보리와 호밀에 대해서는 이미 다른 챕터에서 다뤘으니 여기서 우리가 실제로 조망하고 있는 것은 작은 컬럼 스틸에서 만들어진, 종종 매우 소량으로, 그리고 종종 로컬 소비만을 위해 만드는 위스키들이다.

귀리와 밀, 옥수수는 모두 위스키를 달콤하고 캔디같은 스타일로 만들기 때문에 같은 카테고리로 묶을 수 있다. 일반적인 옥수수보다 더 부드러워지는 예외적인 옥수수 종까지 포함해서 말이다.

그런 위스키들이 쉽게 마실 수 있다는 것은 당연한 일이다. 그중 몇몇은 증류 과정에 의해 기름진 풍미가 더 진하고, 또 어떤 위스키는 와인이나 다른 일반적이지 않은 캐스크에서 숙성되면서 생성된 고유의 맛이 나기도 한다. 여행 시 이들이 생산되는 지역을 거쳐야 한다면, 잠깐 들러서 테이스팅을 할 만한 충분한 가치가 있을 것이다.

추천 위스키

위스키	설명	등급
Waldviertler Hafer	부드럽고 달콤한 위스키. 게다가 쉽게 접근할 수 있는 둥글둥글한 맛은 감칠맛과 오크향의 노트로 전혀 불쾌하지 않다.	★
Schwarzwälder Roggenmalz	거의 열대과일과 벌집을 연상시키면서 아주 미묘하게 거친 피니쉬가 인상적.	★★

★ 가장 덜 비싼/쉽게 구할 수 있는 ★★ 어느 정도 비싼/구하기 쉽지 않은

원자 구조 도표

유럽의 귀리와 다른 곡물 위스키

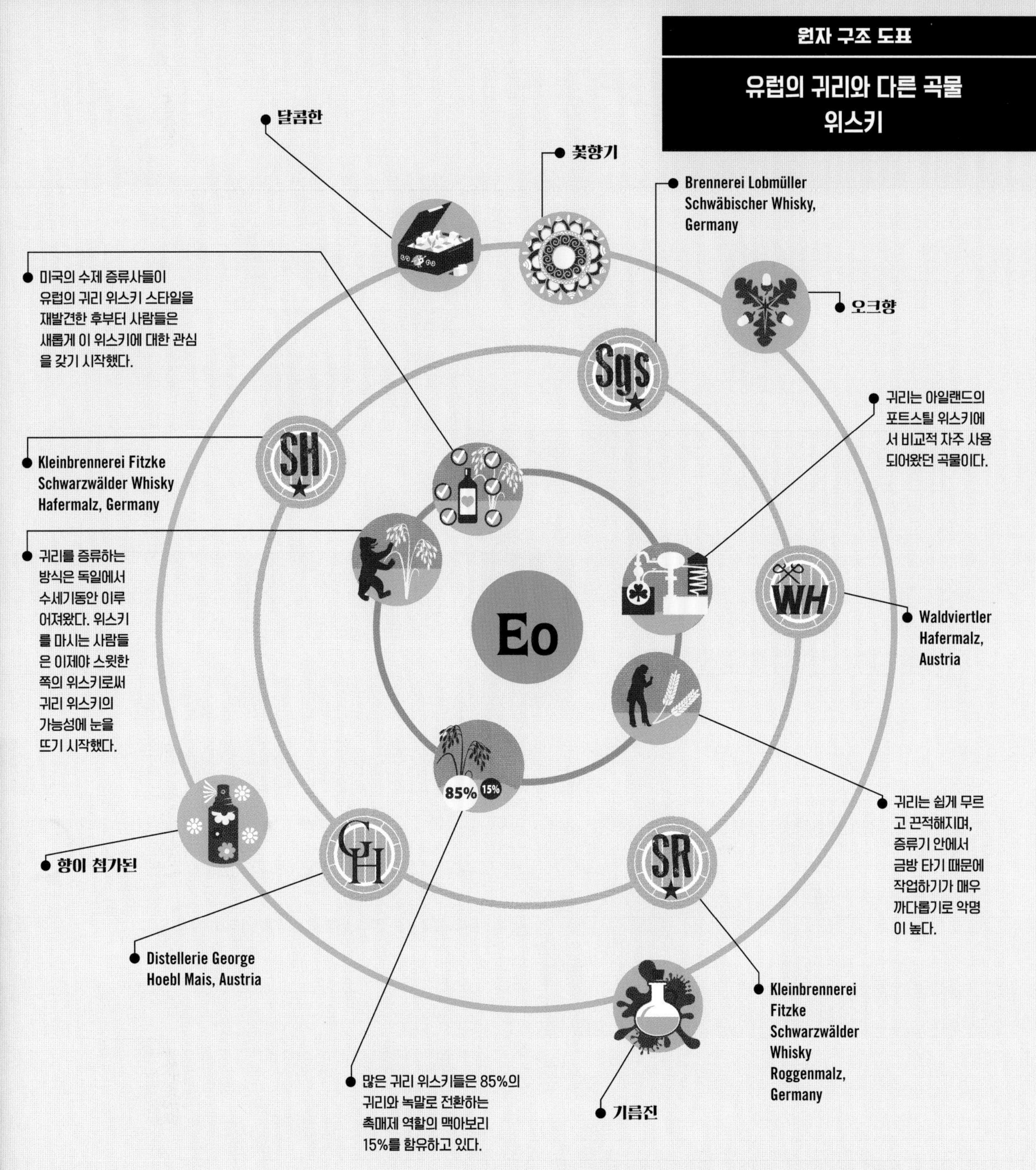

그림 설명

= 테이스팅 노트 = 추천 위스키 = 흥미로운 점

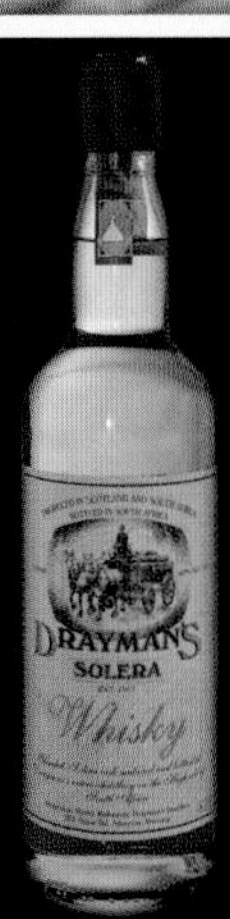

REBEL WHISKY

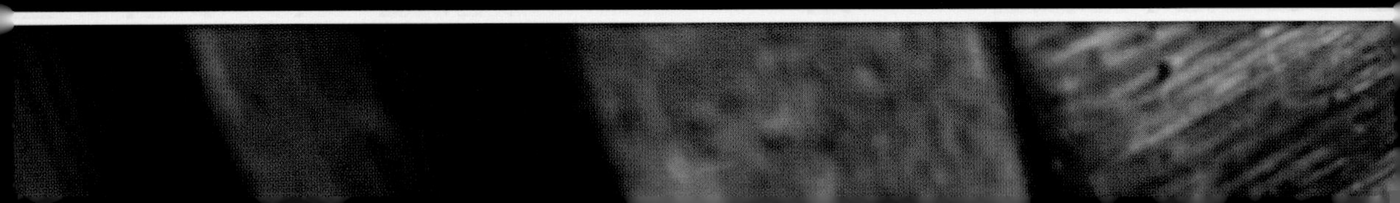

위스키계의 반항아

CHAPTER SEVEN

위스키란 곡물, 이스트, 물로만 만들어지기 때문에 위스키 농사에 있어서 다른 조작이나 술책이 들어갈 틈은 보통 없다고 봐야한다.
그럼에도 불구하고 고유의 스타일을 어떻게든 창조하는 위스키 메이커들이 있다.
그들은 처음부터 관행대로 움직이는 사람들이 아니며, 어디에 가든 튄다.
그래서 우리는 그들에게 "위스키계의 반항아"라는 별명을 붙여주었다.

위스키의 풍경은 사람들이 인지하는 것보다 더 변화하고 있다. 새롭게 부상하는 위스키 시장은 스카치같은 합리적인 가격대의 고급상품을 끊임없이 요구하고 있고, 그들의 경제적 영향력은 큰 주류회사들을 빨아들이고 있다. 큰 주류회사들은 자신의 위스키를 다른 위스키에 섞어보거나, 혹은 그것을 미래의 최고급 상품으로 만들기 위해 기다리는 등 트렌드의 요구에 적극적으로 응한다. 결국 이것은 전세계의 성숙한 위스키 시장에서 볼 때는 아쉬운 점으로 여겨지기도 한다. 그리고 이 틈은 지역 내에 존재하는 새로운 형태의 증류소들에 의해 채워진다.

20년 전으로 돌아가 보자. 유럽에 있던 몇몇 농장, 수제 증류가들을 빼면, 전세계에 오직 150개의 증류소만 존재했으며, 그중 100개 이상이 스코틀랜드에 위치해 있었다. 나머지는 일본, 아일랜드, 캐나다, 켄터키 등지에서 스코틀랜드 방식으로 위스키를 제조하거나, 스코틀랜드에 말을 잘해서 자신들만의 고유한 위스키를 만드는 식이었다.

오늘날은 스코틀랜드에 100개 남짓의 증류소가 있는 반면, 전 세계적으로 1,000개 가량의 증류소가 존재한다. 스코틀랜드가 위스키의 세계적인 명성에 어마어마한 기여를 했다는 사실을 모르는 사람은 없다. 그러나 그 사실이 수많은 사람들이 스코틀랜드의 탁월성에 도전하는 것을 막을 수는 없다. 호주와 프랑스의 생산자들 그리고 미국의 수제증류사들은 '우상 타파'를 반대할 이유가 없다.

"위스키계의 반항아"들은 종종 법으로 허용한 기준선 위에 위태롭게 걸쳐있다. 몇몇은 명백하게 그 선을 넘기도 한다. 만약 스카치 위스키가 스카치 위스키 협회의 보호를 받고 있는 요새라면, 새로운 증류사들은 국경을 넘고 "황량한 서부" 위스키를 자칭하며 새로운 위스키의 경계를 그린다.

이것은 나쁜 소식일 수도 있지만, 매우 좋은 일일 수도 있다. 새로운 세대의 증류사들은 탐험과 혁신을 두려워하지 않는다. 특이한 캐스크를 시도하고, 곡물을 건조하는 데 필요한 다양한 재료들를 경험해보고, 흔치않은 곡물을 사용해보고, 새로운 결과물을 위해 전혀 다른 위스키를 섞어보기도 한다.

이 과정을 통해 몰입이 형성되며, 그것이 바로 위스키의 존재이다. 위스키는 위스키다운 맛이 나야한다고 말하는 사람들이 많은데, 그게 무슨 의미일까? 십중팔구 그들이 말하는 위스키다운 맛이란 스카치같은 맛을 의미한다. 그렇다면 또 다른 질문이 생긴다, 왜 그래야만 할까? 만약 어떤 위스키가 곡물, 이스트, 물로 만들었지만, 피트와 나무를 그 지역에서 구하고 흔치않은 캐스크에서 숙성시켜 본다면, 바로 그게 혁신이고 진보이지 않을까?

그래서 이 챕터는 위스키계의 펑크락같은 존재에 관해 쓰여있다. 우리는 그들을 "위스키계의 반항아"라고 불러왔다. 그 이유는 그들이 일반적인 관행을 따르지 않기 때문이지, 그들이 법전을 찢어버리듯이 위스키의 룰을 완전히 뒤엎어서는 아니다.

다음 장부터 나오는 위스키를 포함한 이 카테고리 안의 어떤 위스키도 싱글몰트, 특히 스코틀랜드의 싱글몰트가 위스키 계에 가지고 있는 막강한 영향력에 정면으로 도전하지는 않을 것이다. 다만 그들에게는 새로운 고객군을 위스키의 세계로 유혹할 수 있는 가능성이 있다. 그리고 그것은 궁극적으로 스코틀랜드에게 이익이 돌아갈 것이다. 왜냐하면 당신이 위스키에 눈을 떴다면, 당신은 결국 스코틀랜드와 켄터키 둘 다 혹은 둘 중 하나에 눈을 뜰 수밖에 없기 때문이다.

원산지: 잉글랜드
알코올 도수: 43%
곡물: 밀, 맥아 보리, 귀리
캐스크: Virgin oak, East European oak

잉글랜드의 세 가지 곡물 위스키

밀레니엄이 막 동을 텄을 때만 해도 '잉글랜드 위스키'라는 것은 우스운 개념이었다. 증류소들이 영국 여기저기에 우후죽순으로 생겨나기 시작하면서, 게다가 그 중 몇몇이 주류계에 혁신을 가져오면서, 전문가들은 잉글랜드 위스키를 심각하게 받아들이기 시작했다.

오랫동안 성공의 가도를 달리고 있는 맥주 양조회사인 Adnams는 맥주를 양조하면서, 동시에 위스키를 증류하는 첫 번째 영국회사가 되었다. 지금까지 두 가지 종류의 위스키를 출시했으며, 둘 다 최소 3년 이상이다.

그중 No.2는 더 흥미롭다. 밀과 보리 그리고 특이하게 귀리를 발아하고 섞은 후 맥주 양조를 위한 가루 형태로 분쇄한다. 실제 6%의 맥주가 만들어지면 beer strippig column에 넣고, 그 후 포트스틸로 옮긴다. 그렇게 만들어진 증류주는 오크통(전에 어떤 것으로도 사용되지 않은 새 오크통)에서 숙성되며, 놀랍도록 완성도가 높고 풍미가 강한 위스키로 탄생한다.

왜 시도해봐야 할까?

Adnams는 타협하지 않기로 유명하며, 모두의 선망의 대상이 되는 영국의 동쪽 해안가에 있는 맥주 양조회사이다. 곡물농사부터 병입까지의 전 시스템을 구축하고 있기 때문에, 처음 증류소를 지었을 때는 보드카와 진을 먼저 생산했다. 혁신성과 탁월함은 Adnams에게 늘 예상되는 두 가지 기대이며, 보드카와 진 역시 기대를 저버리지 않았다. Adnams는 다음에는 무엇을 하고 싶은지에 대해 진지하게 생각했고, 그런 조사과정을 갖는다는 것은 이미 기존의 위스키 제조과정과 크게 달랐다. 결국 증류소로 변한 양조공장은 몇 년 후 세상이 느낄 쇼크를 미리 약속했던 셈이다.

원자 구조 도표

잉글랜드의 세 가지 곡물 위스키

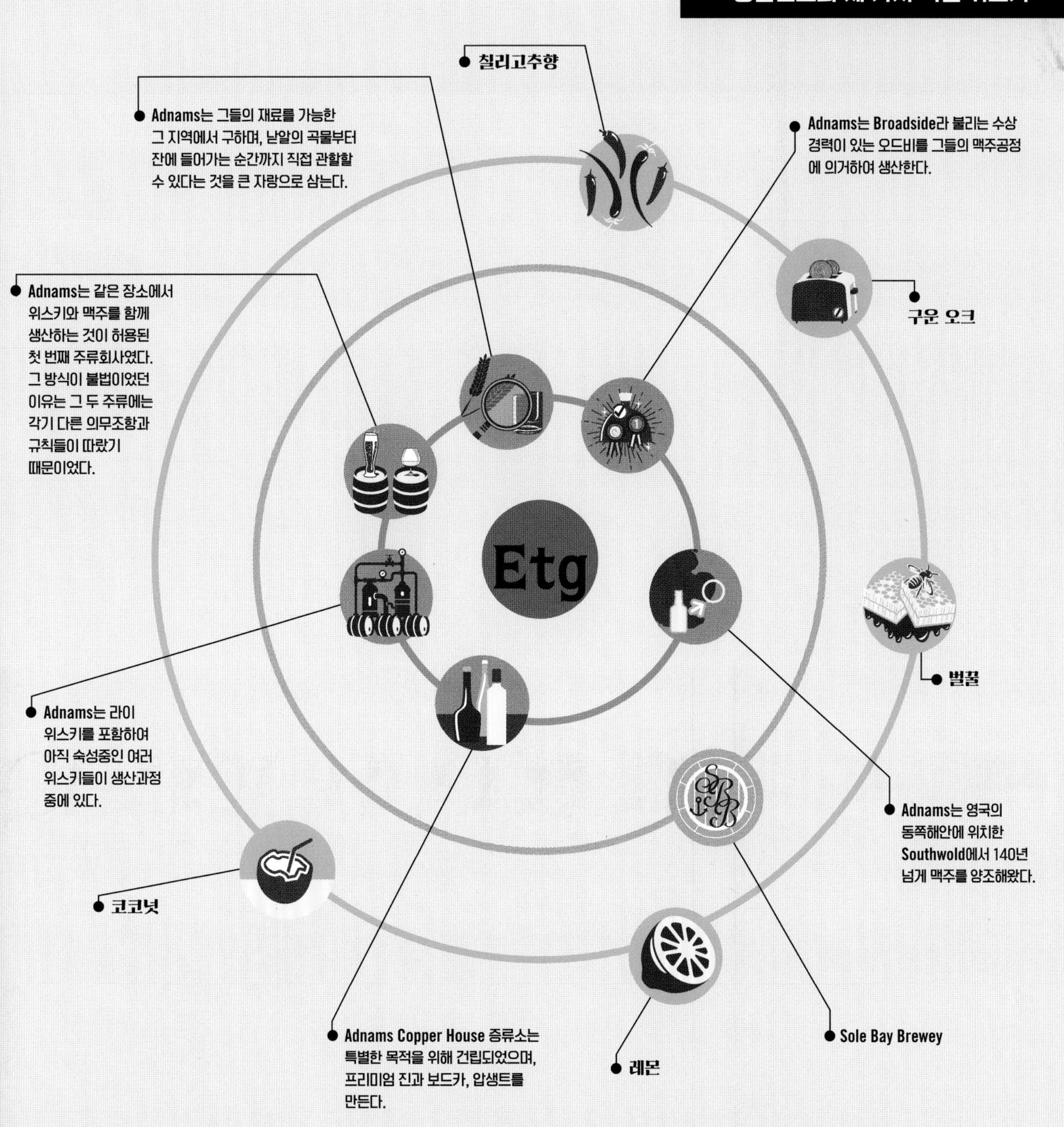

그 림 설 명 = 테이스팅 노트 = 추천 증류소 = 흥미로운 점

원산지: 이탈리아
알코올 도수: 43%-59%
곡물: 밀, 보리, 호밀
캐스크: Ex-Wine, Ex-Sherry

이탈리아의 세 가지 곡물 위스키

Puni가 세 가지 곡물 위스키를 시작했을 때 모두가 Puni가 그런 식으로 위스키를 제조하는 이탈리아의 유일한 증류소라고 생각했다. 하지만 정말 다행인 것은, 뭔가 혁신적인 것을 시도하는 증류소들이 이제 급등하고 있었다는 것이다. 그것도 여러 증류소가.

이탈리아는 보통 위스키와 연루되지 않는 나라지만 알프스 근처 북이탈리아에는 두 가지 재료가 넘쳐난다. 바로 물과 곡물.

Puni는 회사의 첫 번째 위스키를 2015년 초에 제대로 병입했지만, 2013년에 1년산 증류주와 막 담근 증류주를 이미 출시했었고, 2014년에 Alba 2라는 증류주를 출시함으로써 회사의 2번째 생일을 기념했다. Puni가 다른 증류소와 구별되는 특별한 점은 매우 어린 증류주에서도 느껴지는, 그래서 2년산에서는 정말 꽤 괜찮다고 느껴지는 그 풍미의 정도이다.

이 증류소는 미국의 버번 배럴, 시실리아의 마살라 캐스크 그리고 오스트리아산 와인 캐스크를 사용해서 증류주를 숙성시킨다.

왜 시도해봐야 할까?

처음에 딱 보면 조금 이상할 것이다. 왜냐하면 우리가 이탈리아를 생각하면 떠오르는 것은 태양, 바다, 흙과 함께 하는 맛있는 와인들이며, 그런 자동적인 상상으로 우리의 관념은 꽤 고정되어버렸기 때문이다. 그러나 그것이 다가 아니다. 세계적인 톱클래스의 스키선수들이 이탈리아 출신이라는 것을 생각해보면 새롭게 짐작할 수 있을 것이다. 북이탈리아는 알프스를 등지고 있으며, 다수의 호수가 조성하는 강우량은 엄청나다. Puni 사람들이 출시하는 어린 증류주를 보면 이 점을 정확히 잘 알고 있다는 것이 증명된다. 이 위스키는 곧 3년산이 출시될 것이다.

원자 구조 도표

이탈리아의 세 가지 곡물 위스키

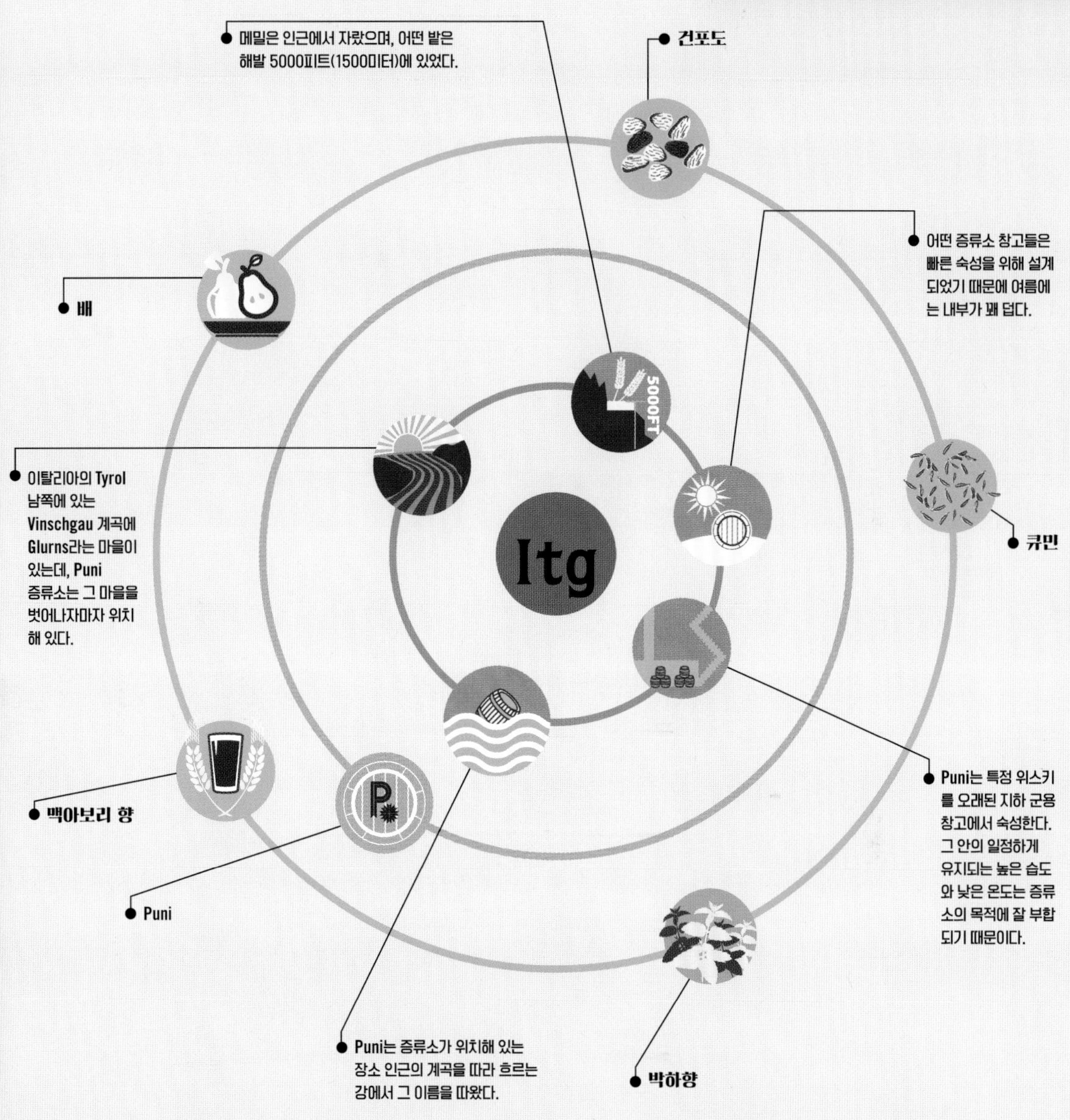

그림 설명 = 테이스팅 노트 = 추천 증류소 = 흥미로운 점

원산지: 미국
알코올 도수: 46.2%
곡물: 옥수수, 보리, 밀, 호밀
캐스크: Virgin white oak

미국의 네 가지 곡물 위스키

켄터키의 증류가인 Chris Morris**는 매우 실험적인 사람이다.** Four Grains**는 그가** Woodford Reserve**에서 했던 초창기 시도 중 하나이다.** Woodford Reserve**는 우리가 지금 버번이라고 알고 있는 것을 창조하기 위한 기술들이 처음 창안되었던 아름다운 증류소이다.**

매년 Morris의 실험정신이 상품으로 출시되는 The Master's Collection은 버번의 기존 개념에 도전장을 내민다. 오크가 아닌 나무 캐스크를 사용하면 어떤 일이 벌어질까? 매쉬(뜨거운 물과 엿기름의 혼합물)를 달게 만드는 것이 시큼하게 만드는 것과 큰 차이가 있을까? 만약 여분의 곡물을 더 사용하면 어떻게 될까?

Woodford Reserve Four Grain은 2005년에 출시된 첫 실험작이며, 매우 한정된 양만 출시되었지만 후에 생산을 확장시켰을 정도로 큰 성공을 거뒀다. 추가된 여분의 곡물은 라이 위스키 특유의 매운 호밀맛에 부드러움과 고소함을 더해준 '밀'이다. 이 술은 51퍼센트 이상의 옥수수를 포함하고 있기 때문에 여전히 버번으로 불린다.

왜 시도해봐야 할까?

Woodford Reserve의 마스터 디스틸러는 버번의 역사와 유래에 매료되었다. 그는 역사적인 자료들을 읽고, 미국 위스키 역사가 오랫동안 간직해온 전설들에 대해 의구심을 가졌으며, 위스키 제조과정을 실험하고 탐험하는 시리즈를 출시했다. 이 위스키는 그중 하나이며, 그의 성공작 중 하나이다. 이 위스키는 클래식한 버번의 끝맛을 지키면서 동시에 "위스키계의 반항아" 카테고리에 걸맞는 다양함을 잃지 않고 있다.

원자 구조 도표

미국의 네 가지 곡물 위스키

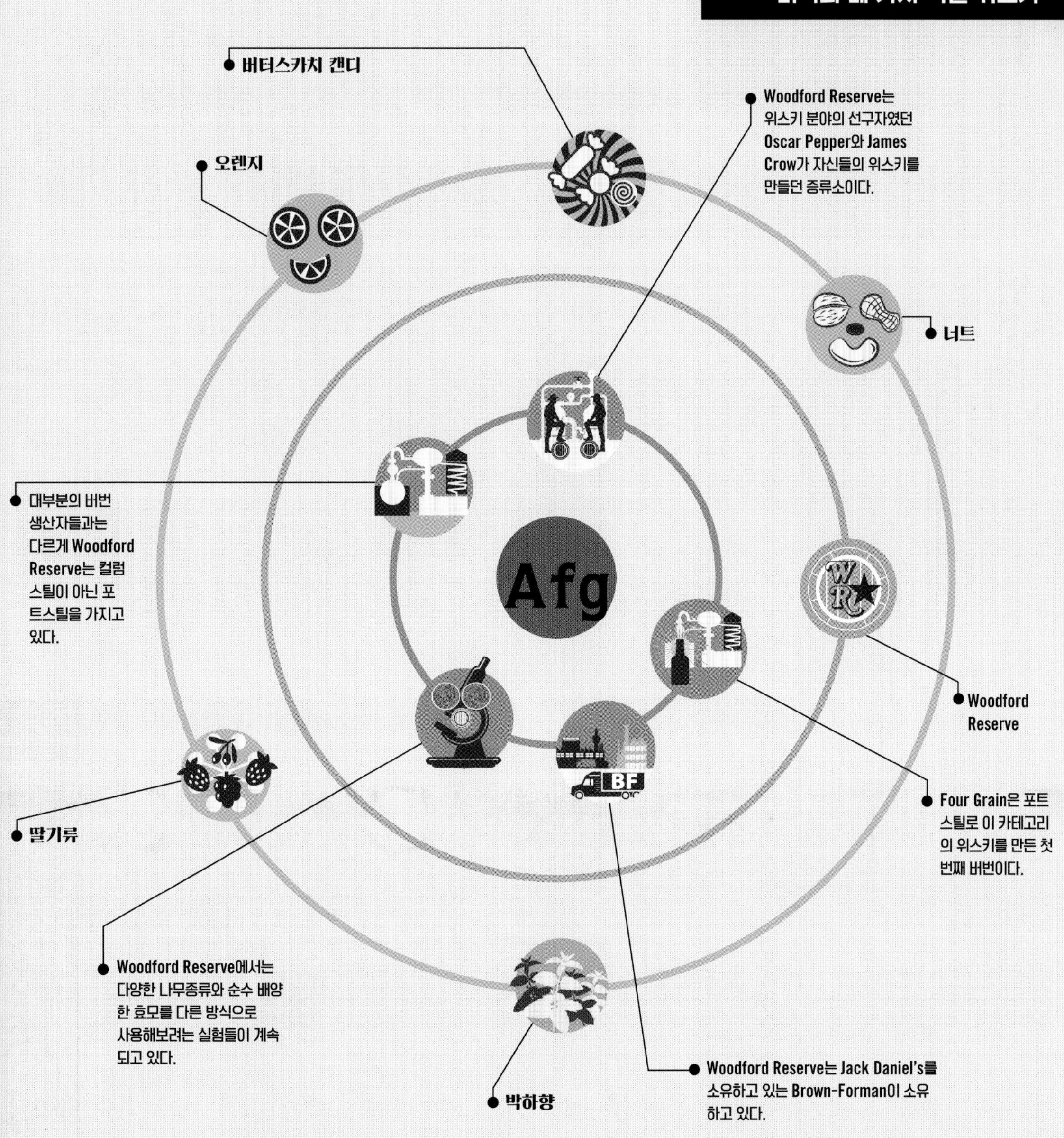
버터스카치 캔디
Woodford Reserve는 위스키 분야의 선구자였던 Oscar Pepper와 James Crow가 자신들의 위스키를 만들던 증류소이다.
오렌지
너트
대부분의 버번 생산자들과는 다르게 Woodford Reserve는 컬럼 스틸이 아닌 포트스틸을 가지고 있다.
Afg
Woodford Reserve
Four Grain은 포트스틸로 이 카테고리의 위스키를 만든 첫 번째 버번이다.
BF
딸기류
Woodford Reserve에서는 다양한 나무종류와 순수 배양한 효모를 다른 방식으로 사용해보려는 실험들이 계속 되고 있다.
박하향
Woodford Reserve는 Jack Daniel's를 소유하고 있는 Brown-Forman이 소유하고 있다.

그림 설명 = 테이스팅 노트 = 추천 증류소 = 흥미로운 점

원산지: 네덜란드

알코올 도수: 40%

곡물: 보리, 밀, 호밀, 귀리, 스펠트 밀

캐스크: Ex-Bourbon

네덜란드의 다섯 가지 곡물 위스키

이 오크통 숙성 게네베르(Gin의 다른 이름)를 위스키라 할 수 있을까? 충분히 그럴 수 있다. 그러나 우리는 너무 조심한 나머지 이것을 Malt spirit(몰트주)이라고 부르는 실수를 범하고 있다. 그레인 위스키는 마치 위스키 계의 더블 블레이드 레이저(날을 두 개 장착한 일회용 면도기) 같다. 한때는 럭셔리했을지 모르지만, 지금은 흔한.

여기에 추가된 곡물은 스펠트 밀(밀의 한 종류)이며, 이 곡물로 인해 이 위스키는 세상에서 유일한 5가지 곡물 위스키가 되었다. 이것은 Patrick Zuidam의 작품이다. 그는 증류소를 창의적이고, 흔치 않은 다양한 상품들을 생산할 수 있는 공간으로 보는 넓은 식견을 가진 사람이다. 그에게 이 5가지 곡물 위스키에 대해 물어본다면, 그는 우리를 무장해제 시킬 만큼 솔직하게 대답할 것이다. 그가 말하길 스펠트 밀은 거의 쓸모없는 곡물이며, 그것의 존재는 완성된 위스키에 그 어떤 영향도 미치지 않는다고 한다. 그럼 왜 그렇게 제조했을까? "왜냐하면," 그가 말했다. "나는 오크통에서 숙성된 5가지 곡물 위스키를 원했기 때문이죠. 단순히 그뿐입니다."

왜 시도해봐야 할까?

이것은 모든 Millstone 시리즈 위스키들의 고향인 Zuidam에서 생산되었으며, 모든 Zuidam 상품을 마시는 것과 같은 이유로 이 위스키 역시 시도해 봐야 한다. 제조과정에서 어떠한 타협점도 없으며, 최상의 재료가 사용되었고, 아주 잘 만들어졌다. 추가된 곡물들이 어떤 특별한 풍미를 추가적으로 선사하진 않지만, 거의 확신하건대, 이것은 세상에서 유일한 5가지 곡물 위스키이며 오직 몇몇 밖에는 맛을 보지 못했다.

원자 구조 도표

네덜란드의 다섯 가지 곡물 위스키

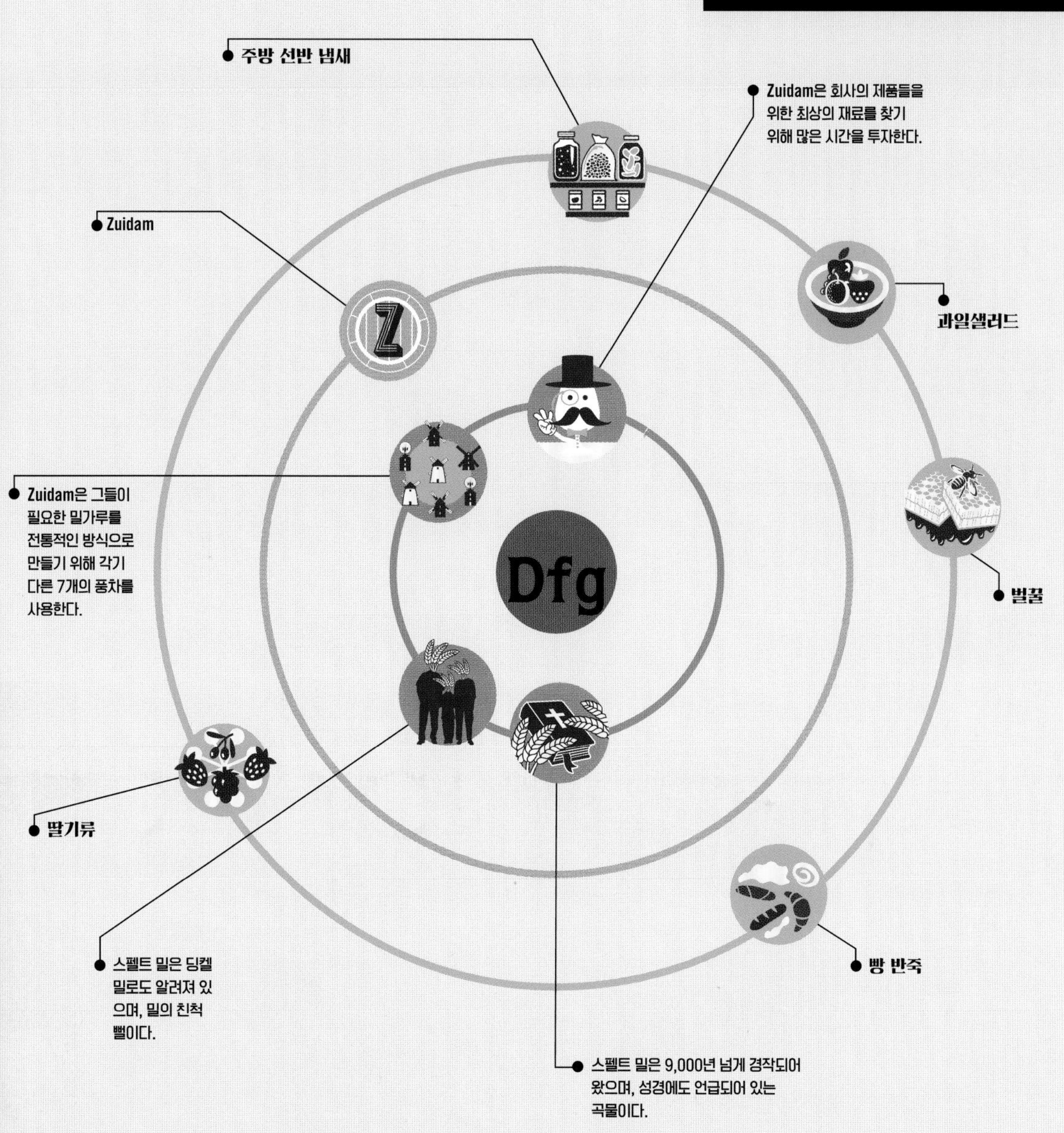

그림 설명 = 테이스팅 노트 = 추천 증류소 = 흥미로운 점

원산지: 미국, 오스트리아
알코올 도수: 40%-43%
곡물: 귀리, 보리
캐스크: Virgin white oak, Ex-Bourbon

귀리 위스키

위스키 제조과정에서 귀리는 종종 간과되곤 하지만, 최근 몇 년간 수제 양조 시장의 성장과 함께 맥주의 풍미를 더 리치하고, 크리미하게 하는 데에 귀리의 사용이 늘어가는 것을 볼 수 있다. 특히 스타우트와 포터 맥주는 귀리의 존재로 많은 혜택을 보고 있다.

귀리는 위스키를 달콤하고, 어떻게 보면 조금 힘없이 늘어지게, 즉 라이 위스키보다는 밀 위스키에 가깝도록 만든다. 보통 독일어권 국가들, 특히 오스트리아에서 많이 사용된다. 그러나 최근 북미의 몇몇 위스키들에서도 시도되고 있으며, 가장 중요한 점은 켄터키 증류소 Buffalo Trace가 그중 하나라는 것이다. Buffalo Trace는 버번을 만들 때 다양한 곡물들을 혼합해 보고, 다른 타입의 나무를 사용하고, 다양한 숙성기간을 시도하는 등 많은 실험을 하고 있다.

Buffalo Trace의 성공은 우리로 하여금 미래에 더 많은 그레인 위스키를 접할 수 있도록 기회를 증가시킨다. 미국의 어떤 귀리 위스키들은 아예 나무에서 숙성시키지 않거나, 아주 짧은 기간만 숙성시킨다. 이런 위스키를 화이트 위스키라고 부른다.

왜 시도해봐야 할까?

귀리는 매우 다른 스타일의 위스키를 만든다(이제는 위스키의 철자를 whisky라고 쓸 수만은 없다. 북미에서도 귀리 위스키를 생산하고 있기 때문에 "e"를 붙여서 whiskey라고도 해야 한다). 유럽의 귀리 위스키와 미국의 그것은 매우 큰 차이가 있는데, 그 이유는 유럽에서는 위스키가 최소 3년 이상 오크에서 숙성해야 하기 때문이다. 귀리는 달콤하고 섬세하며, 자칫 오크의 향에 그 특성이 가려질수 있다. 미국인들은 바로 증류된 상태나, 아주 짧은 기간만 숙성된 것을 선호하는 경향이 있다. 잘만 만들어지면, 귀리 위스키는 부드럽고, 크리미하고 달콤하며, 스카치와 버번의 훌륭한 대체품이 된다.

원자 구조 도표

귀리 위스키

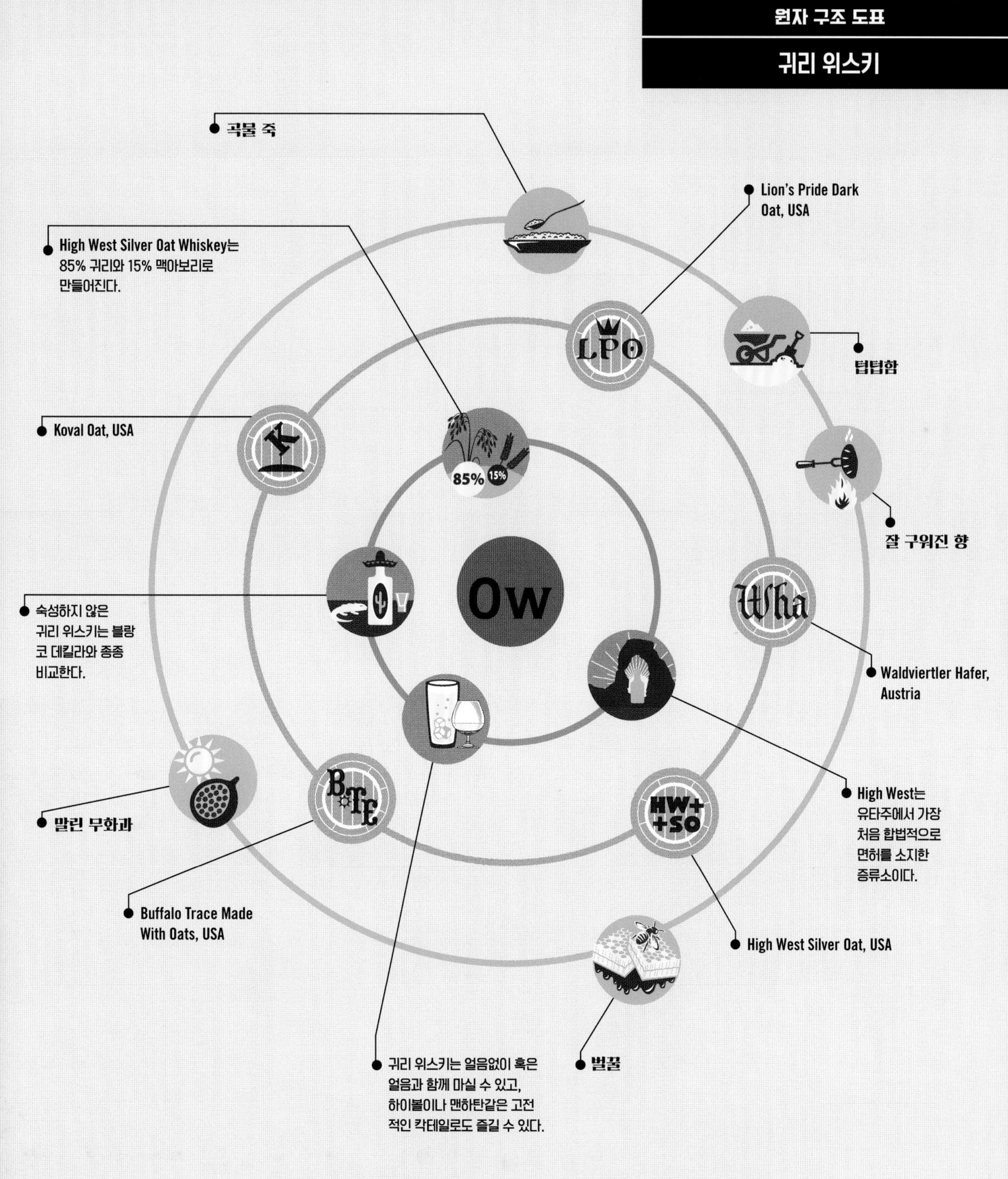

그림 설명 = 테이스팅 노트 = 추천 위스키 = 흥미로운 점

원산지: 미국
알코올 도수: 46%
곡물: 퀴노아, 귀리
캐스크: Virgin white oak

퀴노아 위스키

테네시주 내쉬빌 안에 있는 Corsair는 미국의 앞서가는 수제 증류소 중 하나이다. 매우 질이 좋은 증류주를 생산할 뿐 아니라, 위스키 생산에 필요한 모든 측면을 적극적으로 실험하는 곳이다.

전에 한번도 퀴노아 위스키를 생산해본 적이 없기 때문에, 이것이 좋은 예가 될 것이라고 생각한다. 이대로라면, 앞으로 생산될 다양한 위스키들은 우리의 상상 그 이상일 것이다.

좋은 쪽으로 평가하자면, 이 위스키의 맛은 거의 거슬리지 않으며, 쉽게 마실 수 있는 편이다. 그러나 이 위스키를 위한 시장이 있을까? 증류소 소유주인 Darek Bell에 따르면 대답은 "Yes."이다. 그는 젊고, 건강에 신경쓰는 사람들과 퀴노아에 관해 모든 것을 알며, 그것을 위스키의 요소로 기대하는 트렌디한 사람들은 당연히 Corsair 위스키를 선호한다고 말했다.

무엇보다 Corsair의 실험정신에 경의를 표한다. 그러나 쉽게 사랑할 수 있는 위스키는 아니다.

왜 시도해봐야 할까?

사람들이 건강에 매우 좋은 특성 때문에 퀴노아를 선택한다는 사실을 생각하면, 한번 마셔보고 싶을지도 모른다. 일단 퀴노아가 몸에 좋으니까. 그러나 당연히 이 위스키가 건강에 좋다는 건 말이 안된다. 이것을 시도해야하는 이유는 바로 이것이 위스키의 미래, 즉 혁신성과 틀 밖의 사고를 술 형태의 예시로 보여주기 때문이다. 그런 면을 위스키에서 보기란 매우 흔치 않다.

원자 구조 도표

퀴노아 위스키

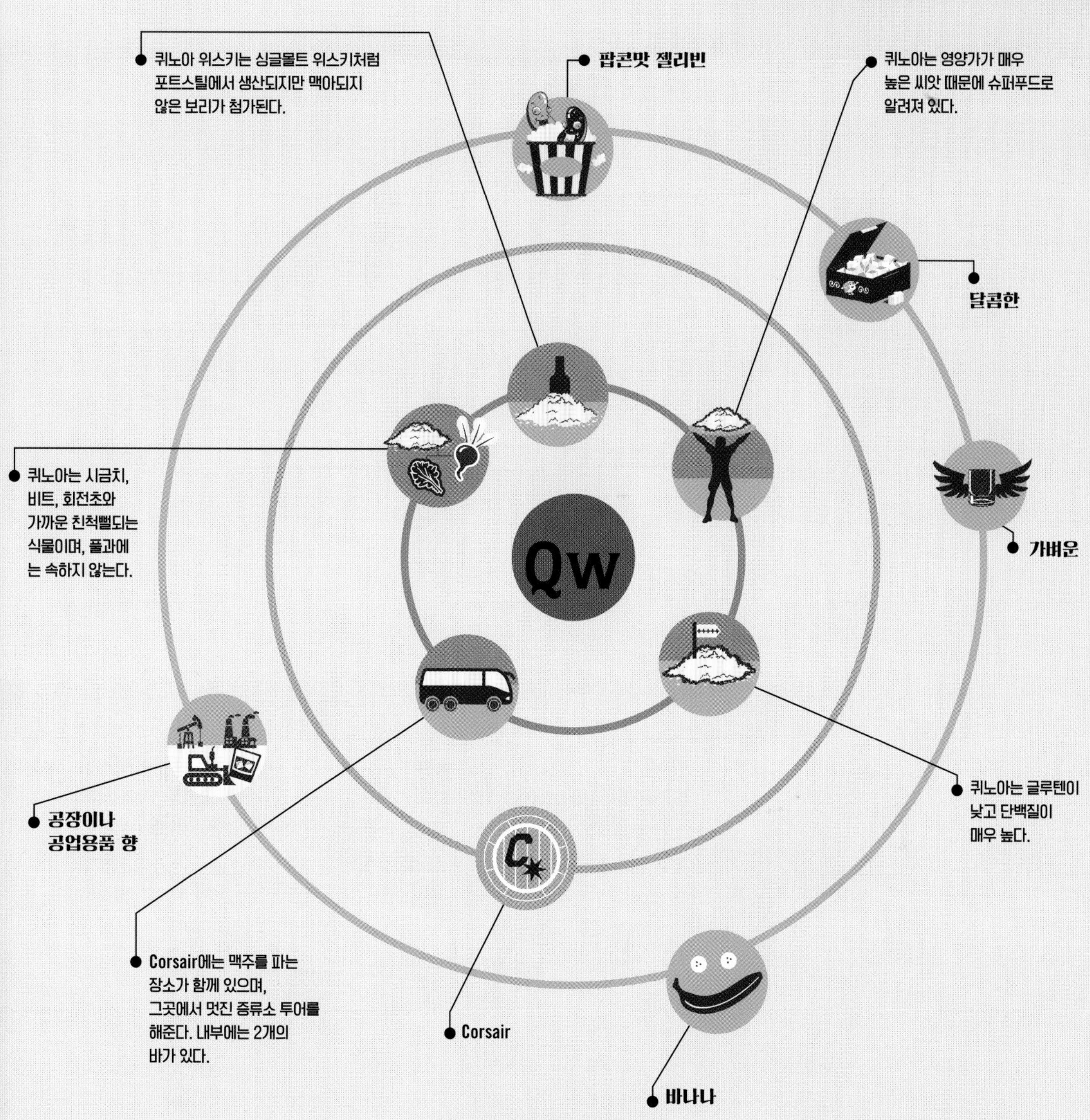

그 림 설 명 = 테이스팅 노트 = 추천 증류소 = 흥미로운 점

원산지: 미국, 스웨덴
알코올 도수: 40%-55%
곡물: 다양함
캐스크: Virgin white oak

훈연 위스키

피를 끓게 하는 모든 위스키 스타일 중에, 훈연 위스키는 어쩌면 가장 우리를 흥분시킬 가능성이 높다. 이것은 스모키하거나, 피트향이 강한 위스키와는 거리가 있지만, 훈제라는 특성은 기존의 클래식한 위스키 타입에 수많은 새로운 가능성을 제공한다.

옆 페이지에 소개된 다섯 가지의 위스키는 모두 위스키를 제대로 만들 줄 아는 증류소에서 생산되었으며, 그들이 창조한 맛과 향은 기존과 매우 다르고, 한번 맛보면 잊기 힘들다.

Brimstone은 이름에서 말해주듯이(Brimstone은 유황이란 뜻이다–역) 숯과 재의 기분 좋은 풍미가 느껴진다. 또 기존과 다른 나무를 사용함으로써 독특한 개성을 지니게 되었는데, 그 개성으로 인해 이 카테고리의 위스키들은 어떤 다른 위스키보다도 새로운 시장의 주역이 될 가능성이 있다.

이 움직임의 선봉에는 Corsair의 부분적인 활동무대인 미국이 있다. 또한 스웨덴의 Mackmyra는 그들의 보리를 주니퍼 가지를 이용해 건조시킴으로써 북유럽 고유의 특성을 위스키에 가미한다.

왜 시도해봐야 할까?

앞으로 몇 년 안에 우리가 좀 더 토속적인 풍미를 지닌 위스키들을 목격할 가능성이 높은데, 그 요인은 위스키 제조의 시작과정에서 보리를 건조시키는데 사용될 차별화된 재료에 있다. 전통적으로 많이 사용하는 재료는 피트이다. 피트는 한 지역에서 쉽게 찾을 수 있는 식물군과 동물군이 혼합되어서 만들어진다. 즉, 피트는 지역에 따라 달라지며, 만약 보리를 훈연하기 위해 나무로 피트를 대체한다면 그것은 더욱 지역적 차이를 보일 수밖에 없을 것이다. 이미 스웨덴은 그들의 음식을 건조할 때와 마찬가지로, 주니퍼 가지로 보리를 건조하여 위스키를 생산하고 있다. 이것이 바로 위스키의 맛과 향, 그 미래가 정착할 지점이며, 결과적으로 매우 흥분되는 위스키 영역이다.

원자 구조 도표

훈연 위스키

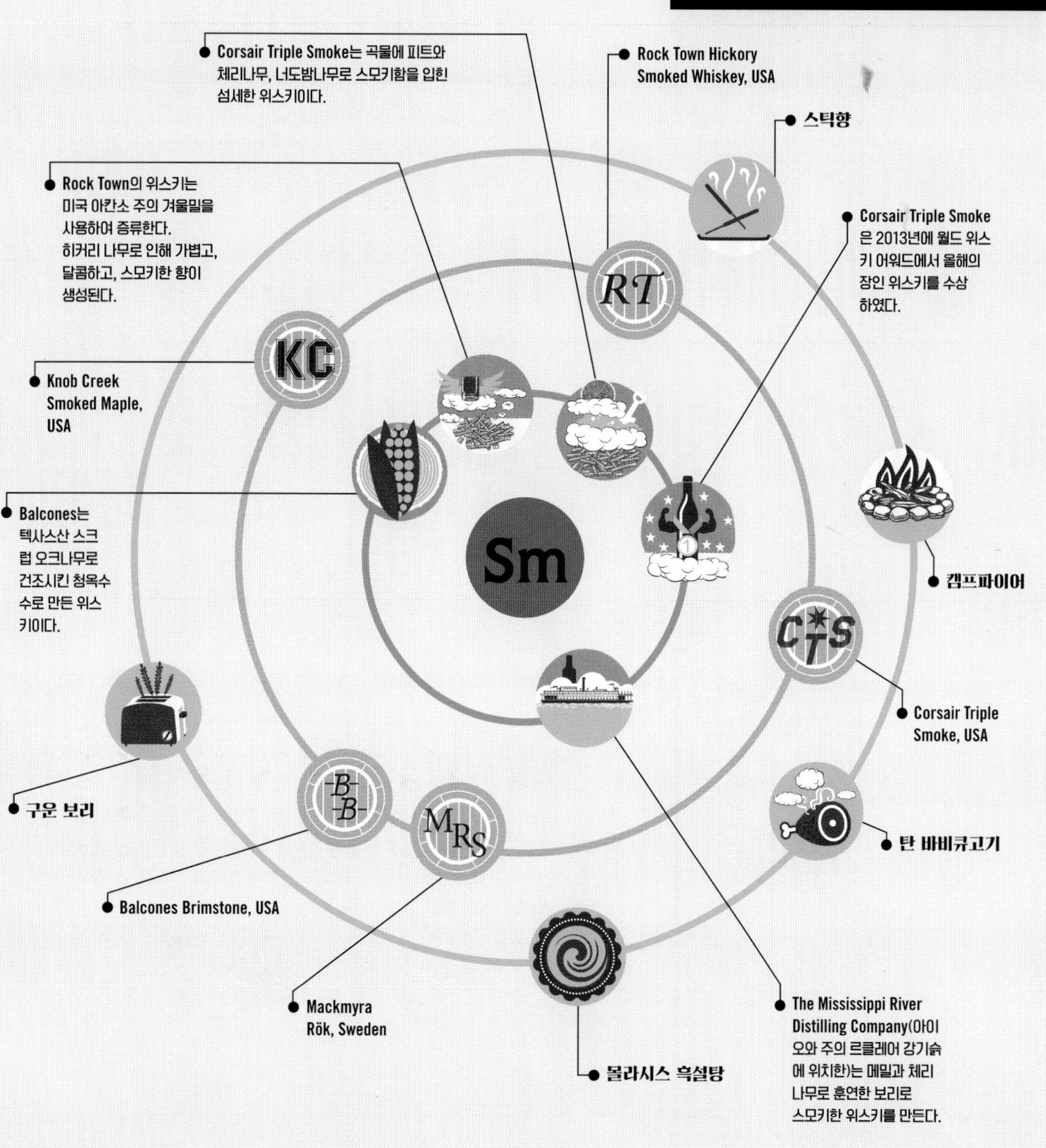

그림 설명	= 테이스팅 노트	= 추천 위스키	= 흥미로운 점

원산지: 미국
알코올 도수: 35%-40%
곡물: 옥수수, 밀, 보리, 호밀
캐스크: Virgin white oak

맛이 가미된 위스키 - 미국

왜 맛이 가미된 위스키의 인기가 그렇게 폭발적이었는지, 혹은 언제 정확히 그랬는지를 설명하는 건 정말 쉽지 않다. 확실한 건 자의든 타의든 맛이 가미된 위스키를 처음 시도했던 사람들은 얼마 지나지 않아 기가 막힌 보상을 받게 된다.

Wild Turkey는 American Honey를 몇 년간 소유하고 있었으며, 그들은 젊은 여성층을 대상으로 이것이 마치 아이스크림 같이 맛있다고 홍보하곤 했었다. 누구도 그것을 대수롭게 여기지 않았다.

그러다 갑자기 뱅! Jim Beam 사의 Red Stag와 Jack Daniel's 사의 Tennessee Honey가 이 카테고리의 뚜껑을 열었고, 이후로 그 뚜껑은 지금까지 닫힌 적이 없다. 그 달콤함으로 인해 여성들이 위스키 세계에 발을 들이게 되었다고 보이지만, 조사에 따르면 남성들도 그에 못지않고 빠져든다고 한다. 젊은 음주연령층에 어필되는 것은 말할 것도 없으나, 이것이 "진짜" 위스키로 건너가는 징검다리일지 아닐지에 대해서는 고려할 가치가 없다고 본다.

왜 시도해봐야 할까?

맛이 가미된 위스키 중 어떤 것을 시도할 것인지에 대해서 조심해야 한다. Wild Turkey의 American Honey는 몇 년간 그 자리를 지켜왔고, 만약 당신이 이것을 아이스크림과 곁들인다면 매우 황홀한 디저트 음료가 될 것이다. 이 카테고리 안에서 좀 더 잘 만들어진 위스키란 너무 역겹도록 달거나 찐득하지 않고, 미국 위스키를 베이스로 한 칵테일에 한차원을 올려주는 역할을 하는 것이다. 그렇게 된다면, 그 어떤 칵테일보다 유혹적일 것이다.

원자 구조 도표

맛이 가미된 위스키 - 미국

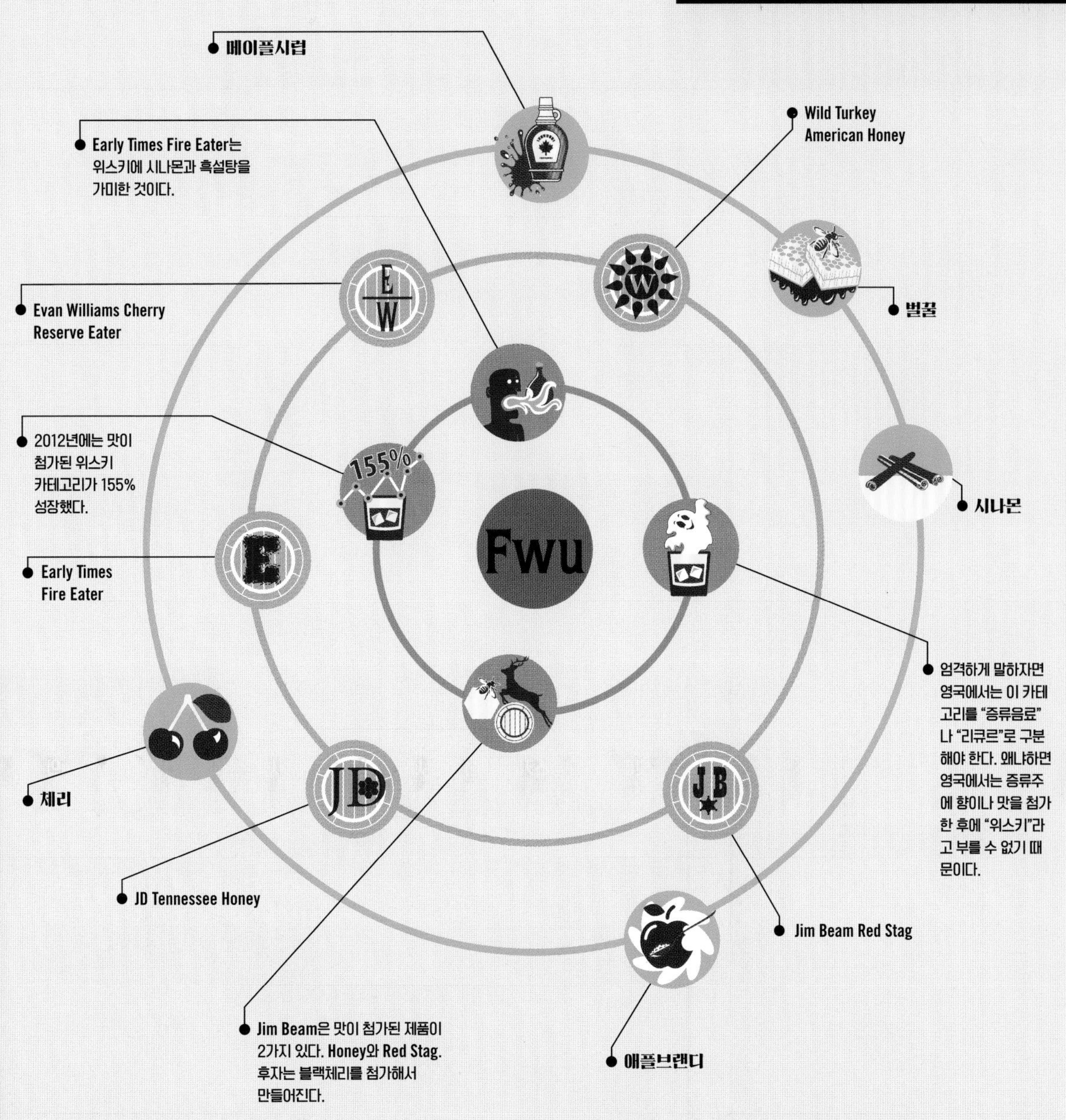

그림 설명 = 테이스팅 노트 = 추천 위스키 = 흥미로운 점

원산지: 스코틀랜드, 아일랜드

알코올 도수: 40%

곡물: 보리, 밀, 옥수수

캐스크: Ex-Bourbon, Ex-Sherry

맛이 가미된 위스키 - 스코틀랜드와 아일랜드

스카치 위스키에 맛을 가미하는 것에 대하여 몇 년간 매우 고매한 혐오감을 보였지만, 그 상업적인 유혹의 정도는 증류소들이 저항하기엔 너무 컸다. 결국 먼저 코를 틀어막고 다이빙한 사람들에게 멋진 보상이 돌아갔다.

우리는 지금 별 볼 일 없는 무명의 플레이어들을 이야기하는 것이 아니다. 세계에서 가장 큰 세 주류회사인 Diageo와 Pernod Richard, Bacardi를 이야기하고 있는 것이다. 그들 편에서 이야기하자면, 그들은 어떻게든 꿀을 이용하려고 노력했다. 꿀은 스카치의 어설펐던 초창기 시절부터 위스키 제조에 연관되어왔다. 스코틀랜드의 리큐르 전통에도 위스키와 꿀을 이용한 부분이 꽤 있다. 핫토디(hot toddy, 위스키에 레몬, 꿀, 온수를 섞은 음료 –역) 역시 이 조합을 기본으로 하고 있다. 어찌되었든 간에 많은 사람들은 최근 맛이 가미된 위스키의 소란을 비극의 시작이라고는 여기지 않는다. 가장 불쾌했던 케이스 중 하나는 블렌디드 스카치에 칠리를 섞은 제품이었다.

왜 시도해봐야 할까?

이 카테고리가 논란 없이 존재하지 않는 이유는 몇 년간 스코틀랜드가 위스키에 맛과 향을 가미시키는, 위스키 제조의 근본정신을 교란시키는 이 유혹에 저항했고, 판매하지 않았기 때문이다. 그럼에도 불구하고 미국의 가향 위스키가 엄청난 성공을 거두었을 때, 이것은 불가피했을 것이다. 꿀은 어차피 스카치의 자연스러운 파트너였기 때문에 이제 우리는 이미 만들어져 있는 인스턴트 핫토디도 살 수 있다. 그냥 물만 첨가하면 된다. 이 카테고리 중 최고는 Ballantine's Brasil이다. 라임이 첨가되어 질 좋은 스카치에 산뜻하고 풍미 좋은 반전을 제공한다.

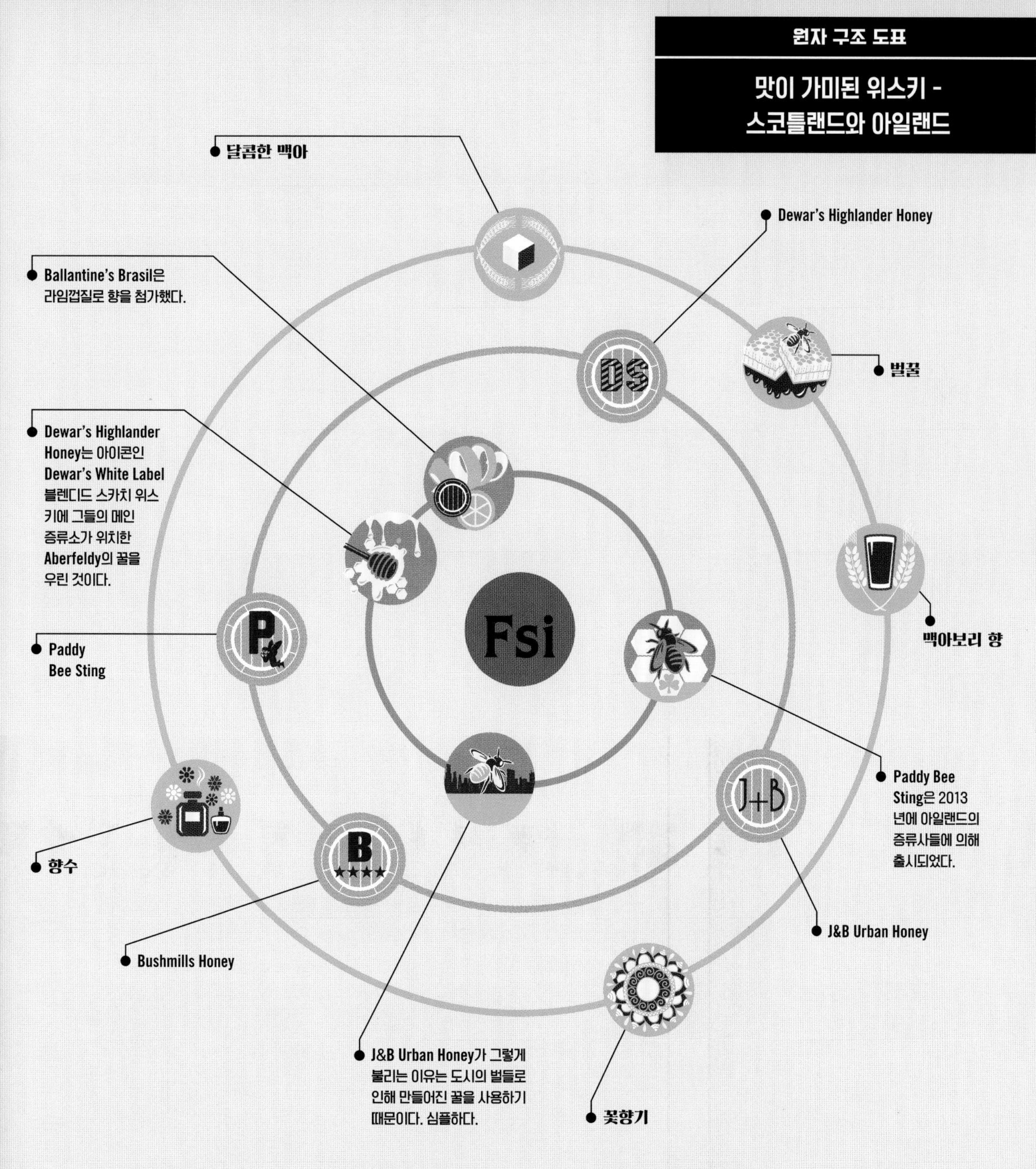

그림 설명

= 테이스팅 노트 = 추천 위스키 = 흥미로운 점

원산지: 미국, 잉글랜드
알코올 도수: 40%-46%
곡물: 보리, 옥수수, 밀, 호밀

과일맛을 우린 위스키

스카치 위스키 연합은 무엇이 위스키라 명명될 수 있는지에 대해 명확한 룰을 가지고 있다. 오로지 곡물과 이스트, 물만으로 이뤄져야 하고, 착색을 위한 캐러멜에 대해서만 추가적으로 허용하고 있다. 즉, 맛이 가미된 "증류주"는 그것이 위스키가 아니라는 사실을 확실하게 밝히게 되어있다.

몇 년 전, Compass Box는 Orangerie를 출시하고 그것을 "위스키에 특별한 맛을 우려낸 것"라고 설명했다. 만약 이 회사가 그것을 "특별한 맛을 우려낸 위스키"라고 설명했다면 큰 문제가 되었을 것이라는 건 쉽게 예측할 수 있다. 그 선이 얼마나 민감한지 이 예를 통해 알 수 있다.

그러나 "특별한 맛을 우려낸 위스키" 케이스와는 달리, 과일을 우려낸 위스키는 수작업을 통해 만들어지며, 어떤 과일을 우려내든 그 결과물이 꼭 과하게 달지만은 않다. 이것이 대중적으로 수용되는 과정은 현재 북미의 수제 증류가들에 의해 증가하는 추세이며, 더 많은 사람들이 이 과정에 참여하고 있다.

왜 시도해봐야 할까?

다시 한번 말하지만, 이 카테고리는 단순히 룰을 어겼을 뿐만 아니라, 그 룰을 아예 반으로 부러뜨린 위스키들이다. 만약 위스키 안에 호프나 오렌지 껍질이 들어갔다면, 이 상품은 위스키로 불릴 수 없다. Compass Box사의 Orangerie는 "위스키에 특별한 맛을 우려낸 것"으로 명명될수 밖에 없었고, "특별한 맛을 우려낸 위스키"로는 도저히 불릴 수 없었을 것이다. 그러나 이 증류주들은 한번씩 섬세하게, 정성을 다한 수작업으로 완성되었기 때문에, 새롭고 흥미로운 풍미로 가득했다. 이 카테고리는 분명 성장에 성장을 거듭할 것이다.

원자 구조 도표

과일맛을 우린 위스키

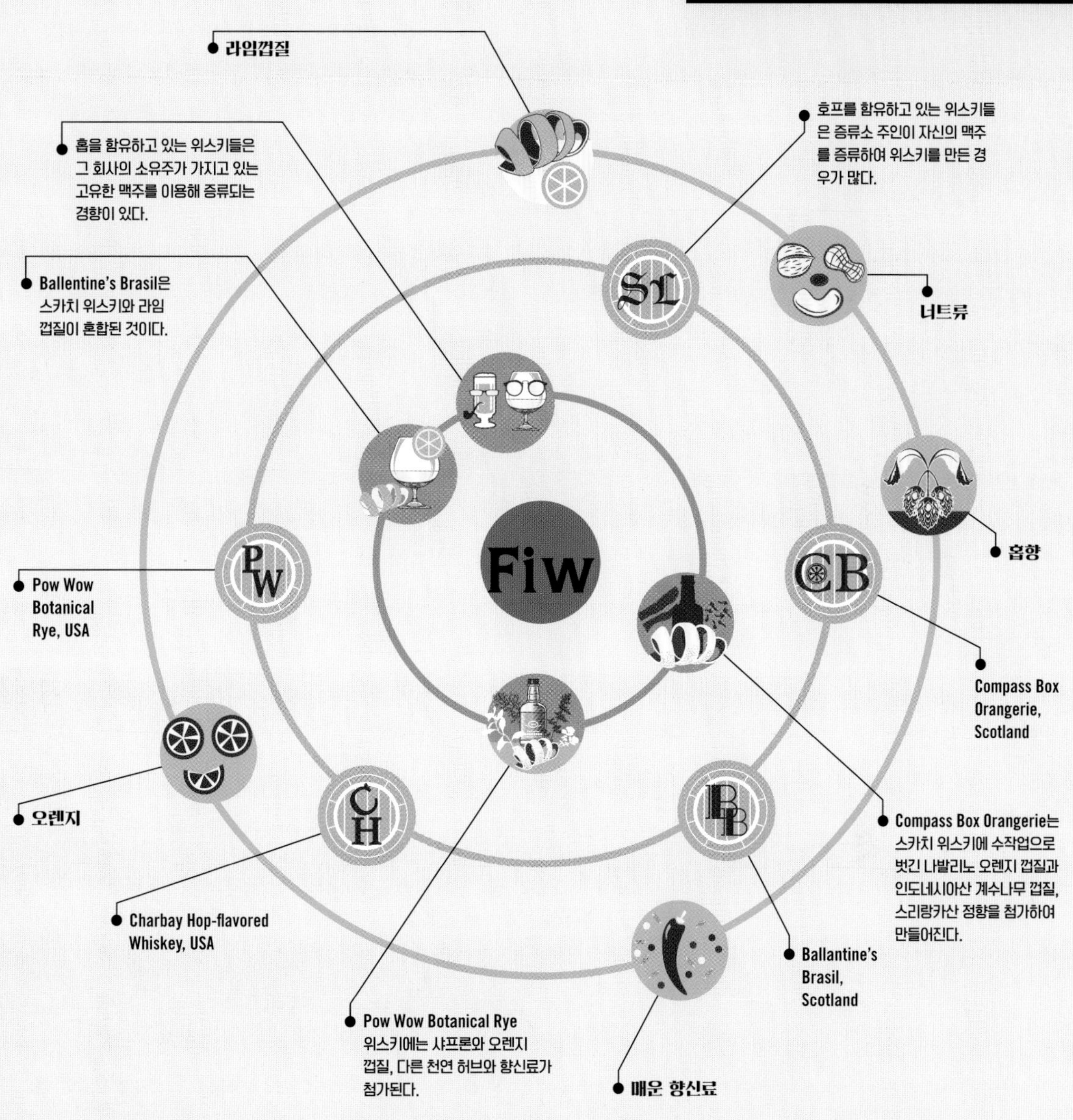

그림 설명 = 테이스팅 노트 = 추천 위스키 = 흥미로운 점

원산지: 아일랜드, 웨일즈
알코올 도수: 40%-90%
곡물: 아무거나

아이리쉬 포틴

포틴(Poitin 혹은 Poteen)은 아일랜드의 강렬하고 센 증류주이며, 클래식한 위스키에 비하면 보드카나 밀주와 더 공통점이 많다. 속이 탈 정도로 맹렬한 독주 스타일부터 토피와 민트향을 첨가한 음료수같은 스타일까지 여러 형태로 생산되어 왔다.

포틴는 몇 년 간 불법이었다. 알코올 도수가 90도까지 올라가서 시력을 잃거나, 심하면 목숨을 잃을 수도 있었기 때문이다. 많은 경우 감자로 만들어지는데, 아일랜드는 감자가 주식이기 때문에 어찌 보면 당연한 선택이었다. 그러나 종종 아무 곡물이나 손에 잡히는 것으로 만들어지기도 했다. 아일랜드가 궁핍했던 시절에 크게 확산되었는데, 이유는 이것이 쉽고 빠른 위스키의 대체품이었기 때문이다.

합법적이고 상업적인 형태의 포틴은 위스키에 사용되는 것과 같은 종류의 캐스크에서 숙성된다. 포틴을 프리미엄급 증류주로 마케팅할 때가 있는데, 그 노력이 가상하면서도 어딘지 웃음이 난다.

왜 시도해봐야 할까?

포틴의 반항아적인, 무법자적인, 동시에 모험적인 이미지를 상기해보면 오직 밀주만이 그 상대가 된다. 포틴은 실질적으로 아일랜드의 밀주이며, 전통적으로 증류의 재료는 무엇이든 증류하려는 사람의 손이 잡히는 것이었고, 그 과정은 오래된 가죽부츠 만큼이나 거칠었다. 요새는 엄청나게 다양한 맛과 향을 가진 상업적인 포틴들이 출시되었고(런던에 포틴만 전문으로 하는 바가 있을 정도로), 새로운 카테고리를 열기 위한 시도들이 행해지고 있다. Teeling 같은 포틴은 시도해볼 만하다. 기본적으로는 몰트주의 새 버전이다. 재밌고 강렬한 경험일 것이다.

원자 구조 도표

아이리쉬 포틴

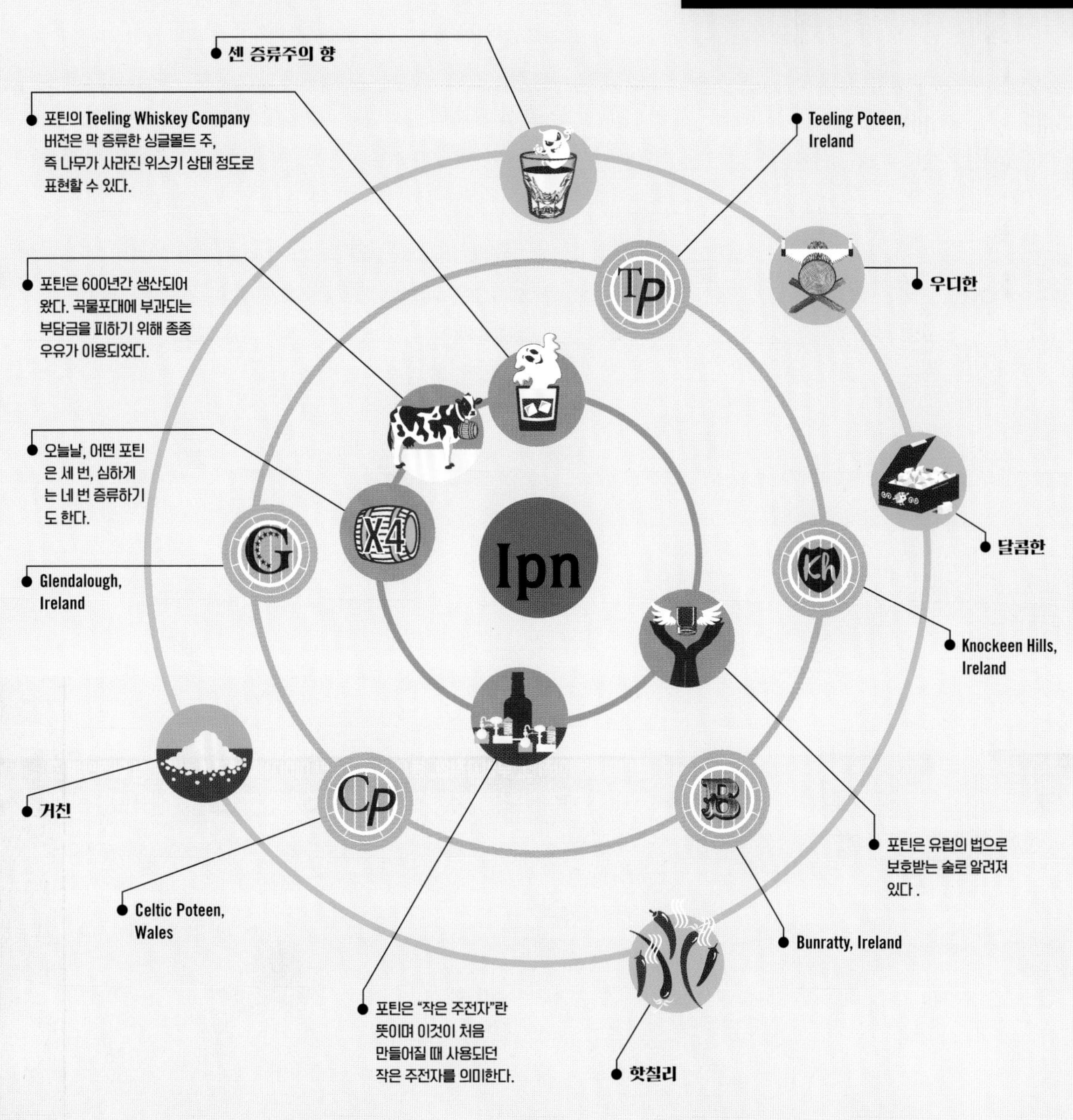

그림 설명 = 테이스팅 노트 = 추천 위스키 = 흥미로운 점

원산지: 미국, 웨일즈
알코올 도수: 40%-46%
곡물: 라이밀
캐스크: Ex-Bourbon, Virgin white oak

라이밀 위스키

아주 최근까지도 라이밀은 전혀 위스키 생산에 사용되지 않았으나 이제는 다수의 증류소들에 의해 이용되고 있다. 라이밀은 밀과 호밀의 중간 형태이며, 실험실에서 창조되었고, 스웨덴과 스코틀랜드에서 자라고 있다. 이것은 밀의 비교적 높은 수확량과 높은 질, 자연재해에 강한 호밀의 끈기가 합해진 형태이며, 경토에도 자랄 수 있다 .

라이밀은 두 가지 큰 이유로 새로운 증류가들의 시선을 끌었다. 하나는 수제 증류가들은 오직 그 지역 제철 산물만을 사용하는데 라이밀은 호밀이 수확되지 않을 때에도 구할 수 있다. 두 번째 이유는 밀의 부드러움과 달콤한 요소가 호밀과 섞였을 때 독특하고 맛있는 위스키가 탄생하기 때문이다.

웨일즈를 포함한 나라들의 기원을 주목해보자. Da Mhile은 위스키를 포함한 모든 종류의 유기농 증류주를 생산하기 시작했고, 라이밀은 그들이 사용하는 곡물 중 하나이다. 미국의 수제 증류가들 역시 라이밀을 시도해보고 있다. 잡종 곡물은 위스키의 재료로써 빠르게 자리를 잡고 있다.

왜 시도해봐야 할까?

한 번도 재료로 사용하려는 의도가 없었던 곡물로, 특히 실험실에서 만들어진 잡종 곡물로 위스키를 만드는 것은 일종의 속임수같이 보일 수도 있을 것이며, 넓게 보면 그것은 사실이다. 그러나 라이밀은 밀과 호밀의 특성이 조합되어 있고, 이 두 곡물은 전혀 다른 타입의 위스키를 만든다. 밀은 부드럽고 달콤한 노트를 가지고 있고, 호밀은 샤프하고 매운 풍미를 지니고 있다. 즉, 라이밀 위스키는 혀의 전혀 다른 부위에 자극이 가해지면서 흥미로운 위스키 경험을 제공한다.

원자 구조 도표

라이밀 위스키

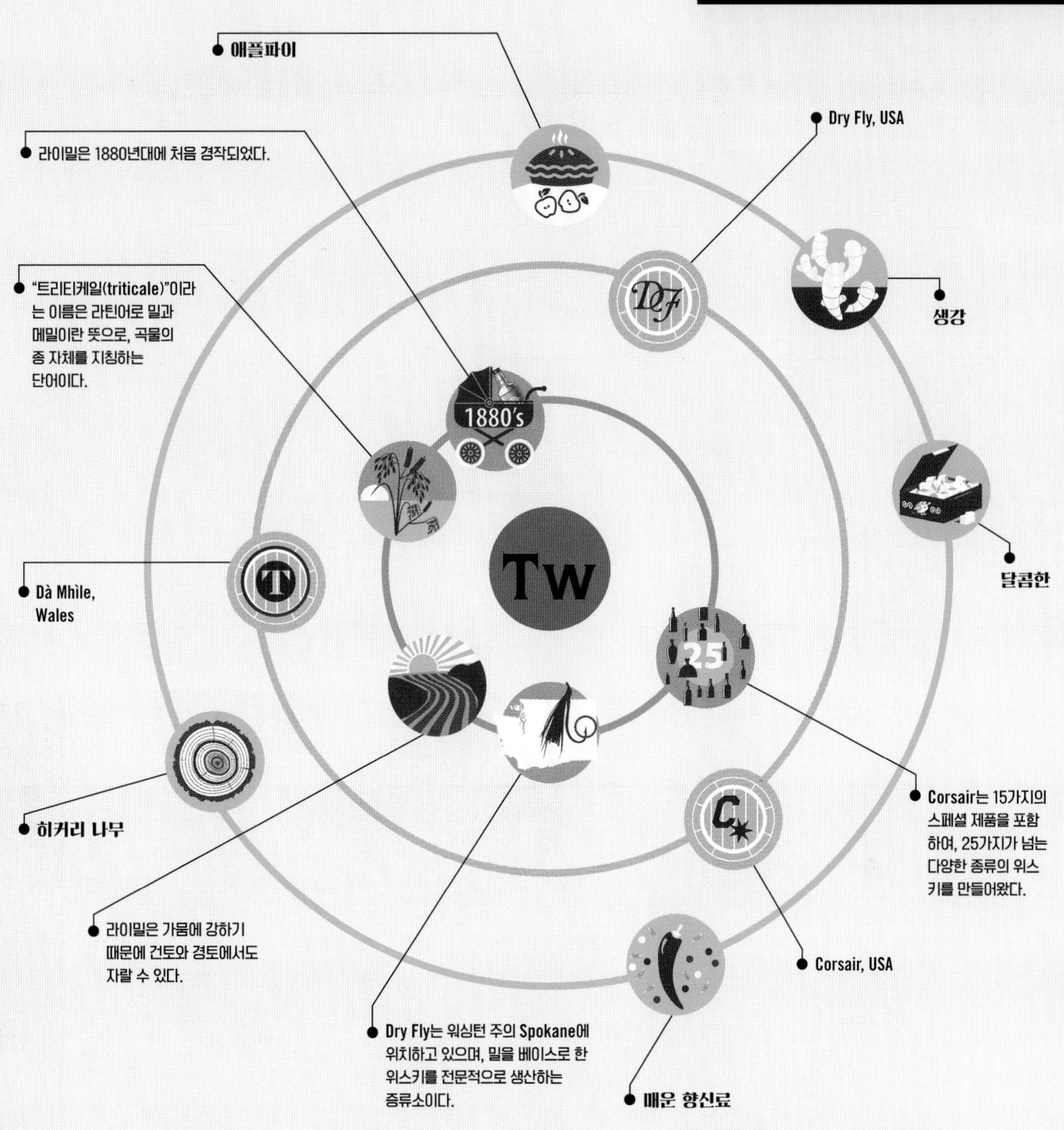

그림 설명 | = 테이스팅 노트 | = 추천 증류소 | = 흥미로운 점

원산지: 프랑스
알코올 도수: 40%-43%
곡물: 메밀, 보리
캐스크: Ex-Bourbon, Ex-Wine, Ex-Cognac

프랑스의 악동 위스키

프랑스 위스키에는 분명 악동같지만 이상하게 사랑스러운 요소가 있다. 증류하는 사람과 그들의 작품을 향한 압도적인 열정, 그 순수한 대담성에 경의를 표현하지 않을 수 없다.

Distillerie des Menhirs는 유사 곡물류로 분류되지만 엄밀히 말하면 곡물이 아닌 메밀로 위스키를 만든다. 그러나 프랑스에서는 이것을 ble noir(흑밀)이라고 부르며, 프랑스 정부에서는 이것이 곡물일 수 있다고 법으로 보호하고 있다. 즉, 아무 문제가 없다. 꼬냑 배럴에서 숙성되어 그 풍미까지 감도는 Brenne의 맛을 보면 전의 꼬냑이 배럴 안에 아직 남아있었음이 증명된다. 반면 French Corsica에서는 밤으로 만든 맥주로 위스키를 담근다. 효과는 좋다. 술의 맛이 좋다는데, 문제 될 게 있을까? 아마 없을 것이다.

추천 위스키

Eddu Gold	솜털같은 보송보송함, 과일의 향긋함, 약간의 홀릭스(Horlicks, 뜨거운 우유에 섞어 음료를 만들 수 있는 맥아가루)맛과 함께 강하고 자랑스럽고 조금은 발칙한 위스키. 아이러니컬하게도 진한 곡물의 풍미는 유사 곡물류인 메밀로부터 생성되었다.	★
P&M	정말 특이한 맛의 위스키. 강렬한 감칠맛과 고소함이 신 과일 향에 둘러싸여있다. 말이 안되는 조합이지만, 특이하게도 조화롭다. 그리고 확실히 다르다.	★★
Brenne Single Cask	꼬냑 지방에서 아주 소량만 제작되며 바로 뉴욕으로 수출된다. 달콤하고, 꽃향, 와인향이 감도는 섬세한 맛.	★★★

★ 가장 덜 비싼/쉽게 구할 수 있는 ★★ 어느 정도 비싼/구하기 쉽지 않은
★★★ 값이 나가는/매우 귀한

원자 구조 도표
프랑스의 악동 위스키

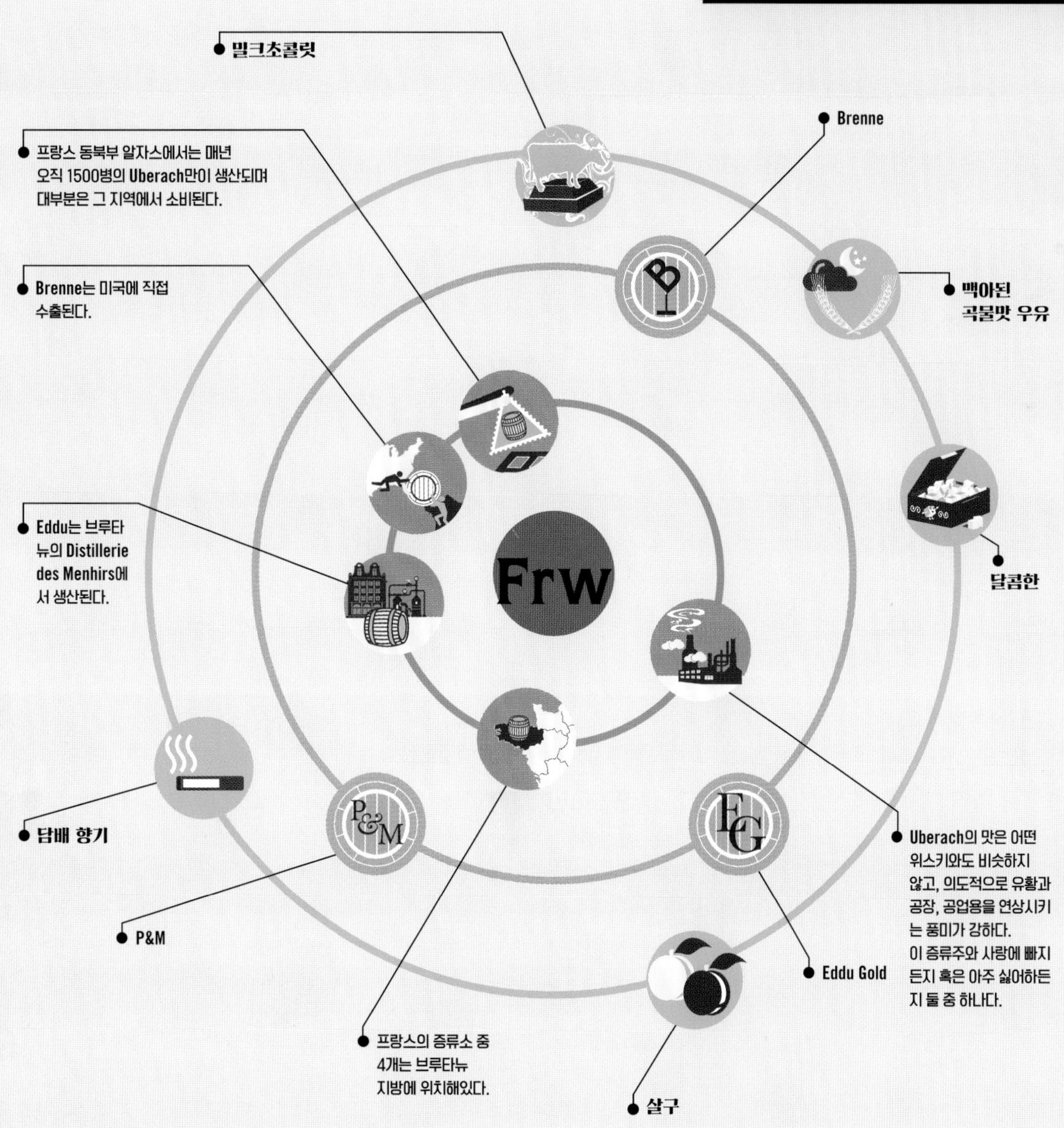

그림 설명 = 테이스팅 노트 = 추천 위스키 = 흥미로운 점

원산지: 남아프리카공화국
알코올 도수: 43%
곡물: 보리, 밀, 옥수수
캐스크: Virgin oak, Malt spirit, Whisky

솔레라 위스키

위스키의 정의(오로지 곡물과 이스트, 물을 이용하여 증류한 증류주)는 완벽할 정도로 간단하지만, 다양한 방법으로 해석될 수 있다. Moritz Kallmeyer의 해석은 그 중 가장 특이하다.

Drayman's의 수제 맥주 제조가인 Kallmeyer는 블렌딩의 일부분을 솔레라 시스템을 이용하는 방식으로 위스키 제조에 발을 들였다. 이 방식은 Glenfiddich 역시 사용했으며, 또한 Loch Fyne Whiskies가 스코틀랜드의 Inveraray 지방에 있는 자신의 매장에서 쓰는 방식과 같다.

Drayman's에서는 직접 작은 캐스크에 원하는 블렌드를 채우고 집에 가져오게 되어있다. 캐스크가 비워짐에 따라 그때 원하는 것을 다시 채우면 된다.

그 맛은 한마디로 설명하기가 어렵다. 왜냐하면 매번 새로운 증류액이 첨가되면서 맛이 변하기 때문이다. 그러나 위스키를 즐기기에 이보다 재밌는 방식이 또 있을까? Kallmeyer의 DIY(Do It Yourself, 사용자가 직접 만드는 방식) 개념은 현재 전세계의 많은 바들에서도 적용되고 있다.

왜 시도해봐야 할까?

당신이 수일 내에 Drayman's Brewery and Distillery에 방문할 일은 없을 테니, 당신이 이 위스키의 남아프리카공화국 버전을 시음해볼 수는 없을 것이다. 만약 당신이 지금 스코틀랜드에 있다면 Inverary 지방의 Loch Frye Whiskies 방문을 고려해보는 건 어떨까? 그곳엔 살아있는 캐스크라고 불리는 것이 있다. 만약 그것에 실패한다 해도, 언제나 당신만의 캐스크를 만들 수 있다. 필요한건 오직 작은 캐스크를 하나 사서, 좋아하는 위스키들을 넣어 섞는 것이다. 그렇게 섞인 당신만의 블렌디드 몰트 위스키를 마시면서 캐스크를 뭔가 다른 위스키로 다시 채워보라. 왜 그렇게 해야 하냐고? 왜냐하면 이 과정은 위스키 고유의 깊이와 풍미라는 측면에서 자신의 역량을 뛰어넘으며 언제나 변화하는 위스키의 속성을 스스로 경험할 기회가 되기 때문이다. 물론 매우 재밌기도 하고. 만약 한 위스키가 좋다면 그대로도 상관없다. 그러나 만약 당신이 위스키의 여러 맛과 스타일을 탐험해보고 싶다면 어느 때라도 할 수 있음을 기억하라.

원자 구조 도표

솔레라 위스키

밀크초콜릿

Drayman's

솔레라 시스템은 셰리같은 강화와인 생산에 널리 이용된다.

레드와인

Glenfiddich 15 Year Old는 솔레라 통에서 혼인식을 치루기 전에 미국 버번 캐스크, 포르투칼의 셰리 캐스크, 버진오크 안에서 숙성된다.

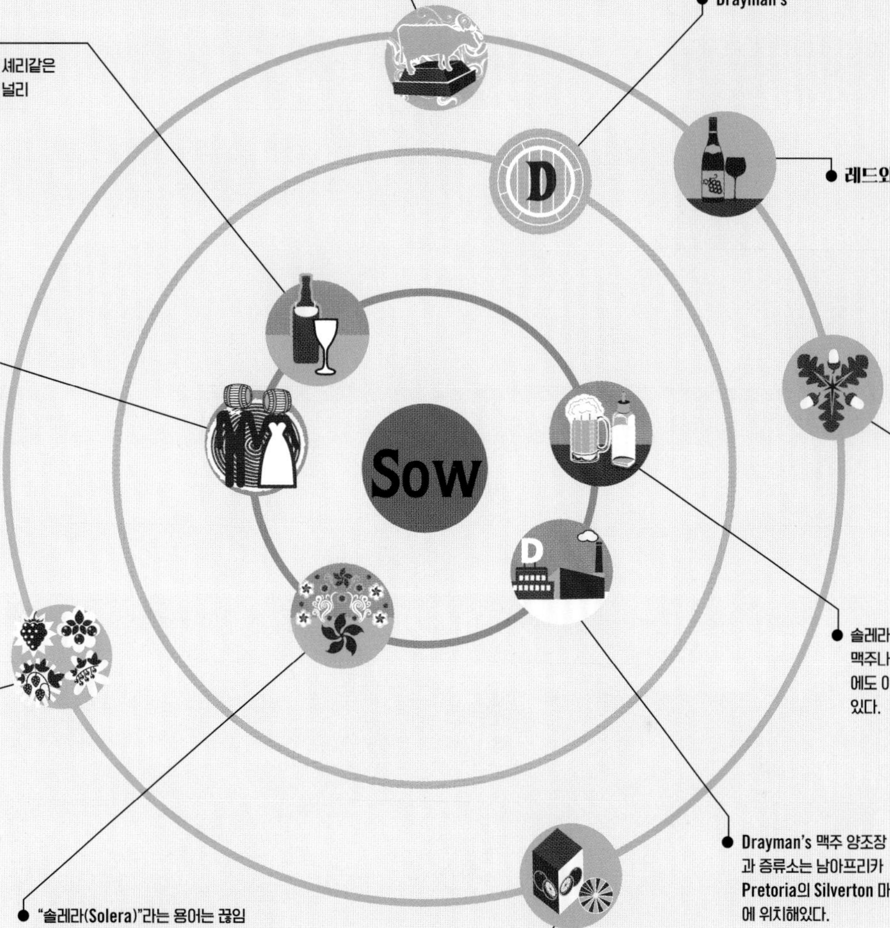

Sow

오크

솔레라 시스템은 맥주나 식초 생산에도 이용될 수 있다.

붉은 딸기류

Drayman's 맥주 양조장과 증류소는 남아프리카 Pretoria의 Silverton 마을에 위치해있다.

"솔레라(Solera)"라는 용어는 끊임없이 캐스크를 위에서부터 다시 채우고, 아래에서 배수하는 방식으로, 시간이 지나면 생산물의 풍미가 진화하며 끊임없이 증류주의 변화를 생성하게 되는 시스템을 가리킨다.

오렌지맛 밀크초콜릿

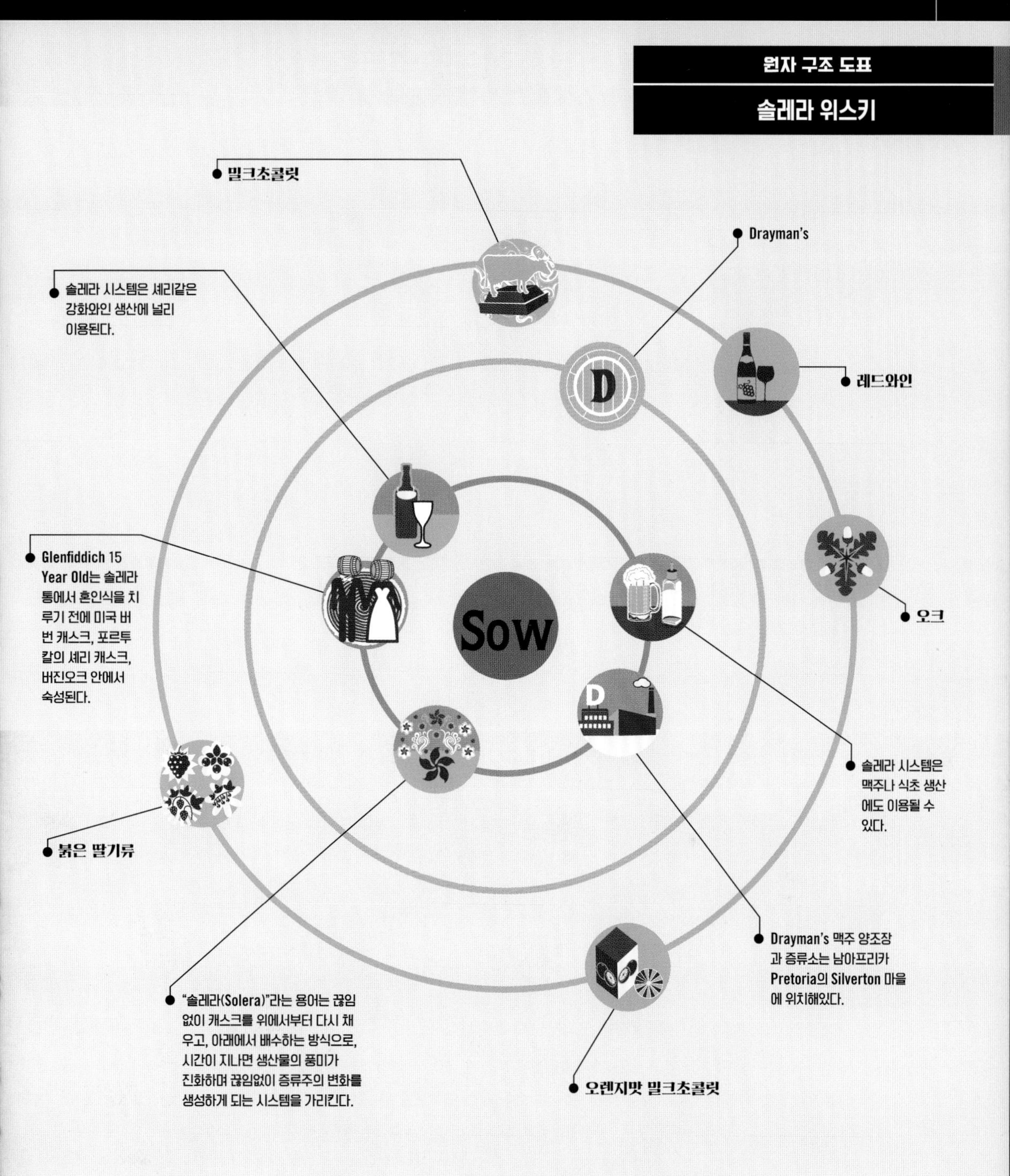

그림 설명 = 테이스팅 노트 = 추천 증류소 = 흥미로운 점

원산지: 전세계

알코올 도수: 40%-70%

곡물: 보리, 밀, 옥수수, 호밀

캐스크: Ex-Bourbon, Ex-Sherry

어린 몰트 증류주

당신이 증류소를 오픈했다. 당신에겐 스태프와 간접비가 있다. 그러나 위스키를 판매하기에 앞서 당신은 최소 3년을 기다려야만 하며, 그때가 되더라도 위스키는 너무 어리고, 그런 위스키는 당신의 명성에 해를 가할 것이다. 어떻게 하겠는가?

당신이 취할 수 있는 옵션을 얘기하자면, 가지고 있는 주정으로 보드카나 진을 만들 수 있고, 또 다른 재료를 사서 리큐르를 만들 수도 있다. 다른 방법으로는, 당신은 요새 늘어나고 있는 많은 증류가들이 하는 어떤 작업을 하면 된다. 막 만든 혹은 "과정중인" 증류주를 파는 것이 바로 그것이다.

이것은 Glenmorangie 사가 Ardbeg 사를 인수하면서, 오랜 Ardbeg의 고객들에게, 새로운 고객층을 끌기 위해 기존 Ardbeg의 강렬한 피트향을 제거할 일은 결코 없을 것이라고 안심시키기 위해 했던 행동이기도 하다.

이 같은 접근은 또한 이탈리아나 영국처럼 어떤 회사가 나중에 생산하게 될 위스키에 순수한 관심을 보일 수 있는 나라의 스타트업 증류소들에게는 효과가 있을 것이다.

추천 위스키

Mackmyra Withund	강렬하고 리치한 풍미를 자랑하는 유럽 증류소의 크고 강한 숙성 전 위스키.	★
Buffalo Trace	나무 숙성 없는 미국 위스키는 마치 갑옷 없는 황제와 같다. 하지만 이것과 Buffalo Trace Bourbon을 비교하는 것은 흥미로운 일이다.	★★
Puni Pure and Alba	이탈리안 사람들은 숙성이 짧은 증류주를 좋아한다. 이 위스키는 어린 증류주의 매우 뛰어난 예이며, 그것의 방식대로 마실만한 충분한 가치가 있는 위스키이다.	★★★

★ 가장 덜 비싼/쉽게 구할 수 있는 ★★ 어느 정도 비싼/구하기 쉽지 않은 ★★★ 값이 나가는/매우 귀한

원자 구조 도표
어린 몰트 증류주

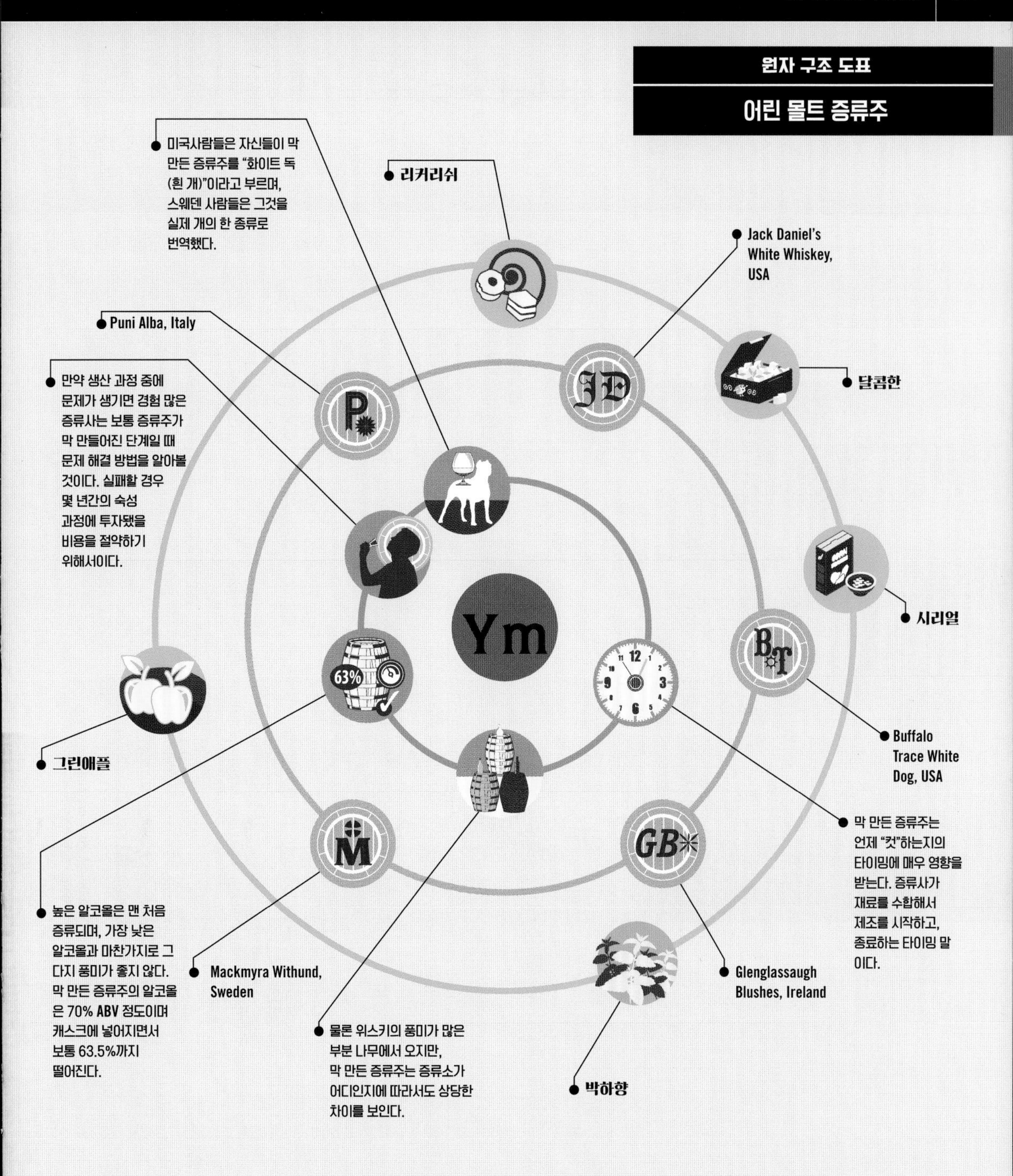

그림 설명 = 테이스팅 노트 = 추천 위스키 = 흥미로운 점

역자의 말

15년 전쯤 술이라고는 맥주밖에 모르던 시절, 조용히 작업실에서 잔에 와인을 따라 마셨던 선배를 보면서 그게 그렇게 멋있어 보였다. 그걸 보며 나도 '와인 마시는 사람'이고 싶어서 맛없던 와인을 맛있을 때까지 마셨던 기억이 난다. 그렇게 시작한 와인은 예상보다 서민적이고 캐주얼한 느낌의 술이었다. 어떤 음식과도 잘 어울리고, 여럿이 둘러앉아 한 병 나눠 마시고, 두 번째 병을 오픈하기에도 부담 없고 쉬운 술이었다. 그에 비해 위스키는 그런 나눔이나 소통보다는 어딘지 조용하고 사색적이고 홀로 즐기는 느낌이 있었다. 진하고, 퀴퀴한 것으로 시작해 야무지고 강렬하게 폭발하고, 금가루같이 부서지며 환희로 도달하는 과정은 매우 개인적이며 누구와도 공유하고 싶지 않은 경험이었다.

위스키를 생각하면 복잡한 심정이 되곤 한다. 높은 수준, 취향, 명품 등의 예민한 단어들을 연상시키기 때문이다. 실제로 성인이 된 후 3, 4번쯤 위스키가 가진 고상함 앞에서 미묘한 쫄림을 느낀 적이 있었다. 더 공부가 필요하고, 알아가야 할 영역이 한참 남아있다고 암묵적으로 말하고 있는 점도 나를 위축시킨다. '지가 뭔데?' 콧방귀를 뀌어도, 이미 한 모금을 마신 후 그 맛을 정확히 표현하는 데에 신중하게 언어를 고르는 나를 발견한다. 옷깃을 여미고 척추를 바로 하고 앉아도, 한 잔의 위스키 앞에서 나는 칠칠맞은 애송이가 되는 것 같다. 그런 면에서 위스키는 불편한 존재이다. 한 모금도 채 쉽게 넘겨지지 않고, 오히려 입안에서 천천히 밟게 되는 술이다.

이 책을 번역하기로 했을 때 스스로 의아했다. 뉴욕에서 바텐더를 하던 시절에도 위스키는 어려운 술이었기 때문이다. 아마도 이 기회에 위스키와 친해지고 싶었는지도 모른다. 몰래 공부해서 "별 것도 아닌 게..." 하고 싶었는지 모른다. 하지만 실제로 이 책을 번역하며 나는 여러 번 움찔했다. 위스키는 어떤 순간에도 쉬운 존재가 아님을 반복적으로 목격했기 때문이다. 위스키는 생산자의 끝없는 긴장과 기도의 힘으로 만들어지는 술이다. 사람이 가진 모든 source(땅, 바람, 흙, 물)로 최고의 환경(그 지역 최고의 보리, 그 지역 최고의 피트, 그 지역에서 구할 수 있는 최고의 오크, 최고의 와인을 담았던 최고의 캐스크)을 제공하고도, 그저 제발 이번에도 보통의 컨디션으로만 나와 주었으면 하고 기도를 하게 만드는 술이 바로 위스키이다.

이 고상한 존재 앞에 위축된 나의 마음을 펴준 건 이 책의 작가 Dominic Roskrow 특유의 심플함 이었다. 그는 이 책을 통해 긴장을 잠깐 내려놓고 위스키라는 다양한 존재에 대해 함께 탐미하자고 한다. 마치 미술관에 모여 있는 아름다운 예술작품들을 감상하는 것처럼 말이다. 위스키의 에너지에 움츠러들지도 말고, 그것을 움켜쥐지도 말란다. 특별한 하나의 위스키가 황금 눈물처럼 스며들어와 나의 하루를 뜨겁게, 혹은 차갑게 적셔주도록 그저 마음을 열어놓자고 한다. 물론 실제로 작가가 책에서 그렇게 얘기하진 않는다. 이것은 해리 포터의 책처럼 몇몇의 눈에만 보이게 비밀스럽게 쓰여 있다.

굵직굵직한 국제수상 경력을 가진 나의 예전 선임 바텐더 브라이언 매티스는 마감시간에 비가 오면 각설탕 두 개를 부셔 넣은 글라스에 버번을 넣고, 통후추 몇 개와 라이터로 그을린 월계수 한 잎을 넣어 건네주었다. 거의 불붙인 시가를 통째로 넣은 것 같은 맛이었는데 묘하게 중독성이 있었다. 그러다 러시안계 다른 친구가 으슬으슬한 가을 날씨에 만들어준 데운 스카치 위스키에 블랙체리 잼 한 숟갈 넣은 것을 마셔보니 탱글탱글한 그 맛이 또한 매우 별미였다. 몇 년의 세월이 지나서 이 책을 읽으며 그런 잊혔던 기억들이 다시 떠올랐다. 우리에게 위스키가 영혼을 데워주는 술이었던 기억 말이다. 위로를 건네고, 고개를 끄덕이게 하고, 탁자를 지그시 딛고 다시 일어나게 만드는 존재.

위스키의 딱딱하고, 어려운 이미지를 잠깐 내려놓으니 라이 위스키가 가진 빵 터지는 위트, 버번의 대체할 수 없는 찐득한 존재감, 그리고 참 고지식하게 한결같은 싱글몰트의 의리가 느껴진다. 어쩌면 위스키는 우리가 오랫동안 바라왔던 최고의 친구를 연상시킬지 모르겠다. 아니면 정말 함께 하고 싶은 가족, 연인, 파트너의 모습일 수도 있겠다. 나 역시 이 책을 통해 위스키라는 황금빛 존재를 한 방울 닮을 수 있길 소망하고 있다.

2018년 12월 한혜연

10년 전 미국 Cranbrook Academy of Art에서 미술 석사를 마치고 뉴욕 맨해튼에서 아티스트로 활동했다. 뉴욕 첼시의 한 바에서 버킷리스트이기도 했던 바텐딩 직을 겸업하며 술이 만들어지는 과정과 마치 과학같이 그것들이 섞이고 재탄생되는 Mixology를 공부하게 되었다. 수년간 수많은 뉴요커들을 만나며 한 잔의 술이 현대인들에게 어떤 정서적 의미가 있는지에 대해 관심을 갖게 되었다가, 그 경험을 바탕으로 한국에 돌아와 심리학을 다시 전공하고 현재는 사람의 마음과 관계를 다루는 심리상담사로 활발히 활동하고 있다.

Aberfeldy ··· 20
Aberlour A'Bunadh ··· 38
Adnams ··· 74
Alberta ··· 112, 156, 158
Amrut ··· 60
Ardbeg Corryvreckan ··· 32
Armorik ··· 78
Auchentoshan ··· 16
Baker's ··· 132
Bakery Hill ··· 58
Balcones ··· 52, 140
Ballantine's ··· 92, 94
Balvenie ··· 40, 42, 44
Belgian Owl ··· 68
BenRiach ··· 26, 36, 40, 42, 46
Berry's ··· 172
Black Bush ··· 96
Bladnoch ··· 16
Blanton's ··· 134
Blaue Maus Gr?ner Hund ··· 80
Blue Hanger ··· 122
Braunstein ··· 70
Breckenridge ··· 138
Breizh ··· 104
Brenne ··· 78, 214
Brora ··· 24
Buffalo Trace ··· 132, 218
Bushmills ··· 48
Cedar Ridge ··· 138
Chichibu ··· 54, 56
Chivas Regal ··· 90
Clan Denny ··· 118, 172
Compass Box Flaming Heart ··· 122
Connemara ··· 48, 50
Corsair Triple Smoke ··· 52
Crown Royal ··· 112, 156
Cutty Sark ··· 92
Dalmore ··· 24
Dalwhinnie ··· 20
Deanston ··· 22
Destilerías y Crianza ··· 126
Dewar's Signature ··· 92
Discovery Road Smile ··· 162
Dixie Dew ··· 144
Drayman's Solera ··· 64
Dry Fly ··· 170
Duncan Taylor ··· 172
DYC ··· 82, 110
Eagle Rare ··· 134
Eddu ··· 104, 214
Embrujo de Granada ··· 82
Forty Creek ··· 112, 156
Fränkischer ··· 164
George Dickel ··· 142
George T. Stagg ··· 134
Georgia Moon Corn Whiskey ··· 146
Ginko ··· 100
Glann ar Mor Kornog ··· 78
Glen Garioch ··· 20
Glendronach ··· 28
Glenfarclas ··· 28, 38
Glenfiddich ··· 42, 44
Glengoyne ··· 22
Glenlivet Nadurra ··· 26
Glenmorangie ··· 24, 40, 46
Green Spot ··· 174
Greenore ··· 176
Haider Original ··· 160
Hakushu ··· 56
Hankey Bannister ··· 94
Hazelburn ··· 18
Heaven Hill Bernheim ··· 170
Hibiki ··· 100, 102
Hicks & Healey ··· 74
Highland Park ··· 30
Hirsch Selection ··· 144
Hudson Baby ··· 140
Isle of Arran Machrie Moor ··· 36
J.W. Corn ··· 144
Jack Daniel's ··· 142
Jameson ··· 96, 98
John J. Bowman ··· 136
Johnnie Walker ··· 90
Jura Prophecy ··· 36
Kavalan ··· 66
Kawasaki ··· 180
Kilbeggan ··· 98
Kings County Moonshine Whiskey ··· 146
Lagavulin ··· 32
Laphroaig ··· 32, 34
Lewis Redmond ··· 140
Limeburners ··· 58
Linkwood ··· 34
Locke's ··· 96
Longrow ··· 18, 34
Macallan ··· 28
Mackinlay's ··· 118
Mackmyra ··· 84, 218
McKenzie ··· 138, 170
McMenamins White Dog ··· 146
Midleton ··· 174
Millstone ··· 72
Monkey Shoulder ··· 118
Mortlach ··· 38
Nikka ··· 102, 124, 180
NZ Whisky Co ··· 62
Old Potrero ··· 154, 158
Overeem Port ··· 58
P&M ··· 104, 214
Paul John ··· 60
Peach Street ··· 136
Penderyn ··· 76
Puni Alba ··· 82
Puni Pure ··· 218
Redbreast ··· 174
Rittenhouse 100 Proof ··· 152
Roggenhof Waldviertler ··· 160
Rosebank ··· 16
Säntis Swiss ··· 80
Sazerac Rye ··· 152, 154
Schwarzwälder ··· 184
Spirit of Hven Dubhe ··· 84
Springbank ··· 18
St George's ··· 52, 74
Stauning ··· 70
Suntory ··· 102
Taketsuru ··· 124
Talisker 57 North ··· 30
Teacher's Highland Cream ··· 90
Teeling Hybrid ··· 126
Telser ··· 164
Telsington IV ··· 80
Templeton Rye ··· 152
The Balvenie ··· 26
The Big Peat ··· 122
The Irishman ··· 178
The Last Vatted Malt ··· 120
The Spice Tree ··· 120
The Wild Geese ··· 98
Thomas Handy Sazerac ··· 154
Three Ships ··· 64, 108
Tobermory ··· 30
Tullibardine ··· 22
Tyrconnell ··· 48
Virginia Gentleman ··· 136
Waldviertler ··· 184
Wemyss Spice King ··· 120
Whisky Alpin ··· 160
William Grant's ··· 94
Woodford ··· 132
Writer's Tears ··· 178
Yamazaki ··· 54
Yoichi ··· 54, 56
Zuidam ··· 72, 158, 162

위스키 인포그래픽

1판 1쇄 발행 2019년 1월 30일
1판 6쇄 발행 2023년 6월 2일

저　　자 | Dominic Roskrow
번 역 자 | 한혜연
발 행 인 | 김길수
발 행 처 | (주)영진닷컴
주　　소 | (우)08507 서울특별시 금천구 가산디지털1로 128
STX-V타워 4층 401호
등　　록 | 2007. 4. 27. 제16-4189호

I S B N | 978-89-314-5960-9

YoungJin.com Y.
영진닷컴